英特尔 FPGA 中国创新中心系列丛书

云计算基础与OpenStack实践

张 瑞 ◎著

電子工業出版社
Publishing House of Electronics Industry
北京 · BEIJING

内 容 简 介

云计算已经从概念走向现实，从讨论走向实践。各种各样的云计算平台层出不穷，基于云计算的应用也不断推出。相对于天价的商业云计算软件，众多的云计算爱好者和公司开始考虑一种易用的开源云计算软件。开源云 OpenStack 正是在这样的环境下诞生的。本书以实践为宗旨，采用自动部署工具带领读者一步一步构建企业云平台，同时还分享了 OpenStack 的实践方法，帮助读者深入了解企业级私有化云平台的优势和特点。

本书内容丰富，注重系统性、实践性和可操作性，对每个技术点都有相应的操作示例，便于读者快速掌握要点。

本书可作为云计算相关专业的本科和高职院校教材，也适合对使用 OpenStack 来构建私有云环境有兴趣的基础设施专家、工程师、架构师和技术支持人员阅读。

图书在版编目（CIP）数据

云计算基础与 OpenStack 实践 / 张瑞著. —北京：电子工业出版社，2022.7
（英特尔 FPGA 中国创新中心系列丛书）

ISBN 978-7-121-43735-9

Ⅰ. ①云… Ⅱ. ①张… Ⅲ. ①云计算 Ⅳ. ①TP393.027

中国版本图书馆 CIP 数据核字（2022）第 101816 号

责任编辑：刘志红（lzhmails@phei.com.cn）
印　　刷：北京七彩京通数码快印有限公司
装　　订：北京七彩京通数码快印有限公司
出版发行：电子工业出版社
　　　　　北京市海淀区万寿路 173 信箱　邮编　100036
开　　本：787×980　1/16　印张：19.5　字数：436.8 千字
版　　次：2022 年 7 月第 1 版
印　　次：2023 年 8 月第 3 次印刷
定　　价：138.00 元

凡所购买电子工业出版社图书有缺损问题，请向购买书店调换。若书店售缺，请与本社发行部联系，联系及邮购电话：（010）88254888，88258888。

质量投诉请发邮件至 zlts@phei.com.cn，盗版侵权举报请发邮件至 dbqq@phei.com.cn。

本书咨询联系方式：（010）88254479，lzhmails@phei.com.cn。

前言

中国云计算市场仍处于初步扩张时期，各企业也都在纷纷上云，将自己的业务迁移到公有云上。大企业忙着搭建自己的私有云架构，再通过私有云架构演进到混合云计算架构。可以预见，下一个10年，几乎所有的应用都会部署到云端，而它们中的大部分应用都将直接通过你手中的移动设备，如手机、PAD、笔记本电脑为我们提供各种各样的服务。掌握云计算的运维人才势必是具竞争力的互联网新型IT人才。为了帮助相关专业人员高效、准确和较为全面地掌握云计算技术的关键知识和技能，作者在分享自己多年技术经验的基础上编写了本书，希望对读者有所帮助。

作者

2022年3月

目录

第 1 章　云计算基础概述……001

1.1　云计算的概念……002

1.1.1　云计算的发展……002

1.1.2　云计算的概念……003

1.1.3　云计算定义……003

1.1.4　云计算的类型……003

1.1.5　云计算服务类型……004

1.2　OpenStack 与云计算……006

1.3　OpenStack 发展情况……007

1.4　OpenStack 各个组件及功能……008

1.5　OpenStack 安装部署方法……010

1.5.1　DevStack……010

1.5.2　RDO……010

1.5.3　FUEL……010

1.5.4　Ansible……011

1.6　OpenStack 的优势……011

1.7　OpenStack 的学习建议……013

第 2 章 虚拟化硬件基础设施……014
2.1 计算资源……014
2.1.1 服务器……014
2.1.2 FPGA 加速卡……020
2.2 网络资源……024
2.2.1 网络传输介质……024
2.3 存储资源……030
2.3.1 硬盘……030
2.3.2 Raid……032
第 3 章 虚拟化软件基础设施……038
3.1 计算资源……038
3.1.1 KVM 虚拟化技术介绍……039
3.1.2 其他虚拟化方案简介……043
3.1.3 Libvirt……045
3.1.4 构建 KVM 虚拟化平台……046
3.1.5 KVM 管理虚拟机……050
3.2 网络资源……058
3.2.1 Linux 网桥……058
3.2.2 虚拟局域网 VLAN……060
3.2.3 GRE 协议……065
3.2.4 VXLAN 协议……066
3.2.5 网络命名空间……069
3.3 存储资源……071
3.3.1 块存储……071
3.3.2 文件存储……073
3.3.3 对象存储……074
3.3.4 LVM……076

3.3.5 Ceph ······078

第 4 章 FUEL 部署 OpenStack 云平台 ······083

4.1 部署环境准备 ······083

4.1.1 使用 Linux kvm 虚拟机 ······083

4.1.2 vmware 虚拟机 ······093

4.1.3 物理机 ······094

4.1.4 部署节点的验证 ······094

4.1.5 FUEL 的 Docker 管理工具 dockerctl ······094

4.2 部署规划 ······095

4.3 服务器硬件 ······097

4.3.1 服务器硬件准备 ······097

4.3.2 配置物理机 BIOS ······099

4.3.3 网络准备 ······100

4.4 部署拓扑图 ······104

4.5 交换机网络配置 ······105

4.6 物理链接 ······108

4.7 服务器配置 ······109

4.7.1 虚拟化选项 ······109

4.7.2 RAID 的配置 ······110

4.7.3 PXE 网络启动 ······128

4.7.4 远程管理选项配置 ······130

4.7.5 远程管理的使用 ······131

4.8 建立云环境 ······136

4.8.1 登录部署平台 ······136

4.8.2 建立云环境 ······136

4.8.3 设置 ······140

4.8.4 网络配置 ······143

4.8.5 物理服务器 PXE 启动 …… 145
4.9 云环境详细配置 …… 146
4.9.1 角色配置 …… 146
4.9.2 接口配置 …… 147
4.9.3 磁盘配置 …… 148
4.9.4 网络验证 …… 149
4.9.5 fuel 的命令行操作 …… 151
4.9.6 实例导出和导入导出 …… 152
4.10 部署云环境 …… 152
4.11 登录云平台 …… 156
4.12 删除计算节点 …… 156
4.13 添加计算节点 …… 159
4.14 重置环境 …… 162
4.15 删除环境 …… 163
第 5 章 RDO 部署 OpenStack 云平台 …… 165
5.1 CentOS 安装操作系统 …… 165
5.2 远程登录 …… 171
5.3 YUM 的准备 …… 173
5.4 安装 packstack …… 175
5.5 编辑 answer 文件 …… 175
5.6 自动化部署 OpenStack …… 183
5.7 配置网络 …… 184
5.8 登录云平台 …… 185
5.9 登录管理后台 …… 186
第 6 章 OpenStack 云平台的使用 …… 188
6.1 管理员平台 …… 188
6.1.1 登录 …… 188

6.1.2　用户的管理……190
6.1.3　云主机类型的管理……192
6.1.4　镜像的获取……195
6.1.5　镜像的管理……196
6.1.6　查看网络……199
6.1.7　实例的创建和登录……201
6.1.8　外部网络的管理……205
6.1.9　实例远程的管理……207
6.2　用户平台……210
第 7 章　探索 OpenStack 云平台的最佳实践……211
7.1　云应用场景……212
7.2　云产品特点……213
7.2.1　云智使用……213
7.2.2　云智运维……216
7.2.3　云智运营……219
7.2.4　云智部署……222
7.3　产品优势……223
7.4　产品功能……225
7.4.1　虚拟资源管理……225
7.4.2　监控管理……226
7.4.3　工单管理……227
7.4.4　身份管理……228
7.4.5　日志管理……228
7.4.6　系统管理……229
7.4.7　MaaS 物理机管理……230
7.4.8　混合云管理……230

第 8 章　部署 OpenStack 云平台的最佳实践 ……232
8.1　安装流程 ……233
8.2　使用限制 ……234
8.3　安装准备 ……234
8.3.1　硬件清单 ……234
8.3.2　网络规划 ……235
8.3.3　配置交换机 ……239
8.3.4　配置服务器 ……240
8.3.5　制作 U 盘镜像 ……242
8.4　安装过程 ……246
8.4.1　安装操作系统 ……246
8.4.2　注册节点 ……250
8.4.3　部署数据中心 ……251
8.5　授权申请 ……255
8.6　常见问题处理 ……257
8.6.1　确认是否部署完成 ……257
8.6.2　部署失败或环境不正常 ……257
8.6.3　云管无法访问 ……258
附录 A　Cisco 模拟器 VLAN 配置 ……260
附录 B　常用 Linux 命令及操作 ……274
附录 C　命令行镜像上传 ……286
附录 D　部署常见错误及处理方式 ……290
附录 E　课后练习 ……295
后记 ……299

第 1 章

云计算基础概述

云计算是一种计算资源交付模型，集成了服务器、应用程序、数据等资源，将这些资源虚拟化为统一的资源池后，通过网络以自服务的形式提供使用。

简单来说，云计算就是计算服务的提供（包括服务器、存储、网络、应用及软件等）。通过网络提供快速创新、弹性资源管理。对于云服务来说，用户可以按需分配虚拟资源，帮助企业降低运营成本，使基础设施有效运行，并能根据业务需求的变化来调整对资源规模的使用。

一个传统的 IT 基础设施提供商，能够提供个人和企业所需要的 IT 基础设施。这些 IT 基础设施包括服务器、网络设备、存储设备等。在硬件维护、硬件更新方面都有人来维护，对用户来说，不需要投入基础设施的维护成本。如果 IT 基础设施能够像水电一样流通，实现按需收费，便是狭义上的云计算。把 IT 资源从基础设施扩展至软件服务、网络应用、数据存储，就引出了广义的云计算。这也就意味着 IT 资源能够通过网络实现交付和使用。

由于云计算所期望达到的目标是像水电资源的交付一样，因此，云计算具备的特征（除虚拟化外），水电都具备。表 1-1 中所示为云计算资源与水电资源特征比较。

表 1-1　云计算资源与水电资源特征比较

项目	云计算资源	水电资源
资源弹性供给	根据客户需求来提供IT资源，实现资源的弹性供给。当客户的需求增加时，可以多提供一些资源；当需要减少时，可以将资源回收，供其他客户使用	用户可以容易地通过水龙头和电源开关控制其使用量

续表

项目	云计算资源	水电资源
资源自助化	客户在云计算系统中，按照自己的需求选择所需要的资源类型	铺设了管道及线路后，水电的使用都是自助化的，开关任意
方便计量和收费	IT 资源在流通过程中，应该按照用户使用量（比如：占用磁盘大小、网络带宽、CPU 数量等）进行计费，IT 资源通过网络访问，变得相当方便	城市水电的使用一般都是按照计量收费的。收费的时候只需要读水表、电表就可以了，城市水电的使用也相当方便
资源虚拟化	IT 资源虚拟化可以实现资源的整合，方便统一管理和使用	由于水电的资源特性，较易实现整合管理

1.1 云计算的概念

云计算从提出到成熟，中间经历了比较长的时间。云计算的各种概念也在不断发展和更新。下面就来阐述一下云计算的发展过程。

1.1.1 云计算的发展

互联网始于 20 世纪 60 年代，直到 1990 年，互联网才被企业应用。

1991 年，万维网诞生。1993 年，Mosaic 网络浏览器发布，允许用户浏览图形网页，这也是第一个企业网站。当然，这些公司大多属于计算和技术领域。

随着互联网连接变得更快、更可靠，一种新型公司得以出现，我们称之为应用服务提供商或 ASP。ASP 使用计算软件来管理和运行现有的业务应用程序，供客户通过网络访问，并且客户需要支付月费。这就是云计算的雏形。

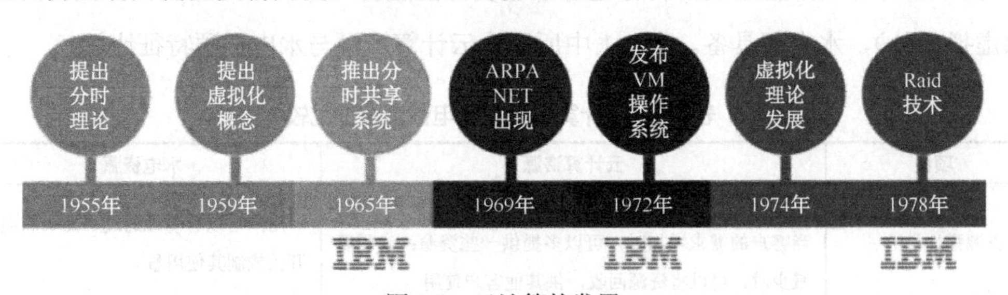

图 1-1　云计算的发展

1.1.2 云计算的概念

云计算是指IT资源的交付和使用模式，通过网络以按需、易扩展的方式获得所需的资源。典型的云计算提供商往往提供通用的网络业务应用，可以通过浏览器等Web服务来访问，而软件和数据都存储在远程数据中心的服务器上，用户可以通过网络接入的方式访问云计算管理平台，按需实现虚拟资源的生命周期管理。

1.1.3 云计算定义

云计算是一种能够通过网络以便利的、按需付费的方式获取计算资源（包括网络、服务器、存储、应用和服务等），提高其可用性的模式。这些资源来自一个共享的、可配置的资源池，并能够以最省力和无人干预的方式获取和释放。这种模式具有5个关键功能，包括3种服务模式和4种部署方式，如图1-2所示。

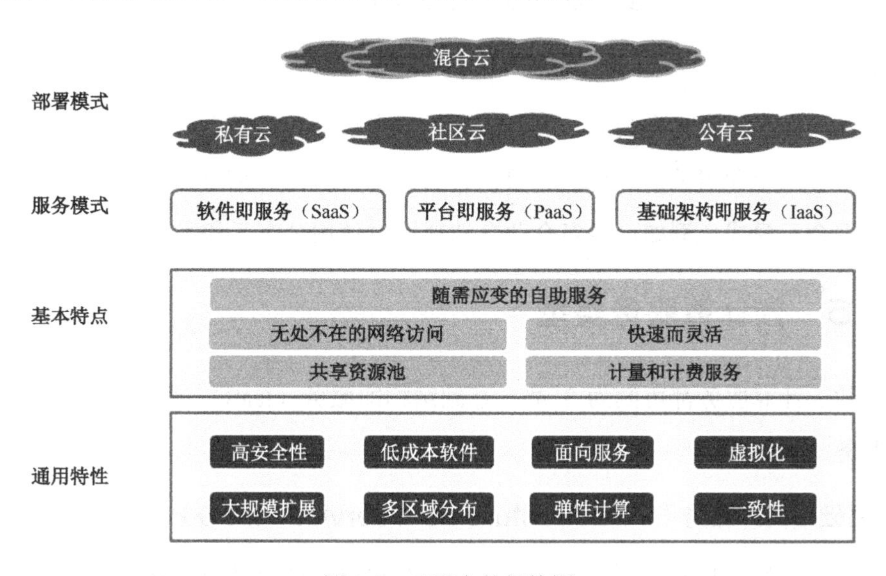

图1-2 云平台的架构图

1.1.4 云计算的类型

公有云

公有云通常指第三方提供商为用户提供的能够使用的云。公有云一般通过 Internet

访问使用，通常是免费的，或成本低廉的。

优点：能够以低廉的价格，提供有吸引力的服务给最终用户，创造新的业务价值。公有云作为一个支撑平台，还能够整合上游的服务（如增值业务、广告）提供者和下游最终用户，打造新的价值链和生态系统。

私有云

私有云是为一个客户单独使用而构建的，因而提供对数据、安全性和服务质量的有效控制。公司拥有基础设施，并可以控制在此基础设施上部署应用程序的方式。私有云可部署在企业数据中心的防火墙内，也可以将它们部署在一个安全的主机托管场所。

优点：数据相对比较安全；SLA（服务质量）稳定；充分利用现有硬件资源和软件资源；不影响现有IT 管理的流程（假如使用公有云的话，将会对IT 部门流程有很多冲击，比如在数据管理方面和安全规定等方面有所冲击）。

混合云

混合云，是目标架构中公有云、私有云，或者公众云的结合。由于安全和控制的原因，并非所有的企业相关信息都能放置在公有云上，这样大部分已经应用云计算的企业将会使用混合云模式（例如，很多企业会选择同时使用公有云和私有云）。

1.1.5 云计算服务类型

大多数云计算服务都可归为3 类：基础结构即服务（IaaS）、平台即服务（PaaS）、软件即服务（SaaS）。

1. 基础结构即服务（Infrastructure as a service，IaaS）

云计算服务的最基本类别。使用IaaS 时，你以即用即付的方式从服务提供商处租用IT 基础结构，例如服务器和虚拟机（VM）、存储空间、网络和操作系统等。

2. 平台即服务（Platform as a Service，PaaS）

平台即服务（PaaS）指云计算服务，它们可以按需提供开发、测试、交付和管理软件应用程序所需的环境。PaaS 旨在让开发人员能够快速创建Web 或移动应用，而无须考虑对开发所必需的服务器、存储空间、网络和数据库基础结构进行设置或管理。

3. 软件即服务（Software as a Service，SaaS）

软件即服务（SaaS）是通过 Internet 交付软件应用程序的方法，通常是以订阅为基础按需提供的。使用 SaaS 时，云提供商托管并管理软件应用程序和基础结构，并负责软件升级和安全修补等维护工作。用户（通常使用电话、平板电脑或 PC 上的 Web 浏览器）通过 Internet 连接到应用程序。

3 种模式的对比参考如图 1-3 所示。

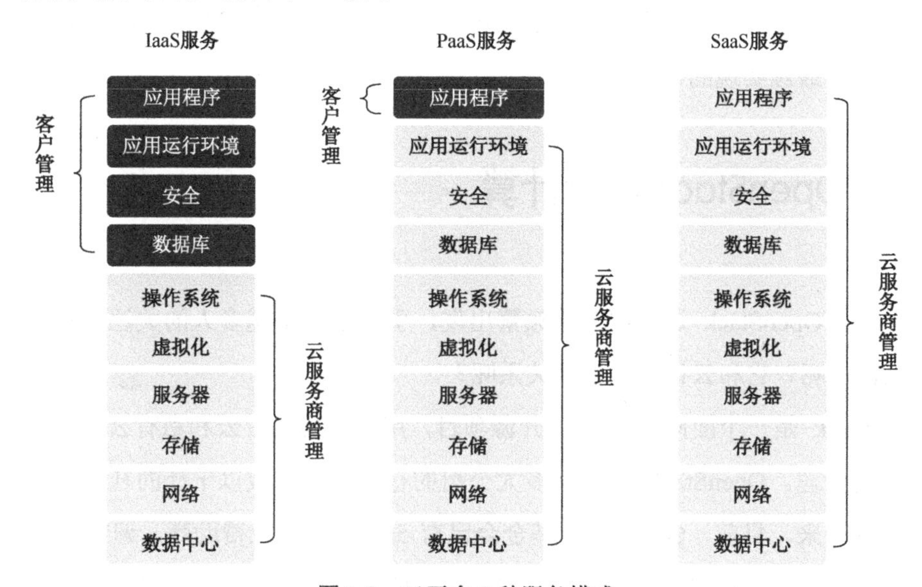

图 1-3　云平台 3 种服务模式

采用这种架构的优势主要有 3 点。

（1）资源的管理和有效利用。IaaS 管理了底层物理资源，通过虚拟化技术向上层提供虚拟机。因此，数据中心的管理员只需要维护物理服务器就可以了，并不需要了解上层应用程序。此外，SaaS 层的应用程序是按需请求虚拟机的。当需求量较少的时候，可以关闭空闲的服务器以节省电量；当需求量上升的时候，可以新开一些服务器提供虚拟机，从而实现资源的有效利用。

（2）快速部署中间件等服务。PaaS 可以快速比量地生成中间件服务，用来支持上层各种各样的互联网应用。例如，网上商店、博客应用都需要各自的数据库服务，可以分别向 PaaS 请求各自的数据库。此时，Paas 会自动生成两个相互独立的数据库服务，不需要开发人员手动配置数据库。

（3）加速互联网应用程序的开发。当 PaaS 平台稳定之后，开发人员不需要从底层搭建各种中间件服务。可以直接调用 PaaS 的各种 API，进而生成应用程序。因此，互联网应用开发变得更加容易和快速。

一般而言，提到云计算系统就是指 IaaS 系统。可以说，IaaS 是整个云计算系统的核心部分，也是最难实现的部分。

1.2 OpenStack 与云计算

近几年，OpenStack 这个词开始频繁出现，引起了越来越多人的关注。那么，什么是 OpenStack 呢？它和云计算是什么关系呢？

OpenStack 是一个面向 IaaS 层的开源项目，用于实现公有云和私有云的部署，以及各种资源的管理。OpenStack 拥有众多大公司的行业背书和数以千计的社区成员，被看作云计算的未来。目前，OpenStack 基金会已有 500 多个企业赞助商，遍布世界 170 多个国家，其中不乏 HP、Cisco、Dell、IBM 等，值得一提的是 Google 也在 2015 年 7 月加入了基金会。

Rackspace（一家美国的云计算厂商）和 NASA（美国国家航空航天局）在 2010 年共同发起了 OpenStack 项目。

2010 年，Rackspace 已经是美国第二大云计算厂商，但规模只能占到亚马逊的 5%左右。因为依靠内部的力量要超越或者追赶亚马逊不大可能，Rackspace 公司索性就把自己的项目开源了，也就是后来的 OpenStack 的存储源码（Swift）。与此同时，NASA 对自己使用的 Eucalyptus 云计算管理平台很不满意。

Eucalyptus 有 2 个版本：开源版本和收费版本。NASA 想给 Eucalyptus 开源版本贡献 patch，结果 Eucalyptus 不接受，估计是和收费版本功能重叠了。当时 NASA 的 6 个开发人员，用了一个星期时间拿 Python 做出来一套原型，结果虚拟机在这上面运行得很成功，这就是 Nova（计算源码）的起源。

NASA 与 Raskspace 关系密切。NASA 贡献了 Nova，Raskspace 贡献了 Swift，2010 年 7 月，OpenStack 项目被发起。

1.3 OpenStack 发展情况

OpenStack 有着众多的版本，但是 OpenStack 在标识版本的时候，并不采用其他软件版本，而是采用数字标识的方法。OpenStack 采用了 A～Z 开头的不同的单词来表示不同的版本。

2010 年，OpenStack 发布了 Austin 版本，也就是 OpenStack 的第一个版本。从 OpenStack Austin 版本开始，相对比较稳定的版本是 OpenStack Mitaka，目前最新版是 OpenStack Yoga。OpenStack 的版本历史如表 1-2 所示。

表 1-2 OpenStack 的版本历史

Series	Status	Initial Release Date	Next Phase	EOL Date
Yoga	Development	2022/3/30 estimated (schedule)	Maintained estimated 2022-03-30	
Xena	Maintained	2021/10/6	Extended Maintenance estimated 2023-04-06	
Wallaby	Maintained	2021/4/14	Extended Maintenance estimated 2022-10-14	
Victoria	Maintained	2020/10/14	Extended Maintenance estimated 2022-04-27	
Ussuri	Maintained	2020/5/13	Extended Maintenance estimated 2021-11-12	
Train	Extended Maintenance (see note below)	2019/10/16	Unmaintained TBD	

续表

Series	Status	Initial Release Date	Next Phase	EOL Date
Stein	Extended Maintenance (see note below)	2019/4/10	Unmaintained TBD	
Rocky	Extended Maintenance (see note below)	2018/8/30	Unmaintained TBD	
Queens	Extended Maintenance (see note below)	2018/2/28	Unmaintained TBD	
Pike	Extended Maintenance (see note below)	2017/8/30	Unmaintained TBD	
Ocata	Extended Maintenance (see note below)	2017/2/22	Unmaintained estimated 2020-06-04	
Newton	End Of Life	2016/10/6		2017/10/25
Mitaka	End Of Life	2016/4/7		2017/4/10
Liberty	End Of Life	2015/10/15		2016/11/17
Kilo	End Of Life	2015/4/30		2016/5/2
Juno	End Of Life	2014/10/16		2015/12/7
Icehouse	End Of Life	2014/4/17		2015/7/2
Havana	End Of Life	2013/10/17		2014/9/30
Grizzly	End Of Life	2013/4/4		2014/3/29
Folsom	End Of Life	2012/9/27		2013/11/19
Essex	End Of Life	2012/4/5		2013/5/6
Diablo	End Of Life	2011/9/22		2013/5/6
Cactus	End Of Life	2011/4/15		
Bexar	End Of Life	2011/2/3		
Austin	End Of Life	2010/10/21		

1.4 OpenStack 各个组件及功能

截至 Xena 版本，OpenStack 含 9 个核心项目：计算(Compute)-Nova，网络和地址管理-Neutron，对象存储(Object)-Swift，块存储(Block)-Cinder，身份(Identity)-keystone，镜像(Image)-Glance， UI 界面(Dashboard)-Horizon， 测量(Metering)-Ceilometer， 编配

(Orchestration)-Heat。

其中，有 3 个最核心的架构服务单元，分别是： 计算基础架构 Nova、存储基础架构 Swift 和虚拟网络服务 Neutron。

Nova 是 OpenStack 云计算架构控制器，管理 OpenStack 云里的计算资源、网络、授权和扩展需求。Nova 不能提供本身的虚拟化功能，它是使用 libvirt 的 API 来支持虚拟机管理程序交互，并通过 Web 服务接口，开放功能，兼容亚马逊 Web 服务的 EC2 接口。

Swift 为 OpenStack 提供分布式的、最终一致的虚拟对象存储。通过分布式节点，Swift 有能力存储数十亿计的对象，Swift 具有内置冗余、容错管理、存档、流媒体的功能，并且不论大小（多个 PB 级别）和能力（对象的数量），可以高度扩展。

Neutron 在 Havana 版本时，由 Quantum 改为 Neutron。Neutron 是 OpenStack 核心项目之一，提供云计算环境下的虚拟网络功能，如图 1-4 所示。

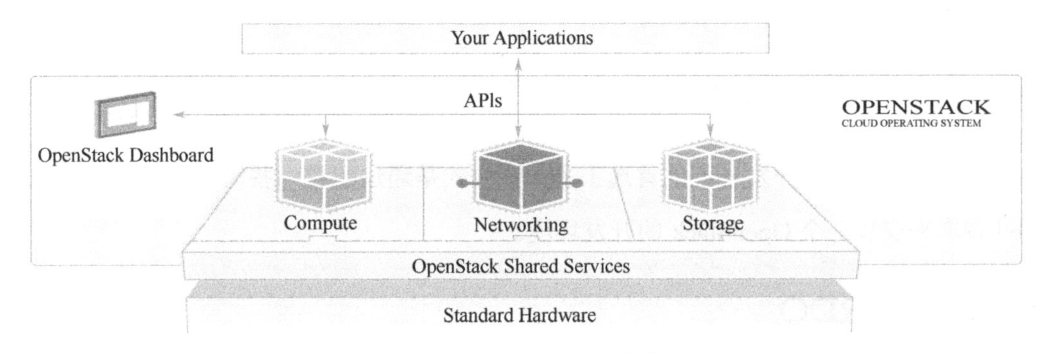

图 1-4 OpenStack 架构图

以下 3 个元素将会与系统中的组件交互。

Horizon 是图形用户界面，管理员可以很容易地使用它来管理所有项目。Keystone 处理授权用户的管理。Neutron 定义提供组件之间连接的网络。Nova 被认为是 OpenStack 的核心，负责处理工作负载的流程。它的计算实例通常需要进行某种形式的持久存储，可以是基于块的（Cinder），或基于对象的（Swift）。Nova 还需要一个镜像来启动一个实例。Glance 将会处理这个请求。它可以有选择地使用 Swift 作为其存储后端。

OpenStack 架构一直努力使项目尽可能独立，这使得用户可以选择只部署一个功能子集，并将它与提供类似或互补功能的其他系统和技术集成。然而，这种独立性不能掩盖这样一个事实：全功能的私有云很可能需要使用几乎所有功能才可以正常运作，而且各元素需要被紧密地集成。

传统的软件生态模式是用户和开发者之间隔着销售、产品经理等角色，而 OpenStack 的开源模式打破了这种传统，OS 只提供最底层的框架，剩余一切都围绕着用户，用户可参与从设计、编码、测试到运维等各阶段。可以看出，这样的模式生命力是最强的。

1.5 OpenStack 安装部署方法

对于每一个刚接触 OpenStack 的新人而言，安装 OpenStack 很困难，同时这也客观上提高了大家学习 OpenStack 云计算的技术门槛。部署 OpenStack 的操作者最好有 Linux 基础，基础欠缺的操作者可以自行学习一下 Linux 命令。

1.5.1 DevStack

DevStack 是众多开发者们的首选工具。该方式是通过配置一些简单参数，执行一个 shell 脚本来安装一个 OpenStack 的开发环境。

1.5.2 RDO

RDO 是由 Red Hat 开源的一款部署 OpenStack 的工具，同 DevStack 一样，支持单节点和多节点部署。但 Rdo 只支持 CentOS 系列的操作系统。需要注意的是该项目并不属于 OpenStack 官方社区项目，也是做简单配置，然后执行一个脚本就可以了。

1.5.3 FUEL

FUEL 是针对 OpenStack 生产环境目标（非开源）设计的一个端到端“一键部署”的工具，大量采用了 Python、Ruby 和 JavaScript 等语言。其功能包括自动的 PXE 方式的操作系统、DHCP 服务、Orchestration 服务和 Puppet 配置管理相关服务等。此外，还有

OpenStack 关键业务健康检查和 Log 实时查看等非常好用的服务。

这里列出 FUEL 的几个优点：

- 节点的自动发现；
- 界面可视化配置（简单、快速）；
- 支持多种操作系统，支持 HA 部署；
- 自带健康检查工具和 Log 查看；
- 网络配置可视化，可以界面选择子网使用哪个物理网卡等；
- 对外提供 API 对环境进行管理和配置，例如动态添加计算、存储节点。

1.5.4 Ansible

Ansible 是新出现的自动化运维工具，已被 Red Hat 收购。基于 Python 开发，集合了众多运维工具（puppet、cfengine、chef、saltstack 等）的优点，实现了批量系统配置、批量程序部署、批量运行命令等功能，它一方面总结了 Puppet 设计上的得失；另一方面也改进了很多设计。例如，基于 SSH 方式工作，故而不需要在被控端安装客户端。

企业级私有云计算平台 AWCloud 在一键部署阶段大量使用了 Ansible 工具，并通过二次开发实现了页面级别的可视化部署配置，对于安装部署的技术人员来说是一个福音。

1.6 OpenStack 的优势

OpenStack 具备的优势如下。

控制性：开源的云平台意味着不会被某个特定的厂商绑定和限制，而且模块化的设计能把遗留的和第三方的相关技术进行集成，满足众多自身的业务需求。虽然构建和维护一个开源私有云计算并不适合每一家企业；但是如果该企业拥有基础设施和开发人员，那么 OpenStack 便是一个很好的选择。

兼容性：OpenStack 公有云的兼容性可以使企业在将来很容易地将数据和业务迁移

到商业标准的公有云中。使用亚马逊网络服务及其他云服务的企业，抱怨比较多的就是“用户被绑架，无法轻易转移用户数据”。在云计算社区中有一个流行的概念，数据是有重量的，一旦将数据存在云计算的供应商那里，它就变得繁重，并难以迁移。数据作为企业重要的资源，如果在迁移的过程中不能保护好安全，很有可能会给企业带来难以挽回的损失，没有公司愿意承担这个风险。

可扩展性：目前主流的 Linux 操作系统，包括 Redhat、SUSE 等都将支持 OpenStack。OpenStack 在大规模部署公有云时，在可扩展性上有优势；也适用于私有云，一些企业特性也在逐步完善和扩展中。OpenStack 逐渐成为云平台基础第一选择。

灵活性：灵活性是 OpenStack 优点之一，用户可以根据自己的需求配置需要的模块，也可以轻松地增加和扩展集群规模。用 Python 编写的 OpenStack 代码质量比较高，代码规范严格，这有利于项目的发展壮大。此外，OpenStack 的代码将在极为宽松自由的 Apache2 许可下发布，任何第三方的个人或公司都可以重新发布这些代码，在社区版的基础上开发私有软件并按照新的许可发布，给众多的云计算企业，留下了很大的发展空间。

行业标准：来自全球十多个国家的 60 多家领军企业，包括 IBM、Redhat、Cisco、Dell、Intel 及微软都参与到了 OpenStack 项目中，并且在全球使用 OpenStack 技术的云平台在不断增加。随着云计算众多领军企业的加入，OpenStack 逐渐会成为行业标准，而 OpenStack 项目的初衷就是制定一套开源云平台的软件标准。

实践检验：实践是检验真理的唯一标准。经过 5 年多的发展，OpenStack 的云操作系统已被全球大型公有云和私有云技术验证过，OpenStack 在中国的发展趋势也是非常好的，包括携程、小米，都开始利用 OpenStack 建立云计算环境，整合企业架构及治理公司内部的 IT 基础架构。

领军企业支持：在 RackSpace 宣布推出开源云计算平台 OpenStack 后，曾经震动了业界。随着云计算创新的步伐不断加快，新一代的技术和成果也在快速增长。

1.7 OpenStack 的学习建议

学习 OpenStack，仅仅阅读文档是远远不够的。OpenStack 需要比较强的动手能力，需要有扎实的 Linux 基础。学好 OpenStack，首先需要顺利地安装 OpenStack 组件。在安装成功的基础上，学会使用 OpenStack 创建和管理资源。

此外，还必须查阅关于 OpenStack 的资料。查阅 OpenStack 官方文档是必须得。在 OpenStack 官方网址上，有关于 OpenStack 最新的动态。此外，还提供了极为详细的官方文档。在官方网址的博客中，会有组件 OpenStack 的活动及技术沙龙信息。

为了帮助技术人员更好地学习和掌握 OpenStack，本书以实践为宗旨，采用自动部署工具带领读者一步一步构建企业云平台，同时还分享了 OpenStack 的最佳实践方法，帮助读者深入了解企业级私有化云计算平台的优势和特点。

第 2 章

虚拟化硬件基础设施

本章主要描述 OpenStack 中的三大要素：计算、网络和存储物理资源，了解相关硬件，从而帮助大家有效地建立起整个虚拟环境。

2.1 计算资源

2.1.1 服务器

2.1.1.1 刀片服务器

刀片服务器（Blade Server），一种单板类型的服务器，于 2001 年由 RLX 公司研发的传统直立式服务器，体积大，并且占空间。当企业使用多台服务器时，主机存放空间更是可观。因此出现了有机架式（Rack Mount）服务器主机，将数台 1U 高度的主机放置机柜统一管理。1 个全高的机柜约 42U 空间，内部容积高度约 1 867mm。

刀片服务器则是机架式主机仿效网络及电信设备的卡板式设计再进化而成的。合乎商业经济运用而设计的，比机架式主机更省空间。刀片服务器有一个完整的机座，以统一集中的方式，提供电源、风扇散热、网络通信等功能。而基座上可插置多张单板电脑，因状似刀片（Blade），因此称之为刀片服务器，而基座则称之为刀片基座。IBM HS20 刀片服务器如图 2-1 所示。

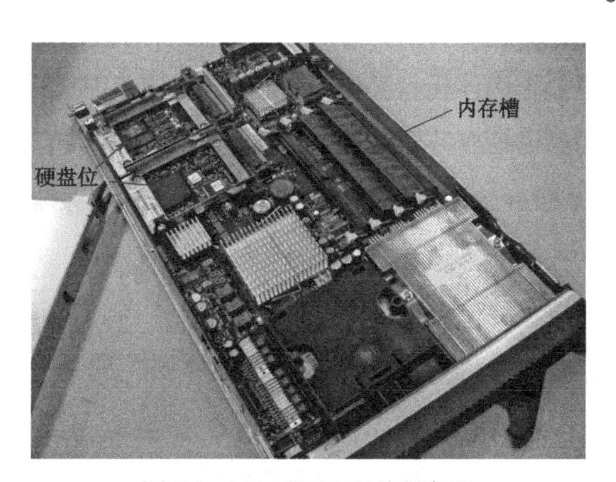

图 2-1　IBM HS20 刀片服务器

在刀片服务器上，密集的单板电脑组装特性，导致它对于电源的供应与散热的需求比一般的服务器高。在一个散热不佳的机房中，刀片服务器比一般的服务器更容易导致过热死机。而且就以带宽计费的主机托管机房而言，主要的费用是以其租用的带宽计费的，而不是以承租的机柜空间的单位数计费的，故无采用刀片服务器的需求。但以承租的机柜空间单位数计费的机房及集群运算则会使用刀片服务器以在有限的空间容纳更多的电脑。IBM 刀片机柜如图 2-2 所示。

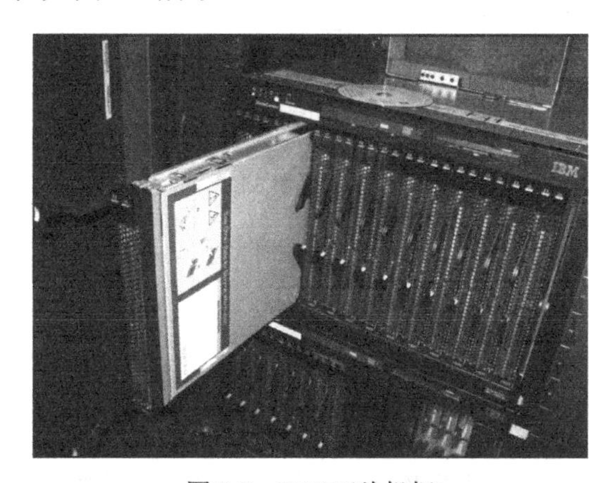

图 2-2　IBM 刀片机柜

2.1.1.2　机架式服务器

这种服务器一般是功能型的，它外形比较像交换机，规格有 1U、2U、4U 等，安装在标准的 19 英寸（1 英寸≈2.54 厘米）机柜里，其中，1U 规格的是最节省空间的。企业在选择主机的时候，会考虑体积、功耗、发热量等主机的物理参数，在有限的空间内如何能够更合理地布局自己的服务器很重要。1U 的规格虽然很节省空间，但是性能也比较差，4U 以上的性能是很高的，可扩展性也很好。机架式服务器如图 2-3 所示。

图 2-3　机架式服务器

2.1.1.3　塔式服务器

塔式服务器是大家见得最多的一种，它跟立式 PC 很像，它的体积比较大，因为它的主板有很强的扩展性，插槽也很多，因此塔式服务器的主机机箱比标准的 ATX 机箱还要大。因为有足够的空间可以进行硬盘和电源的冗余扩展，应用范围也很广泛，不管是速度应用还是存储应用都可以使用这种服务器。Dell EMC PowerEdge T340 单路塔式服务器如图 2-4 所示。

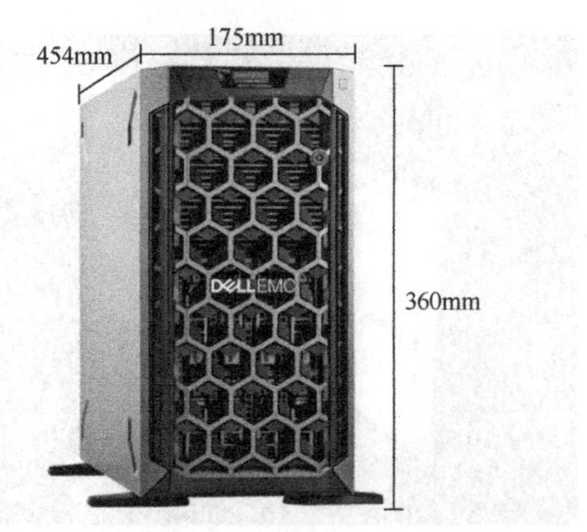

图 2-4　Dell EMC PowerEdge T340 单路塔式服务器

2.1.1.4　BIOS

BIOS（Basic Input Output System），即基础输入输出系统，是刻在主板 ROM 芯片上不可篡改的启动程序。BIOS 负责计算系统自检程序（POST，Power On Self Test）和系统自启动程序，是计算机系统启动后的第一道程式。由于不可篡改性，程序存储在ROM芯片中，并且在断电后，依然可以维持原有设置。

BIOS主要功能是控制计算机启动后的基本程式，包括硬盘驱动（如装机过程中优先选择DVD或者USB启动盘）、键盘设置、软盘驱动、内存和相关设备。BIOS主要程序及实现功能如图2-5所示。

程序	具体实现
POST自检程序	通过读取CMOS存储中的硬件信息，识别硬件配置，并对硬件自检和初始化
OS启动程序	硬件自检成功后，跳转到操作系统引导设备的引导分区，将引导程序读入内存。若成功读入，则进入相应设备上OS启动过程
CMOS设置程序	在开机自检中，按下进入CMOS设置快捷键，则进入CMOS设置。结束后，若进行保存操作，则更新后的硬件信息会存入CMOS中并重新进行自检，否则继续完成本次自检后续的过程
I/O和中断服务	软件在一些对硬件底层的操作中，需要中断服务或硬件I/O操作，这时就需要BIOS充当软件和硬件之间“临时搭桥”的作用

图2-5　BIOS主要程序及实现功能

（1）如何进入BIOS

电脑进入BIOS的方法各有不同，通常会在开机时，显示电脑Logo的时候提示你按键盘上的某一个按键，一般进入BIOS的按键有：F2、F12、DEL、ESC等。

（2）如何打开CPU虚拟化支持

在虚拟化场景中，需要打开CPU VT功能。VT功能是英特尔虚拟化技术（Intel Virtualization Technology），是由英特尔开发的一种虚拟化技术。利用IVT可以对在系统上的操作系统，通过虚拟机查看器（VMM，Virtual Machine Monitor）来虚拟一套硬件设备，以供虚拟机操作系统使用。

这些技术以往在VMware与Virtual PC上都通过软件实现，而通过IVT的硬件支持可以加速此类软件的进行。

进入BIOS设置后，切换到“Configuration”选项，将光标移动到“Intel Virtual Technology”，并按回车键。如果没有找到VT选项或不可更改，说明不支持VT技术。启动虚拟化支持如图2-6所示。

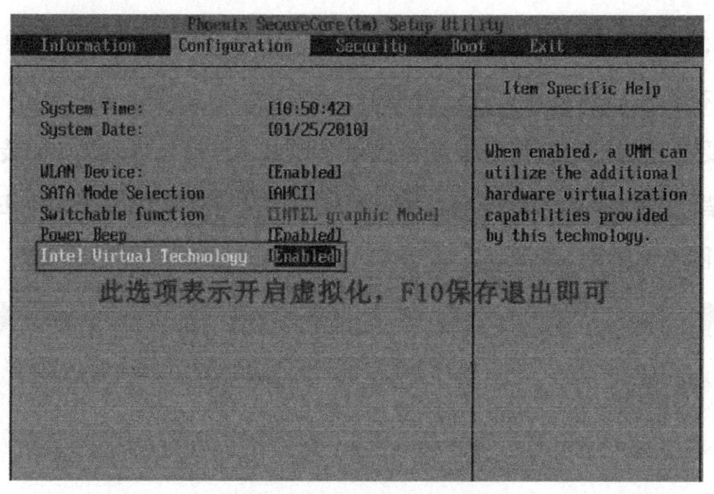

图 2-6　启动虚拟化支持

2.1.1.5　IPMI 管理

（1）概述

IPMI 是一组交互标准管理规范，由 Intel、HP、Dell 和 NEC 公司于 1998 年 9 月 16 日提出，主要用于服务器系统集群自治，监视服务器的物理健康特征，如温度、电压、风扇工作状态、电源状态等。同时，IPMI 还负责记录硬件的信息和日志记录，用于提示用户和后续问题的定位。目前，IPMI 已经为超过 200 多家计算机供应商所支持。

IPMI 是独立于主机系统 CPU、BIOS/UEFI 和 OS 之外的，可独立运行的板上部件，其核心部件即为 BMC。或者说，BMC 与其他组件如 BIOS/UEFI、CPU 等交互，都是经由 IPMI 来完成的。在 IPMI 协助下，用户可以远程对关闭的服务器进行启动、重装、挂载 ISO 镜像等。IPMI 逻辑图如图 2-7 所示。

（2）特性

IPMI 独立于操作系统外自行运作，并容许管理者即使在缺少操作系统或系统管理软件、或受监控的系统关机但有接电源的情况下仍能远程管理系统。IPMI 也能在操作系统启动后活动，与系统管理功能一并使用时还能提供加强功能，IPMI 只定义架构和接口格式，详细实现可能会有所不同。

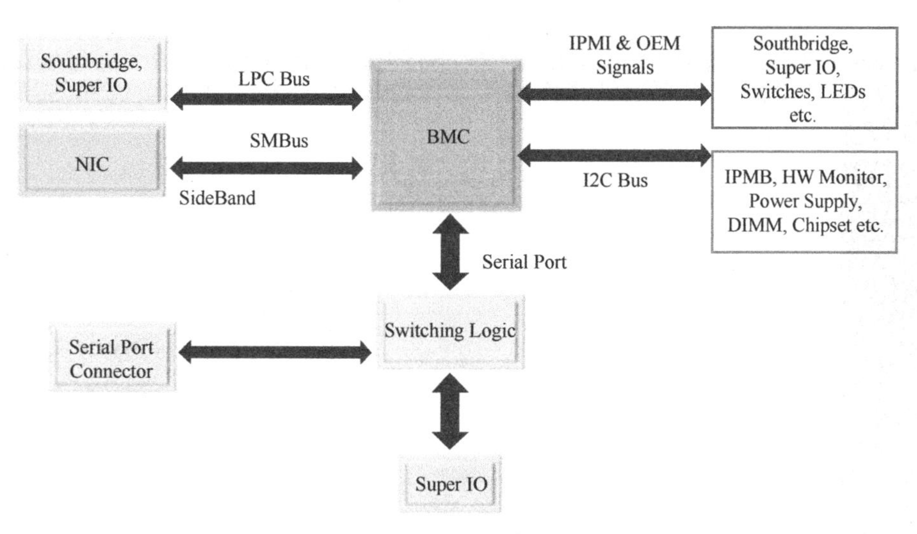

图 2-7　IPMI 逻辑图

IPMI 1.5 版和之后的版本能透过直接串接、局域网，或 Serial over LAN 到远程提交警报，系统管理员能使用 IPMI 消息去查询平台状态、查看硬件的日志，或透过相同连线从远程控制台发出其他要求，这个标准也为系统定义了一个警报机制提交简单网络管理协议（SNMP）平台事件圈套（PET，Platform Event Trap）。IPMI 登录界面如图 2-8 所示。

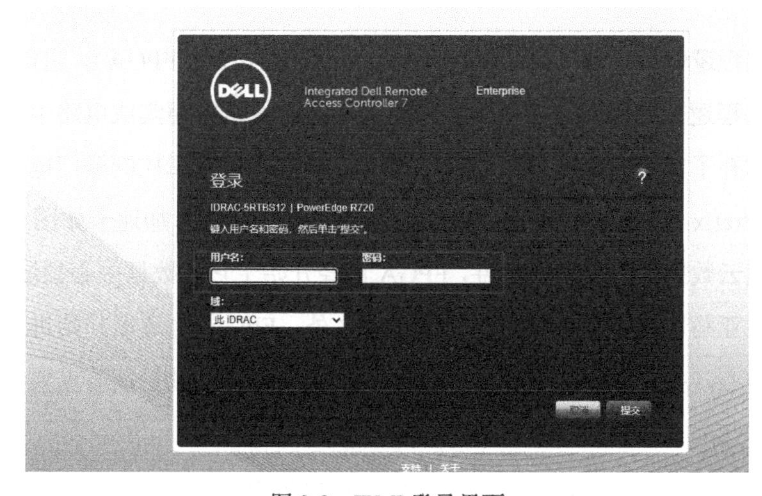

图 2-8　IPMI 登录界面

通过 URL 登录控制台，就能查看服务器信息和重启、挂载 iso、远程登录等操作。IPMI 功能界面如图 2-9 所示。

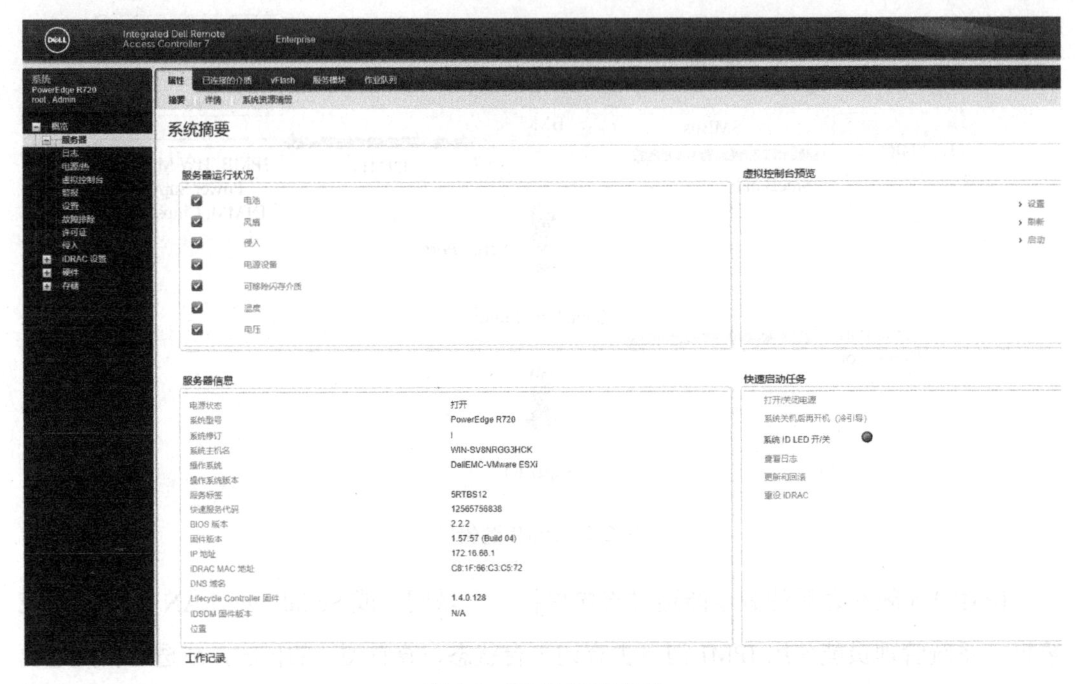

图 2-9　IPMI 功能界面

2.1.2　FPGA 加速卡

现场可编程逻辑门阵列（Field Programmable Gate Array，FPGA），它以 PAL、GAL、CPLD 等可编程逻辑器件为技术基础发展而成。作为特殊应用集成电路中的一种半定制电路，它既弥补了定制电路的不足，又克服了原有可编程逻辑控制器门电路数有限的缺点。英特尔 Stratix 10 SX FPGA 加速卡如图 2-10 所示。FPGA 加速卡如图 2-11 所示。

作为加速云数据中心的重要组件，FPGA 已经开始了它在数据中心领域的广泛使用。除了像微软、亚马逊这样的大型云服务提供商之外，FPGA 也逐渐开始进入其他类型和规模的数据中心，并在大数据处理、AI、网络功能加速等领域扮演着重要角色。

（1）概述

目前以硬件描述语言（Verilog 或 VHDL）描述的逻辑电路，可以利用逻辑合成和布局、布线工具软件，快速地刻录至 FPGA 上进行测试，这一过程是现代集成电路设计验证的技术主流。这些可编程逻辑组件可以被用来实现一些基本的逻辑门数字电路（比如与门、或门、异或门、非门），或者更复杂一些的组合逻辑功能，例如译码器等。在大多数的 FPGA 里，这些可编辑的组件里也包含记忆组件，例如触发器（Flip-flop）或者其他更加完整的记忆块，从而构成时序逻辑电路。

图 2-10　英特尔 Stratix 10 SX FPGA 加速卡

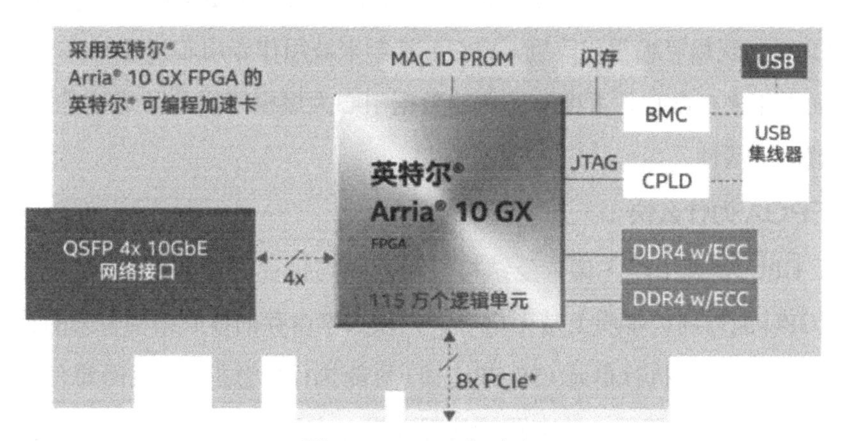

图 2-11　FPGA 加速卡

系统设计师可以根据需要，通过可编辑的连接，把 FPGA 内部的逻辑块连接起来。这就好像一个电路试验板被放在了一个芯片里。一个出厂后的成品 FPGA 的逻辑块和连接可以按照设计者的需要而改变，所以 FPGA 可以完成所需要的逻辑功能。

FPGA 一般来说比特殊应用集成电路（ASIC）的速度要慢，无法完成更复杂的设计，并且会消耗更多的电能。但是，FPGA 具有很多优点，比如可以快速成品，而且其内部逻辑可以被设计者反复修改，从而改正程序中的错误。此外，使用 FPGA 进行调试的成本较低。厂商也可能会提供便宜、但是编辑能力有限的 FPGA 产品。因为这些芯片有的可编辑能力较差，这些设计的开发是在普通的 FPGA 上完成的，然后将设计转移到一个类似于专用集成电路的芯片上。在一些技术更新比较快的行业，FPGA 几乎是电子系统中的必要部件，因为在大批量供货前，必须迅速抢占市场，这时 FPGA 方便灵活的优势就显得很重要。

（2）为什么使用 FPGA?

众所周知，通用处理器（CPU）的摩尔定律已入暮年，而机器学习和 Web 服务的规模却在指数级增长。

人们使用定制硬件来加速常见的计算任务，然而日新月异的行业又要求这些定制的硬件可被重新编程来执行新类型的计算任务。

FPGA 正是一种硬件可重构的体系结构。它的英文全称是 Field Programmable Gate Array，中文名是现场可编程门阵列。FPGA 常年来被用作专用芯片（ASIC）的小批量替代品，然而近年来在微软、百度等公司的数据中心大规模部署，以同时提供强大的计算能力和足够的灵活性。

（3）FPGA 为什么快

CPU、GPU 都属于冯·诺依曼结构，指令译码执行、共享内存。FPGA 之所以比 CPU 甚至 GPU 能效高，本质上是无指令、无须共享内存的体系结构带来的福利。

冯氏结构中，由于执行单元（如 CPU 核）可能执行任意指令，就需要有指令存储器、译码器、各种指令的运算器、分支跳转处理逻辑。由于指令流的控制逻辑复杂，不可能有太多条独立的指令流，因此 GPU 使用 SIMD（单指令流多数据流）来让多个执行单元以同样的步调处理不同的数据，CPU 也支持 SIMD 指令。

而 FPGA 每个逻辑单元的功能在重编程（烧写）时就已经确定，不需要指令。冯氏结构中使用内存有两种作用：一是保存状态；二是在执行单元间通信。

由于内存是共享的，就需要做访问仲裁。为了利用访问局部性，每个执行单元有一个私有的缓存，这就要维持执行部件间缓存的一致性。

对于保存状态的需求，FPGA 中的寄存器和片上内存（BRAM）是属于各自的控制逻辑的，无须不必要的仲裁和缓存。

对于通信的需求，FPGA 每个逻辑单元与周围逻辑单元的连接在重编程（烧写）时就已经确定，并不需要通过共享内存来通信。

说了这么多，FPGA 实际的表现如何呢？我们分别来看计算密集型任务和通信密集型任务。

计算密集型任务的例子包括矩阵运算、图像处理、机器学习、压缩、非对称加密、Bing 搜索的排序等。这类任务一般是 CPU 把任务卸载（offload）给 FPGA 去执行。对这类任务，目前我们正在用的 Intel（俗称 Altera）Stratix V FPGA 的整数乘法运算性能与 20 核的 CPU 基本相当，浮点乘法运算性能与 8 核的 CPU 基本相当，比 GPU 低一个数量级。我们即将用上的下一代 FPGA 和 Stratix 10，将配备更多的乘法器和硬件浮点运算部件，从而理论上可达到与现在的顶级 GPU 计算卡旗鼓相当的计算能力。

（4）FPGA 相比 GPU 优势

像 Bing 搜索排序这样的任务，要尽可能快地返回搜索结果，需要尽可能降低每一步的延迟。如果使用 GPU 来加速，要想充分利用 GPU 的计算能力，batch size 就不能太小，延迟将高达毫秒量级。使用 FPGA 来加速的话，只需要微秒级的 PCIe 延迟（我们现在的 FPGA 是作为一块 PCIe 加速卡使用的）。

未来 Intel 会推出通过 QPI 连接的 Xeon + FPGA，CPU 和 FPGA 之间的延迟可以降到 100 纳秒以下，跟访问主存没什么区别。

（5）FPGA 与 CPLD

与 FPGA 不同的是，CPLD 是采用复杂可编程逻辑器件的。CPLD 和 FPGA 都包括了一些相对大数量的可以编辑的逻辑单元。CPLD 逻辑门的密度在几千个到几万个逻辑单元之间，而 FPGA 通常是在几万个到几百万个之间。

CPLD 和 FPGA 的主要区别是它们的系统结构。CPLD 的结构具有一定的局限性。

这个结构由一个或者多个可编辑的结果之和的逻辑组列和一些相对少量的锁定的寄存器组成的。这样的结果缺乏编辑灵活性，优点是其延迟时间易于预计，逻辑单元对连接单元比率较高。而 FPGA 具有的连接单元数量很大，这样虽然让它可以更加灵活地编辑，但是结构却复杂得多。

CPLD 和 FPGA 另外一个区别是大多数 FPGA 含有高层次的内置模块（例如，加法器和乘法器）和内置的存储器。一个由此带来的重要区别是，很多新的 FPGA 支持完全的或者部分的系统内重新配置，允许设计随着系统升级或者动态重新配置而改变。FPGA 可以让设备的一部分重新编辑，而其他部分继续正常运行。

2.2 网络资源

2.2.1 网络传输介质

网络传输介质是指网络节点间数据传输系统中发送装置和接收装置间的物理媒体。按其物理形态可以划分为有线和无线两大类。

2.2.1.1 传输介质

常用的有线传输介质有双绞线、同轴电缆和光纤，如图 2-12 所示。传输介质采用有线介质连接的网络一般称为有线网。采用无线介质连接的网络称为无线网。

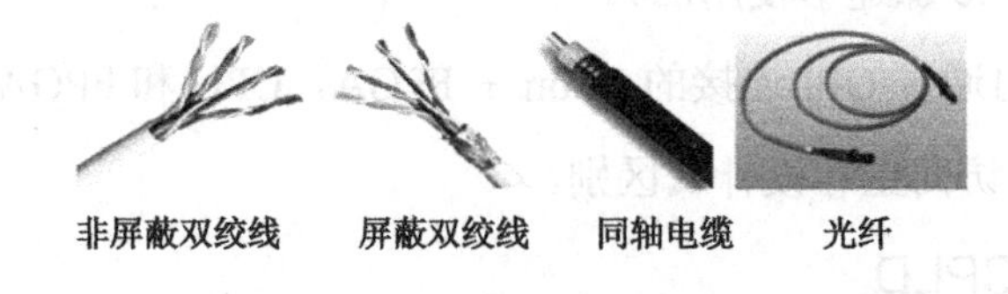

图 2-12 常用的有线传输介质

（1）双绞线

双绞线（Twisted Pair wire，TP）由两根绝缘金属线互相缠绕而成，这样的一对线作为 1 条通信线路，由 4 对双绞线构成双绞线电缆。双绞线可分为非屏蔽双绞线（Unshielded Twisted Pair，UTP）和屏蔽双绞线（Shielded Twisted Pair，STP）两大类。

屏蔽双绞线外面由一层金属材料包裹，可以减小辐射，同时具有较高的数据传输速率，但价格较高，安装也比较复杂。非屏蔽双绞线外层无金属屏蔽材料，只有一层绝缘胶皮包裹，价格相对便宜，组网灵活。除了某些特殊场合（如电磁辐射严重、对传输质量要求较高等）在布线中使用 STP 外，一般情况下都采用 UTP。

（2）同轴电缆

广泛使用的同轴电缆有两种。一种为阻抗 50Ω（指沿电缆导体各点的电磁电压对电流之比）的同轴电缆，也称基带同轴电缆。

（3）光纤

光纤是用玻璃制成的光导纤维。它是一种细小、柔韧并能传输光信号的介质，多条光纤组成的传输线就是通常所说的光缆。光缆不会受到电磁干扰，传输距离远，速率高，目前在计算机网络中发挥着重要作用。

（a）光纤模块

光模块（Optical Modules）作为光纤通信中的重要组成部分，是实现光信号传输过程中光电转换和电光转换功能的光电子器件。

i　光模块的工作原理

光模块工作在 OSI 模型的物理层，是光纤通信系统中的核心器件之一。它主要由光电子器件（光发射器、光接收器）、功能电路和光接口等部分组成，主要作用是实现光纤通信中的光电转换和电光转换功能。光模块工作原理如图 2-13 所示。

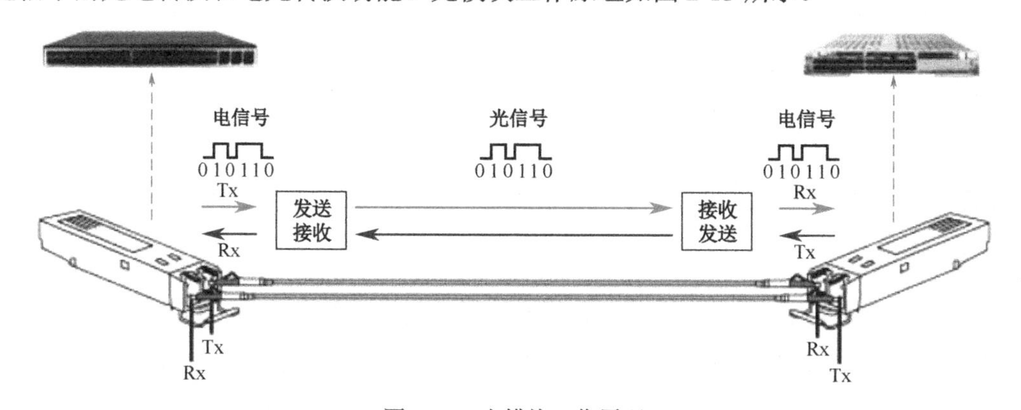

图 2-13　光模块工作原理

发送接口输入一定码率的电信号，经过内部的驱动芯片处理后，由驱动半导体激光器（LD）或者发光二极管（LED）发射出相应速率的调制光信号，通过光纤传输后，接收接口再把光信号由光探测二极管转换成电信号，并经过前置放大器后输出相应码率的电信号。

ii　光模块的外观结构

光模块的种类多种多样，外观结构也不尽相同，但是其基本组成结构如表 2-1 所示，光模块的外观结构（以 SFP 封装举例说明）如图 2-14 所示。

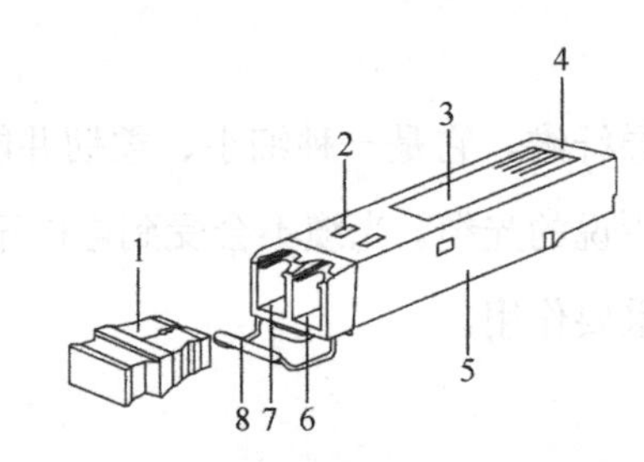

图 2-14　光模块的外观结构（以 SFP 封装举例说明）

表 2-1　光模块基本组成结构

结构	说明
防尘帽	保护光纤接头、光纤适配器、光模块的光接口，以及其他设备的端口不受外部环境污染和外力损坏
裙片	用于保证光模块和设备光接口之间良好的搭接，只在 SFP 封装的光模块上存在
标签	用于标识光模块的关键参数及厂家信息等
接头	用于光模块和单板之间的连接，传输信号，给光模块供电等
壳体	保护内部元器件，主要有 1*9 外壳和 SFP 外壳两种
接收接口（Rx）	光纤接收接口
发送接口（Tx）	光纤发送接口
拉手扣	用于拔插光模块，并且为了辨认方便，不同波段所对应的拉手扣的颜色也是不一样的

（b）光纤接口

在光纤领域，光纤接口（也可称光纤连接器）是常见的产品。它是光纤与光纤之间进行可拆卸连接的器件，并将光纤两个端面连接起来。它不仅连接了光纤，还可以重复插拔，因此也成为光纤活动接头。随着国家宽带升级战略，光纤连接器件的需求扩大。接下来，我们将着重介绍几大常用的光纤连接器，并且告诉大家如何分辨它们。

光纤接口是用来连接光纤线缆的物理接口。通常有SC、ST、FC等几种类型，它们由日本NTT公司开发。FC是 Ferrule Connector 的缩写，其外部加强方式是采用金属套，紧固方式为螺丝扣。ST接口通常用于10Base-F，SC接口通常用于100Base-FX。常见光纤线缆物理接口如图2-15所示。

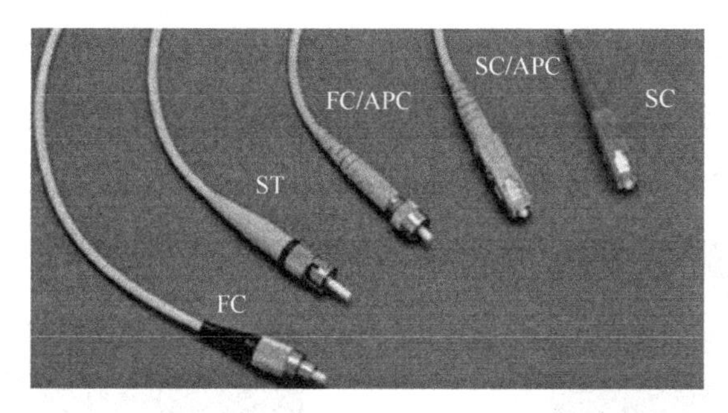

图2-15 常见光纤线缆物理接口

i ST介绍

ST（AT&T版权所有），也是多模网络（例如，大部分建筑物内或园区网络内）最常见的连接设备。它具有一个卡口固定架和一个2.5毫米长圆柱体的陶瓷，或者聚合物卡套以容载整条光纤。ST 的英文全称为“Stab&Twist”，可以形象描述插入和拧紧工序。ST示意图如图2-16所示。

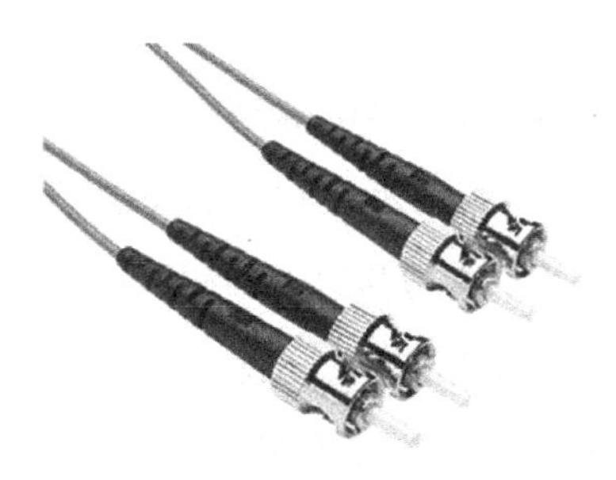

图2-16 ST示意图

ii FC介绍

FC是单模网络中常见的连接设备之一。它同样使用2.5毫米的卡套，但早期FC连接器中的一部分产品设计为陶瓷内置于不锈钢卡套内。目前在多数应用中，FC 已经被

SC 和 LC 连接器替代。

FC 是 Ferrule Connector 的缩写，表明其外部加强件是采用金属套，紧固方式为螺丝扣。FC 示意图如图 2-17 所示。

iii　SC 介绍

SC 具有 2.5 毫米卡套，不同于 ST/FC，它是一种插拔式的设备，因为性能优异而被广泛使用。它是 TIA-568-A 标准化的连接器，但初期由于价格昂贵（ST 价格的两倍）而没有被广泛使用。SC 的英文全称为“Square Connector”，因为 SC 的外形总是方形的。

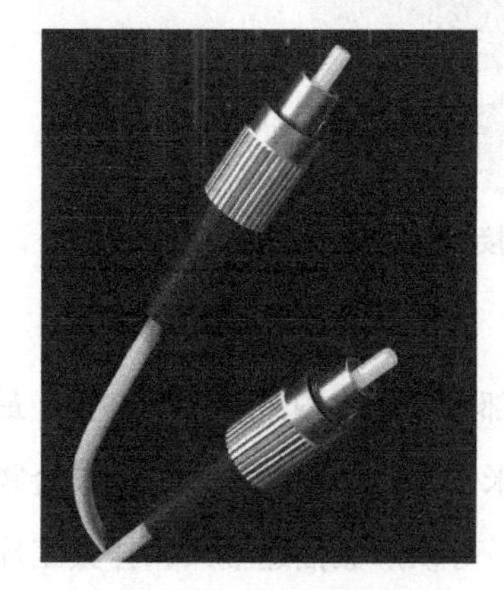

图 2-17　FC 示意图

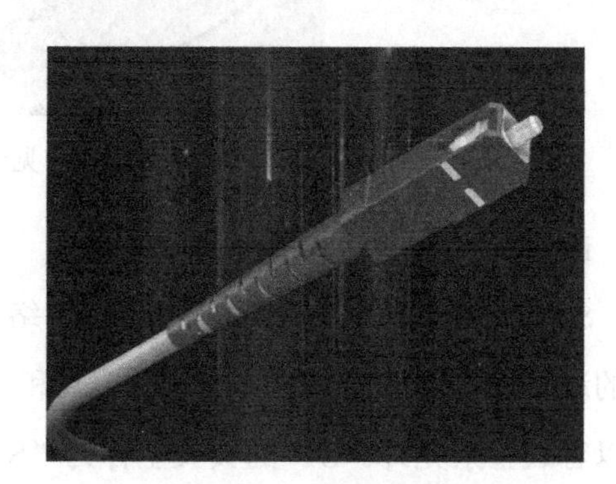

图 2-18　SC 示意图

（c）SFP 多模与单模的区别

波长分为 850nm/1310nm/1550nm/1490nm/1530nm/1610nm。当波长为 850nm 时，SFP 为多模，传输距离在 2km 以下；当波长为 1310/1550nm 时，SFP 为单模，传输距离在 2km 以上。相对来说，这 3 种波长的价格与其他 3 种波长相比便宜。

裸模块如果没有标识，很容易被混淆。一般厂家会在拉环的颜色上进行区分，比如：黑色拉环的为多模，波长是 850nm。蓝色、黄色和紫色拉环的为单模，波长分别是 1310nm、1550nm、1490nm，如图 2-19 所示。

i　多模

几乎所有的多模光纤尺寸均为 50/125μm 或 62.5/125μm，并且带宽（光纤的信息传输量）通常为 200MHz～2GHz。多模光端机通过多模光纤可进行长达 5km 的传输。以发光二极管或激光器为光源，拉环或者体外颜色为黑色。

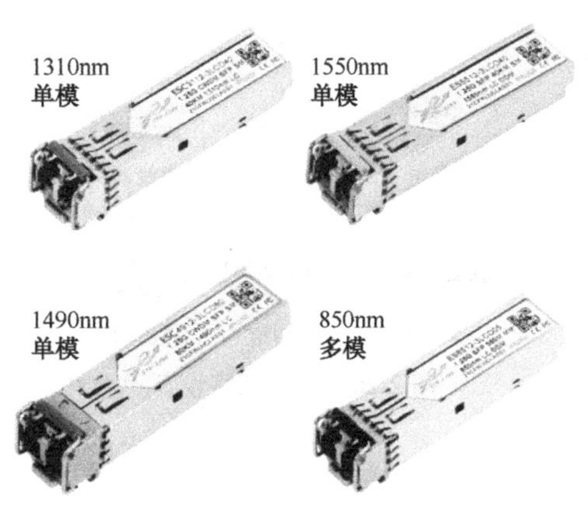

图 2-19　裸模块

ii　单模

单模光纤的尺寸为 9/125μm，并且较之多模光纤具有无限量带宽和更低损耗的特性。而单模光端机多用于长距离传输，有时可达到 150～200km，采用 LD 或光谱线较窄的 LED 作为光源。拉环或者体外颜色为蓝色、黄色或者紫色。

iii　区别与联系

单模光纤价格便宜，但单模设备与同类的多模设备相比昂贵很多。单模设备通常既可在单模光纤上运行，也可以在多模光纤上运行，而多模设备只限于在多模光纤上运行。

随着近年来单模与多模 SFP 光模块的拉近，目前采用单模光缆与单模模块已经成为主流。单模在使用上明显优于多模类型。

（4）无线传输

采用无线介质连接的网络称为无线网。目前，无线网技术主要有：微波通信、红外线通信、激光通信等，这些技术都是以大气为介质的。

2.2.1.2　网络设备

网络设备主要指用于网络通信的硬件设备，如网络适配器、中继器（Repeater）、集线器（Hub）、交换机（Switch）、网桥（Bridge）、路由器（Router）、网关（Gateway）等，常用网络设备如图 2-20 所示。大部分设备都是专用的设备，有些也可以使用普通计算机通过软件来实现。

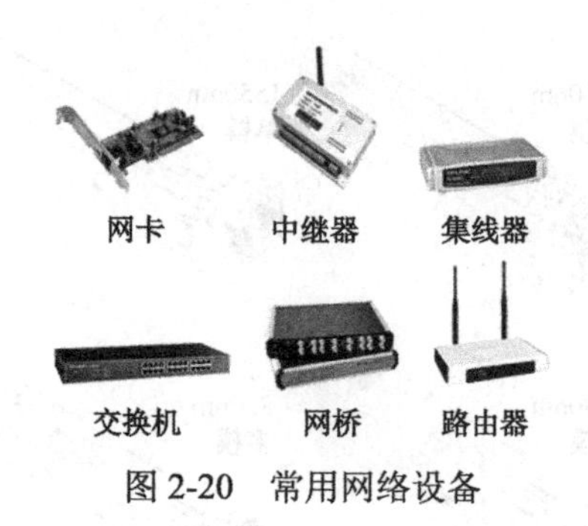

图 2-20　常用网络设备

2.3　存储资源

2.3.1　硬盘

为了使硬盘能够适应大数据量、超长工作时间的工作环境，服务器一般采用高速、稳定、安全的 SCSI 硬盘。但随着硬盘技术的发展，普通 SATA 硬盘也可以运用在中低阶服务器中，当然高端服务器还是使用 SAS 硬盘（这是 SCSI 硬盘的进化版本）。

服务器硬盘按照接口分类情况可分为以下几种。

2.3.1.1　SAS

该盘分为 2 种协议，即 SAS1.0 接口及 SAS2.0 接口。SAS1.0 接口传输带宽为 3.0GB/s。转速有 7.2kr、10kr、15kr。该盘现已被 SAS2.0 接口盘取代，该盘尺寸有 2.5 寸（1 寸约为 3 厘米）及 3.5 寸两种。SAS2.0 接口传输带宽为 6.0GB/s，转速有 10kr、15kr，常见容量为 73.6G、146G、300G、600G、900G。常见转速：15 000 转/分。

2.3.1.2　SCSi

传统服务器老传输接口，转速为 10kr 和 15kr。但是由于受到线缆及其阵列卡和传输协议的限制，该盘片有固定的插法。例如要顺着末端接口开始插第一块硬盘，没有插硬盘的地方要插硬盘终结器等。该盘现已经完全停止发售。该盘只有 3.5 寸版。常见转速：10 000 转/分。

2.3.1.3 NL SAS

NL SAS 专业翻译为近线 SAS。由于 SAS 盘价格高昂，容量大小有限，LSI 等厂家就采用通过二类最高级别检测的 SATA 盘片进行改装，采用 SAS 的传输协议和 SATA 的盘体 SAS 的传输协议，形成市场上高容量、低价格的硬盘。现在市场上单盘最大容量为 3TB。尺寸分为 2.5 寸及 3.5 寸两种。

2.3.1.4 FDE/SDE

FDE/SDE 盘体前者为 IBM 研发的 SAS 硬件加密硬盘，该盘体性能等同于 SAS 硬盘，但是由于本身有硬件加密系统，可以保证涉密单位数据不外泄。该盘主要用于高端 2.5 寸存储及 2.5 寸硬盘接口的机器上。

2.3.1.5 SSD

SSD 盘为固态硬盘，与个人 PC 不同的是该盘采用一类固态硬盘检测系统检测出场，并采用 SAS2.0 协议进行传输，该盘的性能也是个人零售 SSD 硬盘的数倍以上。服务器业内主要供货的产品均在 300G 单盘以下。

2.3.1.6 FC 硬盘

FC 硬盘主要用于以光纤为主要传输协议的外部 SAN 上。由于盘体双通道，又是 FC 传输，传输带宽为 2G、4G、8G 时，传输速度快。在 SAN 上边，FC 磁盘数量越多，IOPS（同写同读并发连接数）越高。

2.3.1.7 SATA 硬盘

用 SATA 接口的硬盘又叫串口硬盘，是以后 PC 机的主流发展方向，因为其有较强的纠错能力，错误一经发现能自动纠正，这样就大大提高了数据传输的安全性。新的 SATA 使用了差动信号系统“differential-signal-amplified-system”。这种系统能有效地将噪声从正常信号中滤除，良好的噪声滤除能力使得 SATA 只要使用低电压操作即可。和 Parallel ATA 高达 5V 的传输电压相比，SATA 只要 0.5V（500mV）的峰对峰值电压即可操作于更高的速度之上。“比较正确的说法是：峰对峰值‘差模电压’”。常见转速：7200 转/分。

2.3.2 Raid

为什么要使用 RAID?

对于普通用户而言，使用 RAID 技术管理硬盘没必要，但是对于企业用户，尤其是要使用高可用、稳定等解决方案保证硬盘数据稳定、安全、可靠时，RAID 就显得尤为重要。因为 RAID 技术可以为硬盘提供安全性和稳定性保障，保证硬盘数据容错性或者读写性能的提升等。

独立磁盘冗余阵列，是一种将多块独立的硬盘（物理硬盘）按不同的组合方式形成一个硬盘组（逻辑硬盘），从而提供比单块硬盘更大的存储容量、更高的可靠性和更快的读写性能等。该概念最早由加州大学伯克利分校的几名教授于 1987 年提出。早期主要通过 RAID 控制器等硬件来实现 RAID 磁盘阵列，需要使用磁盘阵列卡（RAID 卡），如图 2-21 所示。

图 2-21　磁盘阵列卡（RAID 卡）

后来出现了基于软件实现的 RAID，比如 mdadm 等。按照磁盘阵列的不同组合方式，可以将 RAID 分为不同级别，包括 RAID0 到 RAID6 等 7 个基本级别，以及 RAID0+1 和 RAID10 等扩展级别。不同 RAID 级别代表着不同的存储性能、数据安全性和存储成本等。下面我们将分别介绍这几种 RAID 级别。

2.3.2.1 RAID的实现方式分类

（1）RAID0（条带化）

简单地说，RAID0主要通过将多块硬盘“串联”起来，从而形成一个更大容量的逻辑硬盘。RAID0 通过“条带化（striping）”将数据分成不同的数据块，并依次将这些数据块写到不同的硬盘上。因为数据分布在不同的硬盘上，所以数据吞吐量得到大大提升。但是，很容易看出RAID0没有任何数据冗余，因此其可靠性不高。RAID0结构如图2-22所示。

（2）RAID1（镜像）

如果说 RAID0 是 RAID 中一种只注重存储容量而没有任何容错的极端形式，那么RAID1 则是有充分容错而不关心存储利用率的另一种极端表现。RAID1 通过“镜像（mirroring）”，将每一份数据都同时写到多块硬盘（一般是两块）上去，从而实现了数据的完全备份。因此，RAID1 支持“热替换”，在不断电的情况下对故障磁盘进行更换。一般情况下，RAID1控制器在读取数据时支持负载平衡，允许数据从不同磁盘上同时读取，从而提高数据的读取速度。但是，RAID1在写数据的性能上没有改善。RAID1结构如图2-23所示。

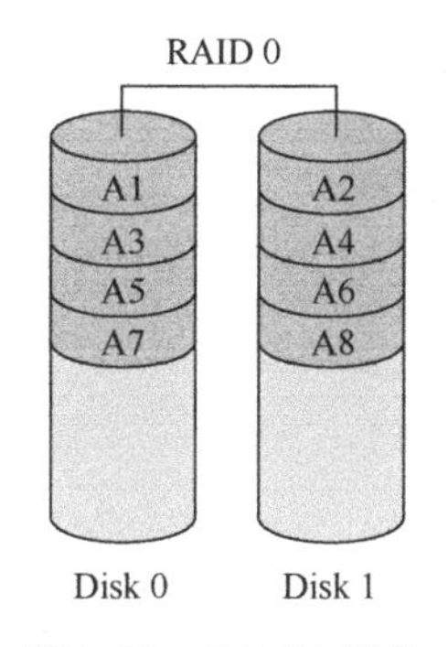

图2-22　RAID0结构

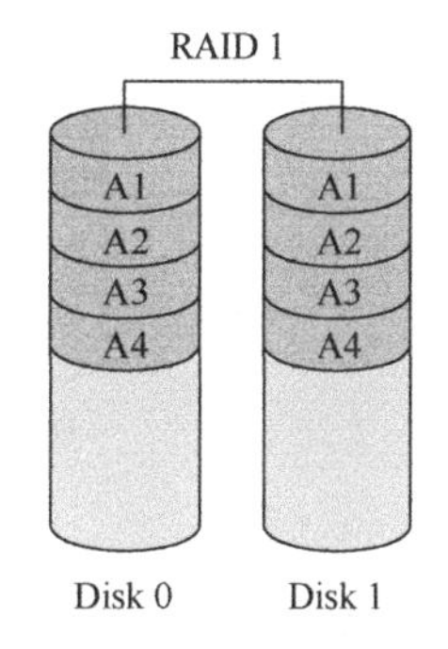

图2-23　RAID1结构

（3）RADI 2

RAID 2以比特（bit）为单位，将数据“条带化（striping）”分布存储在不同硬盘上；同时，将不同硬盘上同一位置的数据位用海明码进行编码，并将这些编码数据保存在另外一些硬盘的相同位置上，进行错误检查和恢复工作。因为技术实施上的复杂性，商业环境中很少采用 RAID2。RAID2 结构如图 2-24 所示。

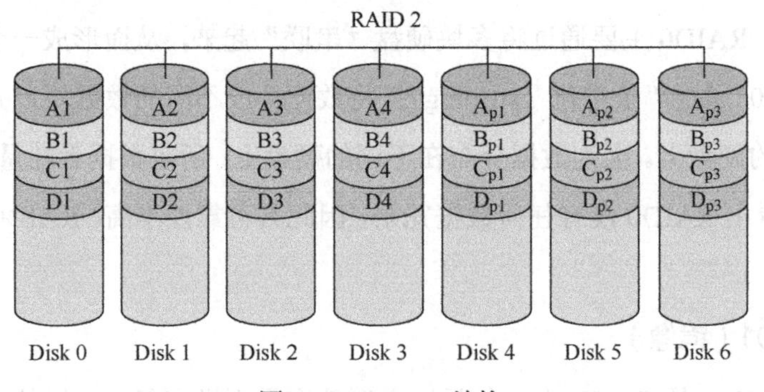

图 2-24　RAID2 结构

（4）RAID 3

与 RAID 2 类似，不同的是：1）以字节（byte）为单位进行处理；2）以奇偶校验码取代海明码。RAID3 的读写性能还不错，而且存储利用率也相当高，可达到（n−1）/n。但是对于随机读写操作，奇偶盘会成为写操作的瓶颈。RAID3 结构如图 2-25 所示。

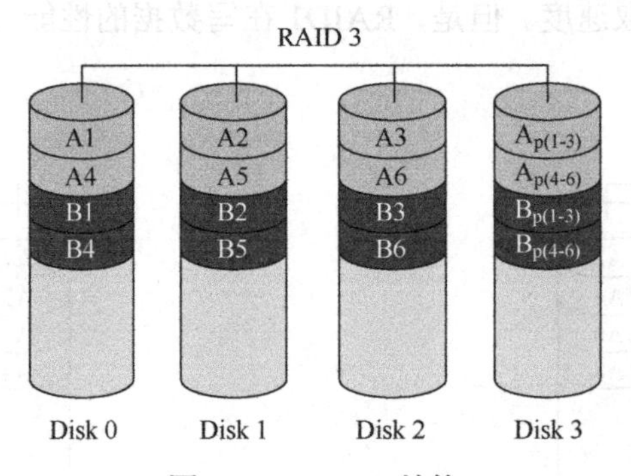

图 2-25　RAID3 结构

（5）RAID 4

与 RAID 3 的分布结构类似，不同的是 RAID 4 以数据块(block)为单位进行奇偶校验码的计算。另外，与 RAID2 和 RAID3 不同的是，RAID4 中各个磁盘是独立操作的，并不要求各个磁盘的磁头同步转动。因此，RAID4 允许多个 I/O 请求并行处理。RAID4 结构如图 2-26 所示。

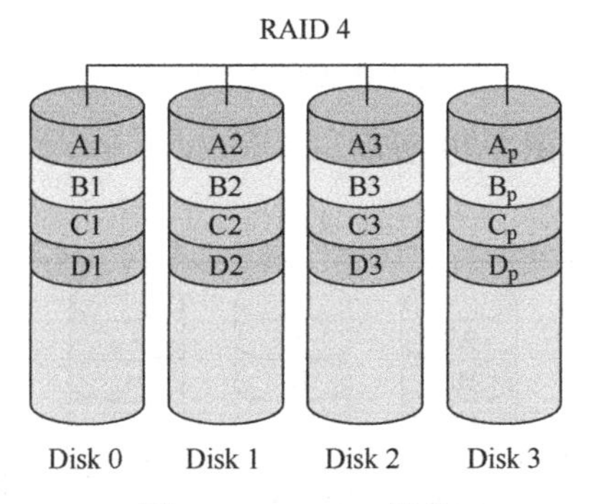

图 2-26　RAID4 结构

（6）RAID5（分条+分布式奇偶校验）

RAID3 和 RAID 4 都存在同一个问题，就是奇偶校验码放在同一个硬盘上，容易造成写操作有瓶颈。RAID5 与 RAID4 基本相同，但是其将奇偶校验码分开存放到不同的硬盘上去，从而减少了写奇偶校验码带来瓶颈的可能性。RAID5 结构如图 2-27 所示。

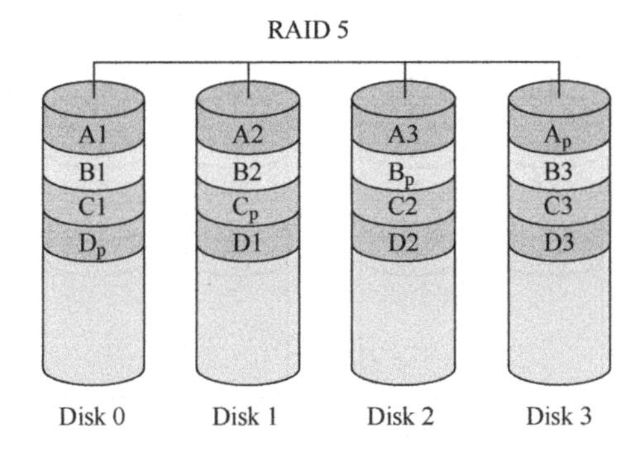

图 2-27　RAID5 结构

（7）RAID6（分条+分布式奇偶校验）

在 RAID5 的基础上，RAID6 又另外增加了一组奇偶校验码，从而获得更高的容错性，最多允许同时有两块硬盘出现故障。但是，新增加的奇偶校验计算同时也带来了写操作性能上的损耗。RAID6 结构如图 2-28 所示。

（8）RAID0+1

为了获取更好的 I/O 吞吐率或者可靠性，将不同的 RAID 标准级别混合产生的组合方式叫作嵌套式 RAID，或者混合 RAID。RAID0+1 是先将硬盘分为若干组，每组以 RAID0

的方式组成硬盘阵列，然后将这些组 RAID0 的硬盘阵列以 RAID1 的方式组成一个大的硬盘阵列。RAID0+1 结构如图 2-29 所示。

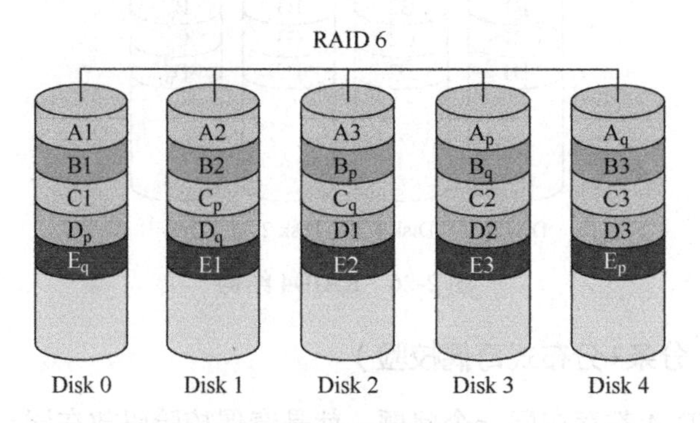

图 2-28 RAID6 结构

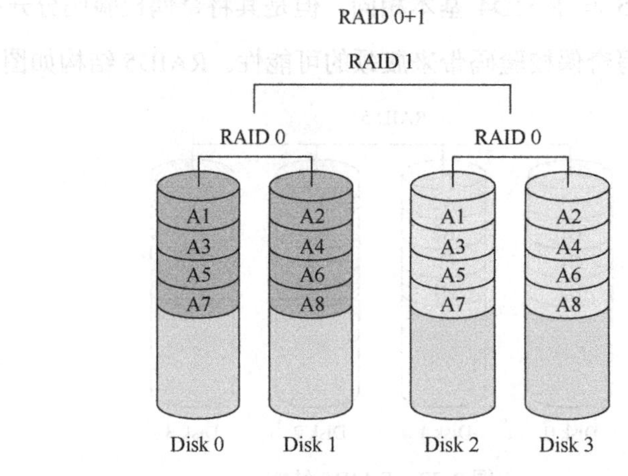

图 2-29 RAID0+1 结构

（9）RAID10（镜像+条带化）

类似于 RAID 0+1，RAID10 则是先“镜像”（RAID 1）、后“条带化”（RAID0）。RAID0+1 和 RAID10 性能上并无太大区别，但是 RAID10 在可靠性上要好于 RAID0+1。这是因为在 RAID10 中，任何一块硬盘出现故障不会影响到整个磁盘阵列，即整个系统仍将以 RAID10 的方式运行；而在 RAID0+1 中，一个硬盘出现故障则会导致其所在的 RAID0 子阵列全部无法正常工作，从而影响到整个 RAID0+1 磁盘阵列（在只有两组 RAID0 子阵列的情况下，整个系统将完全降级为 RAID0 级别）。RAID10 结构如图 2-30

所示。

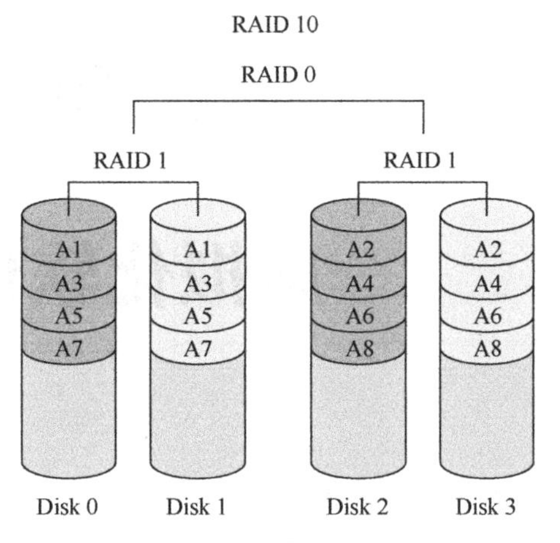

图 2-30　RAID10 结构

还有其他的 RAID 组合，这里就不罗列了，可以参考文档：https://zh.wikipedia.org/wiki/RAID。

第 3 章 虚拟化软件基础设施

本章主要描述 OpenStack 中的三大要素（计算、网络和存储）在软件层面的软件资源，从而帮助大家有效地建立起整个虚拟环境。

3.1 计算资源

云计算是以虚拟化为基础的，包括计算资源的虚拟化、网络资源的虚拟化和存储资源的虚拟化，这里主要介绍 Linux 的 KVM 虚拟化技术。

随着计算机硬件技术的发展，物理资源的容量越来越大，价格越来越低。在既有的计算元件架构下，物理资源不可避免地产生了闲置和浪费。为了充分利用新的物理资源，提高效率和利用率，一个比较直接的办法就是更新计算元件以利用更加丰富的物理资源。但是，人们往往出于对稳定性和兼容性的追求，并不情愿频繁地对已经存在的计算元件做大幅度的变更。应该说，虚拟化技术是另辟蹊径，通过引入一个新的虚拟化层，向下管理真实的物理资源，向上提供虚拟的系统资源，从而实现了在扩大硬件容量的同时，简化了软件的重新配置过程，如图 3-1 所示。

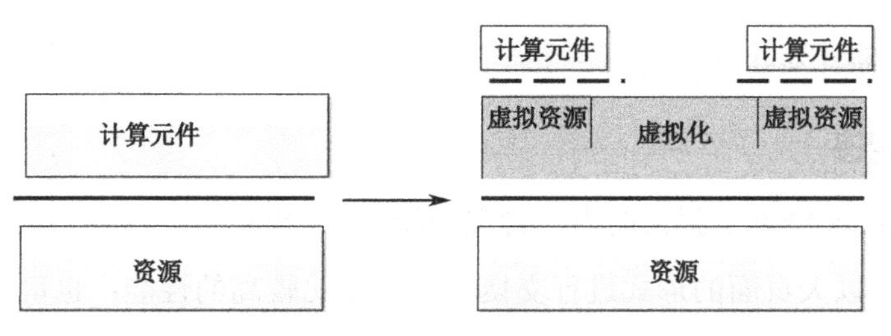

图 3-1　虚拟化

3.1.1　KVM 虚拟化技术介绍

KVM 的全称是 Kernel Virtual Machine，翻译成中文就是内核虚拟机。本章主要介绍 KVM 虚拟化技术。

3.1.1.1　KVM 介绍

KVM 是基于虚拟化扩展（Intel VT 或 AMD-V）的 X86 硬件，是 Linux 完全原生的全虚拟化解决方案。在 KVM 架构中，虚拟机的实现为常规的 Linux 进程，由标准 Linux 调度程序调度。事实上，每个虚拟 CPU 资源显示为一个常规的 Linux 进程。这使 KVM 能够享受 Linux 内核的所有功能。KVM 本身不执行模拟，需要在用户空间程序通过 /dev/kvm 接口设置一个客户机虚拟服务器的地址空间，向它提供模拟的 I/O 请求，并将它的显示信息映射回宿主的显示屏。这个应用程序就是 QEMU。图 3-2 显示了 KVM 基本架构。

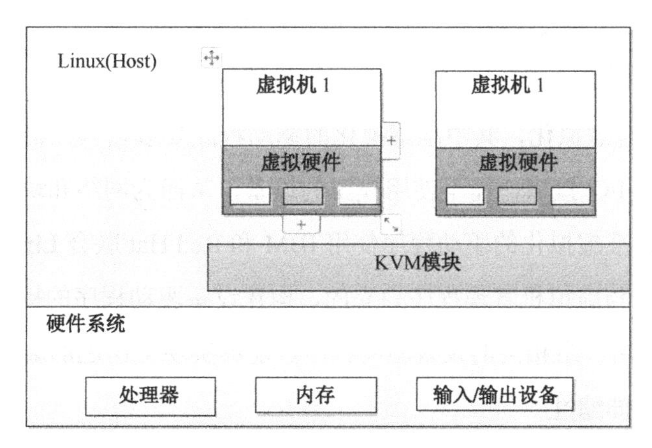

图 3-2　KVM 基本架构

KVM 的主要功能特性如下。

（1）内存管理

KVM 从 Linux 继承了强大的内存管理功能。一个虚拟机的内存与其他 Linux 进程的内存一样，可以以大页面的形式进行交换，以实现比较高的性能；也可以以磁盘文件的形式进行共享。NUMA 支持（非一致性内存访问，针对多处理器的内存设计）允许虚拟机有效地访问大量内存。内存页面共享通过一项名为内核同页合并（Kernel Same-page Merging，KSM）的内核功能来支持。KSM 扫描虚拟机的内存。如果虚拟机拥有相同的内存页面，KSM 可以将这些页面合并到一个在虚拟机之间共享的页面，仅存储一个副本。如果一个客户机尝试更改这个共享页面，它将得到自己的专用副本。

（2）存储管理

KVM 能够使用 Linux 支持的存储来存储虚拟机镜像，包括具有 IDE、SCSI 和 SATA 的本地磁盘、网络附加 NAS 存储（包括 NFS 和 SAMBA/CIFS），也支持 iSCSI 和光纤通道的 SAN。由于 KVM 是 Linux 内核的一部分，它可以利用领先存储供应商支持的一种成熟且可靠的存储基础架构，它的存储堆栈在生产部署方面具有良好的记录。

KVM 还支持全局文件系统（GFS2）等共享文件系统上的虚拟机镜像，以允许虚拟机镜像在多个宿主之间共享或使用逻辑卷共享。磁盘镜像支持按需分配，仅在虚拟机需要时分配存储空间，而不是提前分配整个存储空间，这样大大提高了存储资源的利用率。KVM 的原生磁盘格式为 QCOW2，它支持快照，允许多级快照、压缩和加密等。

（3）设备驱动程序

KVM 支持混合虚拟化，其中准虚拟化的驱动程序安装在客户机操作系统中，允许虚拟机使用优化的 I/O 接口，而不使用模拟的设备，从而为网络和块设备提供更高性能的 I/O 需求。KVM 准虚拟化的驱动程序使用 IBM 和 Red Hat 联合 Linux 社区开发的 Virt IO 标准，它是一个与虚拟机管理程序独立的、构建设备驱动程序的接口，其允许为多个虚拟机管理程序使用一组相同的设备驱动程序，能够实现更出色的虚拟机交互性能。

（4）性能和可伸缩性

KVM 也继承了 Linux 的性能和可伸缩性特性。KVM 虚拟化性能在计算能力、网络带宽等方面已经达到非虚拟化原生环境的 95%以上的性能。KVM 的扩展性也非常好，客户机和宿主机都可以支持非常多的 CPU 数量和大量的内存。在 RHEL6.x 系统中的一个 KVM 客户机可以支持 160 个虚拟 CPU 和多达 2TB 的内存，KVM 宿主机支持 4 096 个 CPU 核心和多达 64TB 的内存。

3.1.1.2 KVM 架构

KVM 基本结构由 2 个部分构成。

一个是 KVM 驱动，现在已经成为 Linux kernel 的一个模块了。其主要负责虚拟机的创建、虚拟内存的分配、VCPU 寄存器的读写，以及 VCPU 的运行。

另一个组成是 Qemu，用于模拟虚拟机的用户空间组件，提供 I/O 设备模型，访问外设的途径。KVM 基本结构如图 2-3 所示。

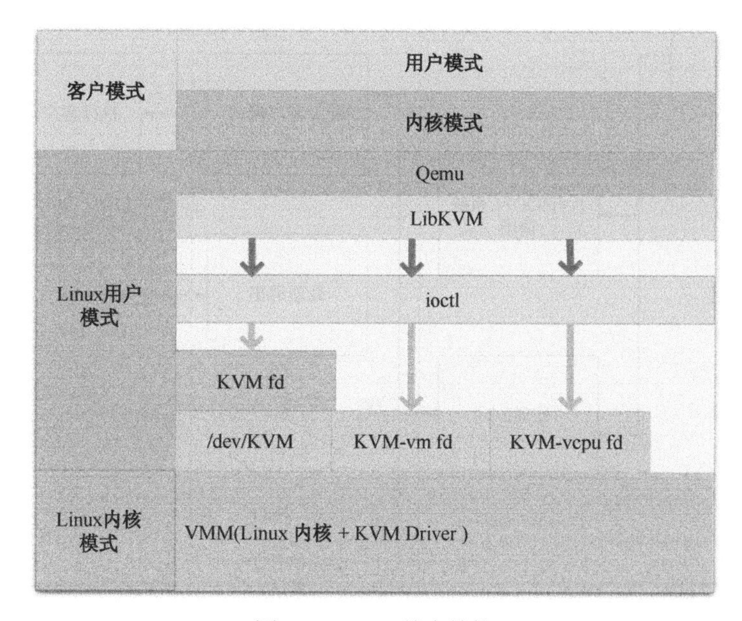

图 3-3　KVM 基本结构

KVM 已经是内核模块，被看作一个标准的 Linux 字符集设备（/dev/kvm）。Qemu 通过 LibKvm 应用程序接口，使用 fd 通过 ioctl 向设备驱动发送创建，运行虚拟机命令。

3.1.1.3 KVM 工作原理

KVM 工作原理：用户模式的 Qemu 通过 LibKvm 的 ioctl 进入内核模式，KVM 模块在虚拟机创建虚拟内存，虚拟 CPU 后执行 VMLAUCH 指令进入客户模式。加载 Guest OS 系统并执行。如果 Guest OS 发生外部中断或者影子页表缺页之类的情况，就会暂停 Guest OS 系统的执行，退出客户模式进行异常处理，之后重新进入客户模式，执行相关的客户代码。如果发生 I/O 事件或者信号队列中有信号到达，就会进入用户模式，如图 3-4 所示。

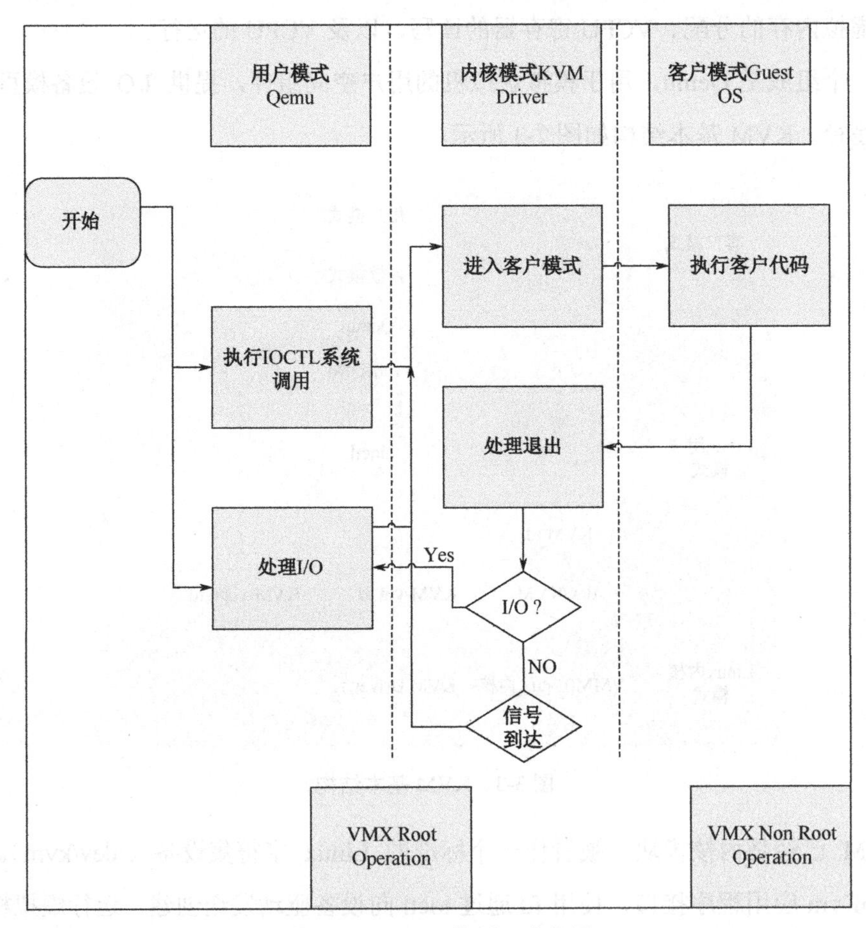

图 3-4 KVM 工作原理流程图

3.1.2 其他虚拟化方案简介

3.1.2.1 Xen 虚拟化

Xen 是直接在系统硬件上运行的虚拟机管理程序。Xen 在系统硬件与虚拟机之间介入一个虚拟化层，将系统硬件资源转换为一个逻辑计算资源池，Xen 可将其中的资源动态地分配给操作系统或应用程序使用。在虚拟机中运行的操作系统能够与虚拟资源进行交互，就仿佛它们是物理资源一样。图 3-5 显示了一个运行虚拟机的 Xen 架构。

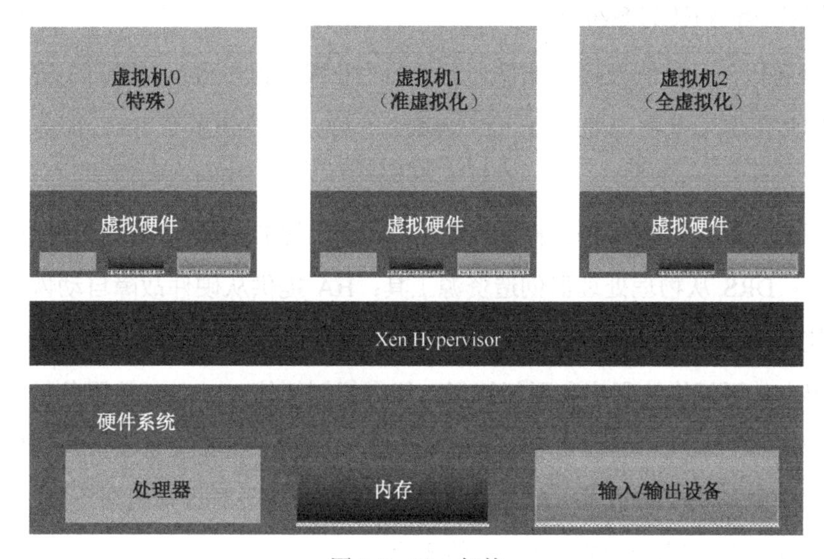

图 3-5 Xen 架构

3.1.2.2 VMware

公司创办于 1998 年，从公司的名字就能看出，这是一家专注于提供虚拟化解决方案的公司。VMware 公司比较早地预见到了虚拟化在未来数据中心中的核心地位，并开发了相关的虚拟化软件，从而抓住了虚拟化兴起的大潮，成为虚拟化业界的标杆。VMware 一直占据着虚拟化软件市场的最大份额，是毫无争议的第一。Vmware 公司作为成熟的商业虚拟化软件提供商，其产品线覆盖范围也是最广的，下面会对 VMware 的主要产品进行简单介绍。

（1）VMware Workstation

VMware Workstation 是 VMware 公司运行在台式机和工作站上的虚拟化软件，也是 VMware 公司第一个面市的产品。该产品最早采用了 VMware 在业界知名的二进制翻译技术，在 x86CPU 硬件虚拟化技术还未实现之前，为客户提供了纯粹的基于软件的全虚拟化解决技术。作为最初的拳头产品，VMware 公司投入了大量的资源对二进制翻译进行优化，其二进制翻译技术带来的虚拟化性能部分超过第一代 CPU 硬件虚拟化产品。

（2）VMware ESX Server

ESX 服务器（一种能直接在硬件上运行的企业级虚拟平台）。虚拟的 SMP，能让一个虚拟机同时使用 4 个物理处理器。和 VMFS 一样，它能使多个 ESX 服务器分享块存储器。

该公司还提供一个虚拟中心来控制和管理虚拟化的 IT 环境：VMotion 让用户可以移动虚拟机器；DRS 从物理处理器创造资源工具；HA 提供从硬件故障自动恢复功能；综合备份可使 LAN-free 自动备份虚拟机器；VMotion 存储器可允许虚拟机磁盘自由移动；更新管理器自动更新修补程序和更新管理；能力规划能使 VMware 的服务供应商执行能力评估；转换器把本地和远程物理机器转换到虚拟机器；实验室管理可自动化安装、捕捉、存储和共享多机软件配置；ACE 允许桌面系统管理员对虚拟机应用统一企业级 IT 安全策略，以防止不可控台式电脑带来的风险。

虚拟桌面基础设施可主导个人台式电脑在虚拟机运行的中央管理器；虚拟桌面管理是联系用户到数据库中的虚拟电脑的桌面管理服务器；WMware 生命管理周期可通过虚拟环境提供控制权。

3.1.2.3 VirtualBox

VirtualBox 是由德国 InnoTek 软件公司推出的虚拟机软件，目前由甲骨文公司进行开发，是甲骨文公司虚拟化平台技术的一部分。它提供使用者在 32 位或 64 位的 Windows、Solaris 及 Linux 操作系统上虚拟其他 X86 的操作系统。使用者可以在 VirtualBox 上安装并执行 Solaris、Windows、DOS、Linux、OS/2Warp、OpenBSD 及 FreeBSD 等系统，并将其作为客户端操作系统。最新的 VirtualBox 还支持 Android4.0 系统。

与同性质的 VMware 及 Virtual PC 相比，VirtualBox 独到之处包括远端桌面协定（RDP）、iSCSI 及 USB 的支援，VirtualBox 在客户机操作系统上已可以支援 USB2.0 的硬件装置。VirtualBox 还支持在 32 位宿主操作系统上运行 64 位客户机操作系统。

VirtualBox 既支持纯软件虚拟化，也支持 Intel VT-x 与 AMD AMD-V 硬件虚拟化技术。为了方便其他虚拟机用户向 VirtualBox 迁移，VirtualBox 还可以读写 VMware VMDK 格式和 VirtualPC VHD 格式的虚拟磁盘文件。

3.1.2.4 Hyper-V

Hyper-V 是微软提出的一种系统管理程序虚拟化技术。Hyper-V 设计的目的是为用户提供更为熟悉及成本效益更高的虚拟化基础设施软件，这样可以降低运作成本、提高硬件利用率、优化基础设施，并提高服务器的可用性。

Hyper-V 的设计借鉴了 Xen，采用微内核架构，兼顾了安全性和性能的要求。Hyper-V 底层的 Hypervisor 运行在最高的特权级别下，微软将其称为 ring-1（而 Intel 也将其称为 root mode），而虚拟机的操作系统内核和驱动运行在 ring 0，应用程序运行在 ring 3。

Hyper-V 采用基于 VMbus 的高速内存总线架构，来自虚拟机的硬件请求包括显卡、鼠标、磁盘、网络等可以直接经过 VSC，通过 VMbus 总线发送到根分区的 VSP，VSP 调用对应的设备驱动，直接访问硬件，中间不需要 Hypervisor 的帮助。从架构上讲，Hyper-V 只有“硬件－Hyper-V－虚拟机”3 层，本身非常小巧，代码简单，并且不包含任何第三方驱动，所以安全可靠、执行效率高，能充分利用硬件资源，使虚拟机系统性能更接近真实系统性能。

3.1.3 Libvirt

在一个数据中心里面，有可能使用了不同的 Hypervisor：可能早一些的旧服务器使用了 Xen；新采购的服务器使用了 KVM；也有可能是购置的商业虚拟化软件。由于时间、地域、部门、企业等的各种关系，使用的 Hypervisor 都不会相同。如何管理这些不尽相同的 Hypervisor 一直是一个比较让人头疼的问题。最理想的情况是：能有一个统一的管理工具来管理各种各样的 Hypervisor，并且能够对外提供统一的 API 来支持上层应用。

Libvirt 就是在这种情况下诞生的。为了达到理想化的目标，Libvirt 为多种 Hypervisor 提供统一的管理方式。Libvirt 就是一个软件集合，包括 API 库、后台运行程序（Libvirtd）和命令行工具（virsh）。它提供了虚拟化管理和虚拟化设备管理。

这些虚拟化设备包括：磁盘、虚拟网络、虚拟路由器、虚拟光驱等。目前，Libvirt 支持 Xen、QEMU、LXC、OpenVZ 和 VirtualBox 等。Libvirt 功能如表 3-1 所示。

表 3-1 Libvirt 功能表

功能	描述
虚拟机管理功能	以虚拟机为对象，Libvirt 提供了定义、删除、启动、关闭、暂停、保存、回滚和迁移等功能
虚拟设备管理功能	能够管理各种各样的虚拟外设，比如虚拟磁盘、虚拟网卡、内存、虚拟 CPU 等外部设备
远程控制功能	除了对本机的 Hypervisor 进行管理之外，还提供了远程连接功能，通过提供的 virsh 程序或 API 能够远程连接其他物理机的 Hypervisor

3.1.4 构建 KVM 虚拟化平台

3.1.4.1 安装准备

首先，查看你的硬件是否支持虚拟化。目前市面上的设备基本上支持虚拟化，但是需要在 Bios 中开启。如果没有开启，无法进行虚拟化，所以在做虚拟化之前，需要确认下相关配置是否打开。我们可以使用如下的命令：

```
# egrep -c '(vmx!svm)' /proc/cpuinfo
```

返回值为 0 说明 CPU 不支持硬件虚拟化；返回值为 1 或更高值，说明 CPU 支持硬件虚拟化。通常情况下，硬件虚拟化扩展是默认不启用的，要通过进入 BIOS 进行设置才能启用。

注意：在虚拟机的设置中打开 CPU 设置中的虚拟化引擎，选择 Intel VT-x/EPT 或 AMD-V/RVI(V)选项。具体设置如图 3-6 所示。

图 3-6　打开虚拟化选项

3.1.4.2　安装 KVM

由于 Linux 内核已经将 KVM 收录了，在安装系统时已经加入了 KVM，我们只需要在命令行模式下启用 KVM 即可。启用 KVM 模块使用以下命令：

```
# modprobe kvm
```

功能区分 intel/amd 的启用：

```
# modprobe kvm-intel
```

之后查看一下该模块是否加载，如图 3-7 所示。

```
[root@control ~]# lsmod |grep kvm
kvm_intel              148081  0
kvm                    461126  1 kvm_intel
[root@control ~]# _
```

图 3-7　查看加载的 KVM 模块

3.1.4.3 KVM 虚拟机创建和管理所依赖的组件

KVM 虚拟机的创建依赖 qemu-kvm：虽然 KVM 的技术已经相当成熟，并可以对很多资源进行隔离，但是在某些方面还是无法虚拟出真实的机器。比如对网卡的虚拟，那这个时候就需要另外的技术来做补充，而 qemu-kvm 则是这样一种技术。它补充了 KVM 技术的不足，而且在性能上对 KVM 进行了优化。

可以使用 virt-manager，virt-viewer 来管理虚拟机；在创建和管理 KVM 虚拟机时还需要 libvirt 这个重要的组件：它是一系列库函数，用以其他技术调用，以此来管理机器上的虚拟机。包括各种虚拟机技术：KVM、XEN 与 LXC 等，都可以调用 libvirt 提供的 API 对虚拟机进行管理。

有这么多的虚拟机技术，它为何能提供这么多的管理功能？这是因为它的设计理念，是面向驱动的架构设计。对任何一种虚拟机技术都开发设计相对于该技术的驱动。这样不同虚拟机技术就可以使用不同驱动，而且相互不会影响，方便扩展。libvirt 提供了多种语言的编程接口，可以直接通过编程调用 libvirt 提供的对外接口实现对虚拟机的操作。

当今流行的云计算中的 IaaS 是与该库联系相当紧密的。通过架构设计图 3-8 可以看出它的架构设计思想。

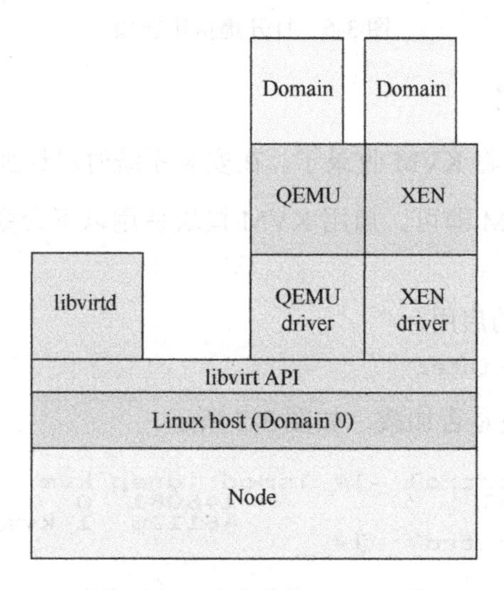

图 3-8 架构设计图

从图 3-8 可以看出，在 libvirt API 之上会有很多个 driver，每一种虚拟机技术都会有一种 driver，用来充当该虚拟机技术与 libvirt 之间的包装接口。如此设计就可以避免 libvirt 需要设计各种针对不同虚拟机技术的接口。它主要关注底层的实现，提供对外接口调用，而不同的虚拟机技术通过调用 libvirt 提供的接口来完成自己所需要的功能。

3.1.4.4 安装 KVM 所需组件

yum 源提供了相关软件包，直接安装即可，命令如下：

```
# yum install -y qemu-kvm libvirt virt-manager
```

安装完成后启动 libvirtd 服务，命令如下：

```
# service libvirtd start
```

自动启动一个桥设备，这相当于 VMware Workstation 中的 host-only 仅主机的网络设备，如图 3-9 所示。

```
[root@control ~]# ifconfig |tail -9

virbr0: flags=4099<UP,BROADCAST,MULTICAST>  mtu 1500
        inet 192.168.122.1  netmask 255.255.255.0  broadcast 192.168.122.255
        ether 52:54:00:45:49:f3  txqueuelen 0  (Ethernet)
        RX packets 0  bytes 0 (0.0 B)
        RX errors 0  dropped 0  overruns 0  frame 0
        TX packets 0  bytes 0 (0.0 B)
        TX errors 0  dropped 0 overruns 0  carrier 0  collisions 0
```

图 3-9　查看网桥接口

网桥管理命令查看，如图 3-10 所示。

```
[root@control ~]# brctl show
bridge name     bridge id               STP enabled     interfaces
virbr0          8000.5254004549f3       yes             virbr0-nic
```

图 3-10　网桥管理命令查看

像 VMware Workstation 中我们需要创建物理桥接设备一样，可以使用 virsh 创建桥设备关联网卡到桥接设备上，需要将 NetworkManager 服务关闭，开机启动也关闭 NetworkManager 工具会引起修改配置无法保存，清空 DNS 等操作，在处理网络时会浪费很多时间去处理，所以建议大家关闭这个服务。关闭 NetworkManager 服务如图 2-11 所示。

```
[root@control ~]# chkconfig NetworkManager off
Note: Forwarding request to 'systemctl disable NetworkManager.service'.
Removed symlink /etc/systemd/system/multi-user.target.wants/NetworkManager.service.
Removed symlink /etc/systemd/system/dbus-org.freedesktop.NetworkManager.service.
Removed symlink /etc/systemd/system/dbus-org.freedesktop.nm-dispatcher.service.
[root@control ~]# service NetworkManager stop
Redirecting to /bin/systemctl stop  NetworkManager.service
```

图 3-11　关闭 NetworkManager 服务

然后，创建桥接设备及关联网卡到桥接设备上，如图 3-12 所示。

```
[root@control ~]# virsh iface-bridge eno67109408 br0
Created bridge br0 with attached device eno67109408
Bridge interface br0 started

[root@control ~]#
```

图 3-12　在网桥上添加物理接口

查看桥接设备及其他网络设备运行情况，如图 3-13 所示。

```
[root@control ~]# ifconfig
br0: flags=4163<UP,BROADCAST,RUNNING,MULTICAST>  mtu 1500
        inet 172.31.2.110  netmask 255.255.255.0  broadcast 172.31.2.255
        inet6 fe80::20c:29ff:fe4e:5103  prefixlen 64  scopeid 0x20<link>
        ether 00:0c:29:4e:51:03  txqueuelen 0  (Ethernet)
        RX packets 71  bytes 8878 (8.6 KiB)
        RX errors 0  dropped 0  overruns 0  frame 0
        TX packets 12  bytes 1416 (1.3 KiB)
        TX errors 0  dropped 0 overruns 0  carrier 0  collisions 0

eno16777736: flags=4163<UP,BROADCAST,RUNNING,MULTICAST>  mtu 1500
        inet 10.20.1.70  netmask 255.255.255.0  broadcast 10.20.1.255
        inet6 fe80::20c:29ff:fe4e:5100  prefixlen 64  scopeid 0x20<link>
        ether 00:0c:29:4e:51:00  txqueuelen 1000  (Ethernet)
        RX packets 1922  bytes 134365 (131.2 KiB)
        RX errors 0  dropped 0  overruns 0  frame 0
        TX packets 3100  bytes 1035119 (1010.8 KiB)
        TX errors 0  dropped 0 overruns 0  carrier 0  collisions 0

eno67109408: flags=4163<UP,BROADCAST,RUNNING,MULTICAST>  mtu 1500
        ether 00:0c:29:4e:51:03  txqueuelen 1000  (Ethernet)
        RX packets 59685  bytes 88412792 (84.3 MiB)
        RX errors 0  dropped 0  overruns 0  frame 0
        TX packets 19528  bytes 1403840 (1.3 MiB)
        TX errors 0  dropped 0 overruns 0  carrier 0  collisions 0
```

图 3-13　查看网桥接口

查看桥接设备，如图 3-14 所示。

```
[root@control ~]# brctl show
bridge name     bridge id               STP enabled     interfaces
br0             8000.000c294e5103       yes             eno67109408
virbr0          8000.5254004549f3       yes             virbr0-nic
[root@control ~]#
```

图 3-14　查看桥接设备

至此，我们的虚拟化平台就构建完毕，下面就开始在 KVM 虚拟化平台上创建和管理虚拟机，我们先使用 qemu-kvm 来创建和管理虚拟机。

3.1.5　KVM 管理虚拟机

创建硬盘，-f 是指定磁盘格式，20g 是磁盘大小，如图 3-15 所示。

```
[root@control ~]# qemu-img create -f qcow2 test.qcow2 20g
Formatting 'test.qcow2', fmt=qcow2 size=21474836480 encryption=off cluster_size=65536 lazy_refcounts=off
[root@control ~]# _
```

图 3-15 创建磁盘的命令

创建虚拟机，选择导入本地的磁盘镜像，如图 3-16、图 3-17 所示。

New VM
Create a new virtual machine
Step 1 of 4
Connection: QEMU/KVM
Warning: KVM is not available. This may mean the KVM package is not installed, or the KVM kernel modules are not loaded. Your virtual machines may perform poorly.
Choose how you would like to install the operating system
Local install media (ISO image or CDROM)
Network Install (HTTP, FTP, or NFS)
Network Boot (PXE)
Import existing disk image
Cancel Back Forward

图 3-16 导入磁盘镜像

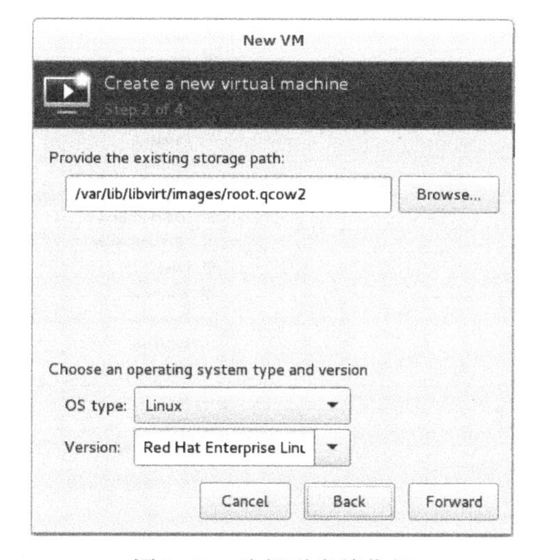

图 3-17 选择磁盘镜像根

根据需要选择需要的 CPU 和内存，如图 3-18 所示。

选择网络并查看虚拟机的基本配置信息，如图 3-19 所示。

New VM
Create a new virtual machine
Step 3 of 4
Choose Memory and CPU settings
Memory (RAM): 1024 − + MiB
Up to 3785 MiB available on the host
CPUs: 1 − +
Up to 2 available
Cancel Back Forward

图 3-18 选择 CPU 和内存

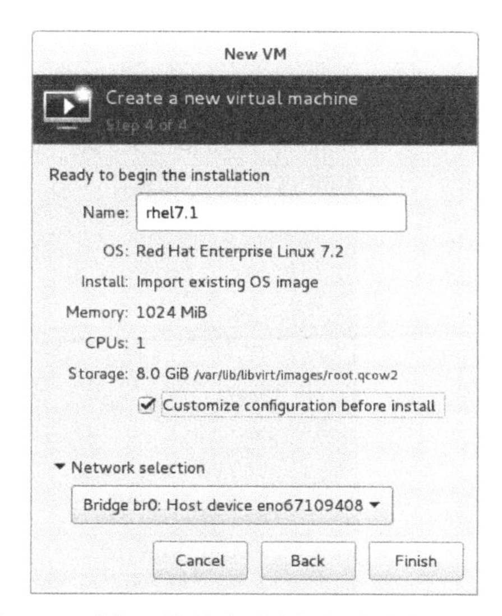

图 3-19 选择网络并查看虚拟机内基本配置信息

添加光驱并指定安装镜像，如图 3-20 所示。

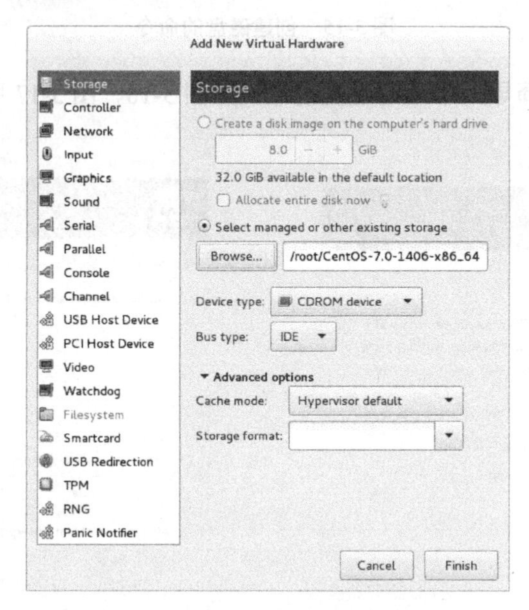

图 3-20　添加光驱并指定安装镜像

启动虚拟机进入安装系统界面，如图 3-21 所示。

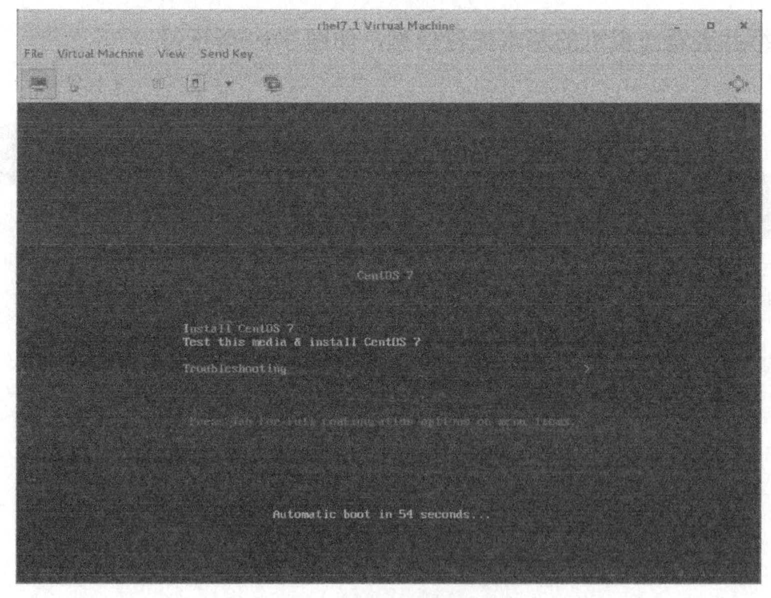

图 3-21　开始安装系统界面

显示虚拟机 list 或者 list–all，如图 3-22 所示。

```
[root@control ~]# virsh list
 Id    Name                           State
----------------------------------------------------
 3     rhel7.1                        running

[root@control ~]#
```

图 3-22　命令查看虚拟机列表

导出客户端 xml 配置文件 virsh dumpxml 虚拟机名称或者 ID 或者 UUID >xml 文件（可以是相对路径，也可以是绝对路径），如图 3-23 所示。

```
[root@control ~]# virsh dumpxml rhel7.1 > test.xml
```

图 3-23　导出虚拟机 xml 文件

用 xml 文件创建虚拟机。导出虚拟机 xml 文件如图 3-24 所示。

```
#导出虚拟机 node6 的硬件配置信息为 test.xml
#vim /root/test.xml
    <domain type='qemu' id='4'> #修改的 id 号
    <name>test</name>#虚拟机的 name
    <uuid>2ff5af5e-b602-4e5f-b09a-5ef4070df1fc</uuid> #uuid 必须修改，否则冲突
    <memory unit='KiB'>1048576</memory>
    <currentMemory unit='KiB'>1048576</currentMemory>
    <vcpu placement='static'>1</vcpu>
    <resource>
    <partition>/machine</partition>
    </resource>
    <os>
    <type arch='x86_64' machine='pc-i440fx-rhel7.0.0'>hvm</type>
    </os>
    <features>
    <acpi/>
    <apic/>
    </features>
    <clock offset='utc'>
    <timer name='rtc' tickpolicy='catchup'/>
    <timer name='pit' tickpolicy='delay'/>
    <timer name='hpet' present='no'/>
    </clock>
    <on_poweroff>destroy</on_poweroff>
```

图 3-24　导出虚拟机 xml 文件

```
<on_reboot>restart</on_reboot>
<on_crash>restart</on_crash>
<pm>
<suspend-to-mem enabled='no'/>
<suspend-to-disk enabled='no'/>
</pm>
<devices>
<emulator>/usr/libexec/qemu-kvm</emulator>
<disk type='file' device='disk'>
<driver name='qemu' type='qcow2'/>
<source file='/var/lib/libvirt/images/test.qcow2'/> #指定新虚拟机的硬盘文件
<backingStore/>
<target dev='vda' bus='virtio'/>
<boot order='1'/>
<alias name='virtio-disk0'/>
<address type='pci' domain='0x0000' bus='0x00' slot='0x07' function='0x0'/>
</disk>
<disk type='file' device='cdrom'>
<driver name='qemu' type='raw'/>
<source file='/root/CentOS-7.0-1406-x86_64-Minimal.iso'/>
<backingStore/>
<target dev='hda' bus='ide'/>
<readonly/>
<boot order='2'/>
<alias name='ide0-0-0'/>
<address type='drive' controller='0' bus='0' target='0' unit='0'/>
</disk>
<controller type='usb' index='0' model='ich9-ehci1'>
<alias name='usb'/>
<address type='pci' domain='0x0000' bus='0x00' slot='0x06' function='0x7'/>
</controller>
<controller type='usb' index='0' model='ich9-uhci1'>
<alias name='usb'/>
<master startport='0'/>
<address type='pci' domain='0x0000' bus='0x00' slot='0x06' function='0x0'
multifunction='on'/>
</controller>
<controller type='usb' index='0' model='ich9-uhci2'>
<alias name='usb'/>
<master startport='2'/>
```

图 3-24　导出虚拟机 xml 文件（续）

```
<address type='pci' domain='0x0000' bus='0x00' slot='0x06' function='0x1'/>
</controller>
<controller type='usb' index='0' model='ich9-uhci3'>
<alias name='usb'/>
<master startport='4'/>
<address type='pci' domain='0x0000' bus='0x00' slot='0x06' function='0x2'/>
</controller>
<controller type='pci' index='0' model='pci-root'>
<alias name='pci.0'/>
</controller>
<controller type='ide' index='0'>
<alias name='ide'/>
<address type='pci' domain='0x0000' bus='0x00' slot='0x01' function='0x1'/>
</controller>
<controller type='virtio-serial' index='0'>
<alias name='virtio-serial0'/>
<address type='pci' domain='0x0000' bus='0x00' slot='0x05' function='0x0'/>
</controller>
<interface type='bridge'>
<mac address='52:54:00:57:ab:b7'/>
<source bridge='br0'/>
<target dev='vnet0'/>
<model type='virtio'/>
<alias name='net0'/>
<address type='pci' domain='0x0000' bus='0x00' slot='0x03' function='0x0'/>
</interface>
<serial type='pty'>
<source path='/dev/pts/2'/>
<target port='0'/>
<alias name='serial0'/>
</serial>
<console type='pty' tty='/dev/pts/2'>
<source path='/dev/pts/2'/>
<target type='serial' port='0'/>
<alias name='serial0'/>
</console>
<channel type='unix'>
<source mode='bind'
path='/var/lib/libvirt/qemu/channel/target/domain-rhel7.1/ org.qemu.g
uest_agent.0'/>
```

图 3-24　导出虚拟机 xml 文件（续）

```
<target type='virtio' name='org.qemu.guest_agent.0' state='disconnected'/>
<alias name='channel0'/>
<address type='virtio-serial' controller='0' bus='0' port='1'/>
</channel>
<channel type='spicevmc'>
<target type='virtio' name='com.redhat.spice.0' state='disconnected'/>
<alias name='channel1'/>
<address type='virtio-serial' controller='0' bus='0' port='2'/>
</channel>
<input type='tablet' bus='usb'>
<alias name='input0'/>
</input>
<input type='mouse' bus='ps2'/>
<input type='keyboard' bus='ps2'/>
<graphics type='spice' port='5900' autoport='yes' listen='127.0.0.1'>
<listen type='address' address='127.0.0.1'/>
<image compression='off'/>
</graphics>
<sound model='ich6'>
<alias name='sound0'/>
<address type='pci' domain='0x0000' bus='0x00' slot='0x04' function='0x0'/>
</sound>
<video>
<model type='qxl' ram='65536' vram='65536' vgamem='16384' heads='1'/>
<alias name='video0'/>
<address type='pci' domain='0x0000' bus='0x00' slot='0x02' function='0x0'/>
</video>
<redirdev bus='usb' type='spicevmc'>
<alias name='redir0'/>
</redirdev>
<redirdev bus='usb' type='spicevmc'>
<alias name='redir1'/>
</redirdev>
<memballoon model='virtio'>
<alias name='balloon0'/>
<address type='pci' domain='0x0000' bus='0x00' slot='0x08' function='0x0'/>
</memballoon>
</devices>
</domain>
```

图 3-24 导出虚拟机 xml 文件（续）

使用虚拟描述文档建立虚拟机，可用 virsh edit test 修改 test 的配置文件

```
    #virsh define /root/test.xml 启动虚拟机
    #virsh start test 为虚拟机开启 vnc
    #virsh edit test
    #编辑 test 的配置文件；不建议直接通过 vim test.xml 修改。
    <graphics type='vnc' port='5905' autoport='no' listen='0.0.0.0'
keymap='en-us' passwd='xiaobai'/>
```

固定 vnc 管理端口 5904，不自动分配，vnc 密码 xiaoqiang，监听所有网络，远程 vnc 访问地址：192.168.9.9:5905，如图 3-25、图 3-26、图 3-27 所示。

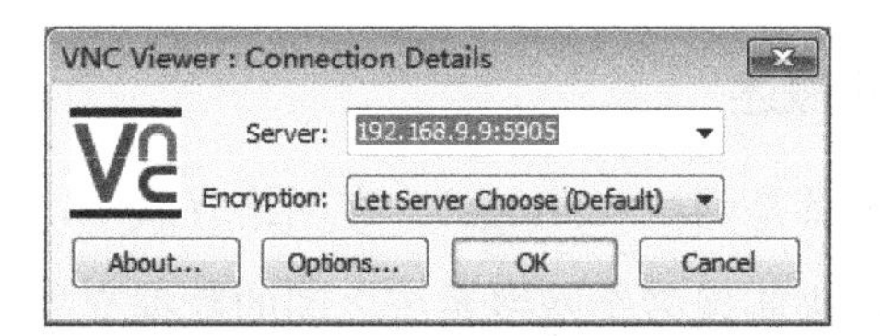

图 3-25　vnc 登录对话框

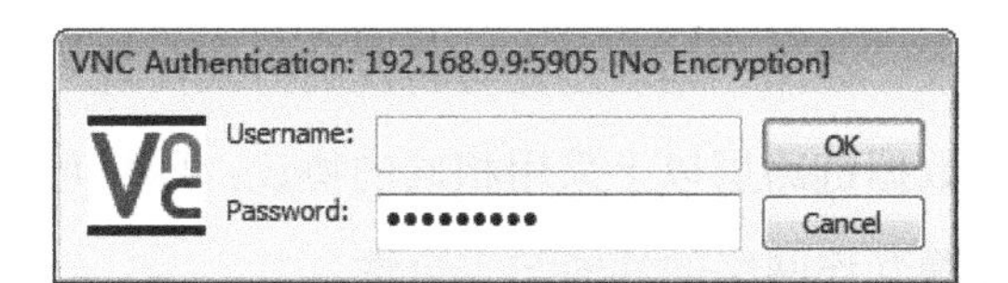

图 3-26　vnc 输入密码

图 3-27　登录界面

3.2 网络资源

网络是 OpenStack 中一个比较重要的内容，本节主要介绍 OpenStack 网络相关的背景知识，包括 Linux 网桥、VLAN、VXLAN 和 GRE 这几方面。

3.2.1 Linux 网桥

3.2.1.1 Linux 网桥概述

数据链路层互联的设备是网桥（bridge）。在网络互联中，它起到数据接收、地址过滤与数据转发的作用，用来实现多个网络系统之间的数据交换。网桥在数据链路层上实现局域网互连；网桥能够互连两个采用不同数据链路层协议、不同传输介质与不同传输速率的网络；网桥以接收、存储、地址过滤与转发的方式实现互连的网络之间的通信；网桥需要互连的网络在数据链路层以上采用相同的协议；网桥可以分隔两个网络之间的广播通信量，有利于改善互连网络的性能与安全性。

3.2.1.2 Linux 系统下配置网桥

让 Linux 知道网桥，首先需要告诉它，我们想要一个虚拟的以太网桥接口：

```
#brctl addbr br0
```

其次，我们不需要 STP（生成树协议）等。因为我们只有一个路由器，是绝对不可能形成一个环的。我们可以关闭这个功能（这样也可以减少网络环境的数据包污染）。

```
#brctl stp br0 off
```

经过这些准备工作后，我们终于可以做一些立竿见影的事了。我们需要添加两个（或更多）以太网物理接口。

```
#brctl addif br0 eth0
#brctl addif br0 eth1
```

现在，两个以太网物理接口变成了网桥上的两个逻辑端口。那两个物理接口过去存在，未来也不会消失。现在它们成了逻辑网桥设备的一部分了，所以不再需要 IP 地址。

下面我们将释放掉这些 IP 地址。

```
#ifconfig eth0 down
#ifconfig eth1 down
#ifconfig eth0 0.0.0.0 up
#ifconfig eth1 0.0.0.0 up
```

说明：如果不把原有的网卡地址释放掉，网桥也能工作！但是，为了更规范，或者说为了避免有什么莫名其妙的问题，最好还是按要求做。

```
启用网桥 #ifconfig br0 up
```

可选：我们给这个新的桥接口分配一个 IP 地址。

```
#ifconfig br0 10.0.3.129
```

或者把最后这两步合成一步：

```
#ifconfig br0 10.0.3.129 up
关闭网桥命令
brctl delif ena eth1; brctl delif ena eth0; ifconfig ena down; brctl
delbr ena;
```

总结：

```
主要命令为 brctl
1、创建网桥设备 br0: brctl addbr br0
2、向 br0 中添加网卡 eth0 eth1
brctl addif eth0
brctl addif eth1
3、从网桥中删除网卡
eth0 eth1 brctl delif eth0
brctl delif eth1
4、删除网桥
br0 : brctl delbr br0
```

必须要先停止之后才能删除，网桥删除示例如图 3-28 所示。

```
[root@control ~]# brctl delif br0 eno67109408
[root@control ~]# brctl delbr br0
bridge br0 is still up; can't delete it
[root@control ~]# ifconfig br0 down
[root@control ~]# brctl delbr br0
```

图 3-28　网桥删除

说明：在 CentOS7 中还需要处理一下网卡的信息，否则添加网桥的物理网卡信息会不全，还可能残留 br0 的网桥信息，代码如图 3-29 所示。

```
[root@control network-scripts]# vi ifcfg-eno67109408
DEVICE="eno67109408"
ONBOOT="yes"
```

图 3-29　查询网卡信息代码

3.2.2　虚拟局域网 VLAN

3.2.2.1　VLAN 的作用

虚拟局域网 VLAN 是一组逻辑上的设备和用户，这些设备和用户并不受物理网段的限制，可以根据功能、部门及应用等因素将它们组织起来，相互之间的通信就好像它们在同一个网段中一样，由此得名虚拟局域网。VLAN 是一种比较新的技术，工作在 OSI 参考模型的第 2 层和第 3 层，一个 VLAN 就是一个广播域，VLAN 之间的通信是通过第 3 层的路由器来完成的。

3.2.2.2　VLAN 的实现原理

当 VLAN 交换机从工作站接收到数据后，会对数据的部分内容进行检查，并与一个 VLAN 配置数据库(该数据库含有静态配置的或者动态学习而得到的 MAC 地址等信息)中的内容进行比较后，确定数据去向。如果数据要发往一个 VLAN 设备（VLAN-aware），一个标记（Tag）或者 VLAN 标识就被加到这个数据上。根据 VLAN 标识和目的地址，VLAN 交换机就可以将该数据转发到同一 VLAN 上适当的目的地。如果数据发往非 VLAN 设备（VLAN-unaware），则 VLAN 交换机发送不带 VLAN 标识的数据。

与标准的以太帧报文相比，VLAN 在其中加入了 Tag 标签，使用不同号码标明这个报文属于的 VLAN，其报文如图 3-30 所示。

MAC DA	MAC SA	802.1Q Tag	Type	Data	FSC

图 3-30　VLAN 报文

报文的简要说明如下：

MACDA：目的二层地址（网卡地址）；

MACSA：源二层地址（网卡地址）；

Tag(802.1Q)：VLAN 号码。

Type 指明后面的数据类型，常用的类型如表 3-2 所示。

表 3-2　Type 常用的类型

类型	协议号
IPv4	0x0800
IPv6	0x86DD
IPX(Novell)	0x8037
ARP	0x0806

Data：数据包部分。

FSC：帧校验。

如果类型为 0x0800，表明数据部分为 IP 包。IP 包简要格式如图 3-31 所示。

Protocol	IP SA	IP DA	Payload

图 3-31　IP 包简要格式

报文的简要说明如下：

Protocol 指明后部数据相关的四层协议类型，如表 3-3 所示。

表 3-3　Protocol 常用类型及协议号

类型	协议号
UDP	17
TCP	6
ICMP	1
GRE	47

IPSA：源 IP 地址。

IPDA：目标 IP 地址。

Payload IP：包中装载的数据内容。

802.1Q 详情如图 3-32 所示。

VLAN ID 占 TCI 中的 12bit，所以 VLAN ID 最大为 2 的 12 次方，最多支持 4 096 个 VLAN。

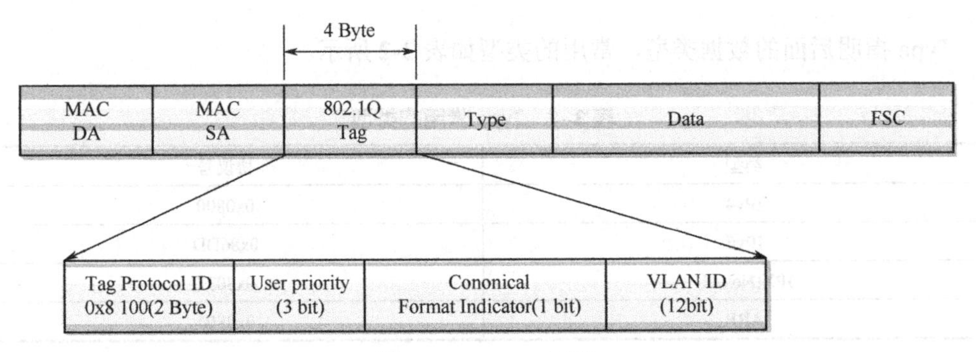

图 3-32　802.1Q 详情

3.2.2.3　Linux的VLAN管理

Linux VLAN 配置（vconfig）。

用以下命令安装 VLAN（vconfig）和加载 8021q 模块。

```
#yum install vconfig
```

说明：默认的 yum 中没有这个安装包，需要添加 epel 的企业扩展 yum。在 CentOS 6 环境下，可以编辑/etc/yum.repos.d/epel.repo 文件，输入以下内容。

```
[epel]
name=Extra Packages for Enterprise Linux 6 - $basearch
#baseurl=http://download.fedoraproject.org/pub/epel/6/$basearch
mirrorlist=https://mirrors.fedoraproject.org/metalink?repo=epel-6
&arch=$basearch failovermethod=priority enabled=1
gpgcheck=1
gpgkey=file:///etc/pki/rpm-gpg/RPM-GPG-KEY-EPEL-6
[epel-debuginfo]
name=Extra Packages for Enterprise Linux 6 - $basearch - Debug
#baseurl=http://download.fedoraproject.org/pub/epel/6/$basearch/d
ebug
mirrorlist=https://mirrors.fedoraproject.org/metalink?repo=epel-d
ebug-6&arch=$basearch
failovermethod=priority enabled=0
gpgkey=file:///etc/pki/rpm-gpg/RPM-GPG-KEY-EPEL-6
gpgcheck=1
[epel-source]
name=Extra Packages for Enterprise Linux 6 - $basearch - Source
#baseurl=http://download.fedoraproject.org/pub/epel/6/SRPMS
mirrorlist=https://mirrors.fedoraproject.org/metalink?repo=epel-s
```

```
    ource-6&arch=$basearch failovermethod=priority enabled=0
    gpgkey=file:///etc/pki/rpm-gpg/RPM-GPG-KEY-EPEL-6 gpgcheck=1
```

在 CentOS7 环境下，epel 源需要编辑/etc/yum.repos.d/epel.repo [epel]文件。

```
    name=Extra Packages for Enterprise Linux 7 - $basearch
    #baseurl=http://download.fedoraproject.org/pub/epel/7/$basearch
mirrorlist=https://mirrors.fedoraproject.org/metalink?repo=epel-7
    &arch=$basearch failovermethod=priority enabled=1
    gpgcheck=0
    gpgkey=file:///etc/pki/rpm-gpg/RPM-GPG-KEY-EPEL-7 [epel-debuginfo]
    name=Extra Packages for Enterprise Linux 7 - $basearch - Debug
    #baseurl=http://download.fedoraproject.org/pub/epel/7/$basearch/d
ebug
    mirrorlist=https://mirrors.fedoraproject.org/metalink?repo=epel-d
ebug-7&arch=$basearch
    failovermethod=priority enabled=0
    gpgkey=file:///etc/pki/rpm-gpg/RPM-GPG-KEY-EPEL-7 gpgcheck=1
    [epel-source]
    name=Extra Packages for Enterprise Linux 7 - $basearch - Source
    #baseurl=http://download.fedoraproject.org/pub/epel/7/SRPMS
mirrorlist=https://mirrors.fedoraproject.org/metalink?repo=epel-s
    ource-7&arch=$basearch failovermethod=priority enabled=0
    gpgkey=file:///etc/pki/rpm-gpg/RPM-GPG-KEY-EPEL-7 gpgcheck=1
    #modprobe 8021q
```

执行#lsmod |grep -i 8021q 命令，结果如图 3-33 所示。

```
[root@control ~]# lsmod |grep -i 8021q
8021q                  28808  0
garp                   14384  1 8021q
mrp                    18542  1 8021q
```

图 3-33　加载 8021q 的结果

使用 Linux vconfig 命令配置 VLAN。

```
    #vconfig add eth0 100
    #vconfig add eth0 200
```

如果没有加载 8021q，会给出以下提示信息，示例如图 3-34 所示。

```
[root@control ~]# vconfig add eno67109408 100
WARNING:  Could not open /proc/net/vlan/config.  Maybe you need to load the 8021q module, or maybe you a
re not using PROCFS??
Added VLAN with VID == 100 to IF -:eno67109408:-
[root@control ~]# lsmod |grep -i 8021q
8021q                  28808  0
garp                   14384  1 8021q
mrp                    18542  1 8021q
[root@control ~]# vconfig add eno67109408 200
Added VLAN with VID == 200 to IF -:eno67109408:-
[root@control ~]#
```

图 3-34　命令配置 VLAN

在 eth0 接口上配置两个 VLAN，命令如下：

```
#vconfig set_flag eth0.100 1 1
#vconfig set_flag eth0.200 1 1
```

设置 VLAN 的 REORDER_HDR 参数，默认就行了。

可以使用 cat /proc/net/VLAN/eth0.100 命令查看 eth0.100 参数。

配置网络信息如下：

```
#ifconfig eth0 0.0.0.0
#ifconfig eth0.100 172.16.1.8 netmask 255.255.255.0 up
#ifconfig eth0.200 172.16.2.8 netmask 255.255.255.0 up 删除 VLAN 命令
#vconfig rem eth0.100
#vconfig rem eth0.200
```

说明：可以将 VLAN 信息写入配置文件（/etc/rc.local）中，下次随机启动。操作示例如图 3-35 所示。

```
[root@control ~]# vconfig set_flag eno67109408.100 1 1
Set flag on device -:eno67109408.100:- Should be visible in /proc/net/vlan/eno67109408.100
[root@control ~]# vconfig set_flag eno67109408.200 1 1
Set flag on device -:eno67109408.200:- Should be visible in /proc/net/vlan/eno67109408.200
[root@control ~]# cd /proc/net/vlan/
[root@control vlan]# ll
total 0
-rw------- 1 root root 0 Mar 29 15:06 config
-rw------- 1 root root 0 Mar 29 15:06 eno67109408.100
-rw------- 1 root root 0 Mar 29 15:06 eno67109408.200
[root@control vlan]# cat eno67109408.100
eno67109408.100  VID: 100        REORDER_HDR: 1  dev->priv_flags: 1
         total frames received            0
          total bytes received            0
      Broadcast/Multicast Rcvd            0

      total frames transmitted            0
       total bytes transmitted            0
Device: eno67109408
INGRESS priority mappings: 0:0  1:0  2:0  3:0  4:0  5:0  6:0 7:0
 EGRESS priority mappings:
[root@control vlan]# vconfig rem eno67109408.100
Removed VLAN -:eno67109408.100:-
[root@control vlan]# ls
config  eno67109408.200
[root@control vlan]# vconfig rem eno67109408.200
Removed VLAN -:eno67109408.200:-
```

图 3-35　VLAN 操作示例

3.2.3 GRE 协议

GRE（Generic Routing Encapsulation）：通用路由封装协议，定义了在一种网络层协议上封装另一种协议（或同一种协议）。例如，对某些网络层协议（如 IP 和 IPX）的数据报进行封装，使这些被封装的数据报能够在另一个网络层协议（如 IP）中传输。

GRE 协议是对某些网络层协议（如 IP 和 IPX）的数据报文进行封装，使这些被封装的数据报文能够在另一个网络层协议（如 IP）中传输。GRE 采用了 Tunnel（隧道）技术，是 VPN（Virtual Private Network）的第 3 层隧道协议。Tunnel 是一个虚拟的点对点连接，在实际中可以看成仅支持点对点连接的虚拟接口，这个接口提供了一条通路使封装的数据报能够在这个通路上传输，并且在一个 Tunnel 的两端分别对数据报进行封装及解封。

GRE 的报文封装如图 3-36 所示。

MAC DA	MAC SA	802.1Q Tag	IP 0x0800	IP SA	IP DA	GRE 47	GRE Header	GRE type 0x0800	IP SA	IP DA	payload	FSC

图 3-36　GRE 的报文封装

GRE 47 指 IP 包中的数据协议为 GRE。

GRE Header 指 GRE 本身的一些封包格式。

GRE type 指 GRE 封包内运载的数据类型。其中，0x0800 指内部运载的是 IPv4 协议。

（1）封装过程

（a）Router A 连接 Group 1 的接口收到 X 协议报文后，交由 X 协议处理。

（b）X 协议检查报文头中的目的地址域来确定如何路由此包。

（c）若报文的目的地址要经过 Tunnel 才能到达，则设备将此报文发给相应的 Tunnel 接口。

（d）Tunnel 接口收到此报文后进行 GRE 封装，在封装 IP 报文头后，设备根据此 IP 包的目的地址及路由表对报文进行转发，从相应的网络接口发送出去。

（2）报文格式

GRE 封装后的报文格式为：

```
    [Delivery header(Transport protocol)]—[GRE header(Encapsulation
protocol)]—[Payload header(Passenger potrocol)]
```

需要封装和传输的数据报文，称之为净荷（Payload）。净荷的协议类型为乘客协议（Passenger Protocol）。系统收到一个净荷后，首先使用封装协议（Encapsulation Protocol）对这个净荷进行 GRE 封装，即将乘客协议报文进行“包装”，加上了一个 GRE 头部成为 GRE 报文；然后再把封装好的原始报文和 GRE 头部封装在 IP 报文中，这样就可以完全由 IP 层负责此报文的前向转发（Forwarding）。通常把这个负责前向转发的 IP 协议称为传输协议（Delivery Protocol，或者 Transport Protocol）。

根据传输协议的不同，可以分为 GRE over IPv4 和 GRE over IPv6 两种隧道模式。

解封装过程和加封装的过程相反。

（a）RouterB 从 Tunnel 接口收到 IP 报文，检查目的地址。

（b）如果发现目的地是本路由器，则 RouterB 剥掉此报文的 IP 报头，交给 GRE 协议处理（进行检验密钥、检查校验及报文的序列号等）。

（c）GRE 协议完成相应的处理后，剥掉 GRE 报头，再交由 X 协议对此数据报进行后续的转发处理。

说明：*GRE 收发双方的加封装、解封装处理，以及由于封装造成的数据量增加，会导致使用 GRE 后设备的数据转发效率有一定程度的下降。*

（3）用途

GRE 协议的主要用途有两个：企业内部协议封装和私有地址封装。在国内，由于企业网几乎全部采用的是 TCP/IP 协议，因此在中国建立隧道时没有对企业内部协议封装的市场需求。企业使用 GRE 的唯一理由应该是对内部地址的封装。当运营商向多个用户提供这种方式的 VPN 业务时会存在地址冲突的可能性。

3.2.4 VXLAN 协议

3.2.4.1 为什么需要 VXLAN

VLAN 的数量限制 4 096 个。VLAN 远不能满足大规模云计算数据中心的需求和对物理网络基础设施的限制。基于 IP 子网的区域划分限制了需要二层网络连通性的应用负载的部署；TOR 交换机 MAC 表耗尽，虚拟化以及东西向流量导致更多的 MAC 表项；

多租户场景，IP 地址重叠。

由于 4 096 个 VLAN 数量的限制，在原有的 802.1Q 报文包头上又增加一层 802.1Q 标签（VLAN tag）来实现，通过双层标签，使 VLAN 的数量增加到 4096×4096 个，如图 3-37 所示。

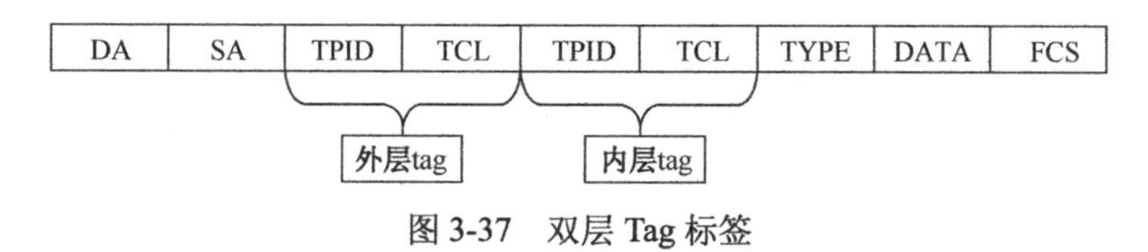

图 3-37　双层 Tag 标签

3.2.4.2　什么是 VXLAN

- VXLAN 报文

VXLAN（Virtual eXtensible Local Area Network）是一种将二层报文用三层协议进行封装的技术，可以对二层网络在三层范围进行扩展。每个覆盖域被称为 VXLAN segment，它的 ID 是由位于 VXLAN 数据包头中的 VXLAN Network Identifier（VNI）标识的。VNI 字段包含 24 bit，故 segments 最大数量为 2 的 24 次方，约合 16M 个，并且只有在相同 VXLAN segment 内的虚拟机之间才可以相互通信。

根据 VXLAN 的封包方式，可以将它看作一种隧道模式的网络覆盖技术，这种隧道是无状态的。隧道端点 VTEP（VXLAN Tunnel End Point, an entity which originates and/or terminates VXLAN tunnels），它一般位于拥有虚拟机的 hypervisor 宿主机中，因此 VNI（VXLAN Network Identifier or VXLAN Segment ID）和 VXLAN 隧道只有 VTEP 可见，对于虚拟机是透明的，那么不同的 VXLAN segment 中就允许具有相同 MAC 地址的虚拟机，并且 VTEP 也可以位于物理交换机或物理主机中，甚至可以使用软件来定义。VTEP（单播时是两个 VTEP，多播时是多个 VTEP）之间完全是通过 L3 协议交互的，这也就意味着 VTEP 间可以由 Router 相连，而非类似于 GRE 模式的固定端到端隧道连接。

- 报文格式

报文格式参见图 3-38。

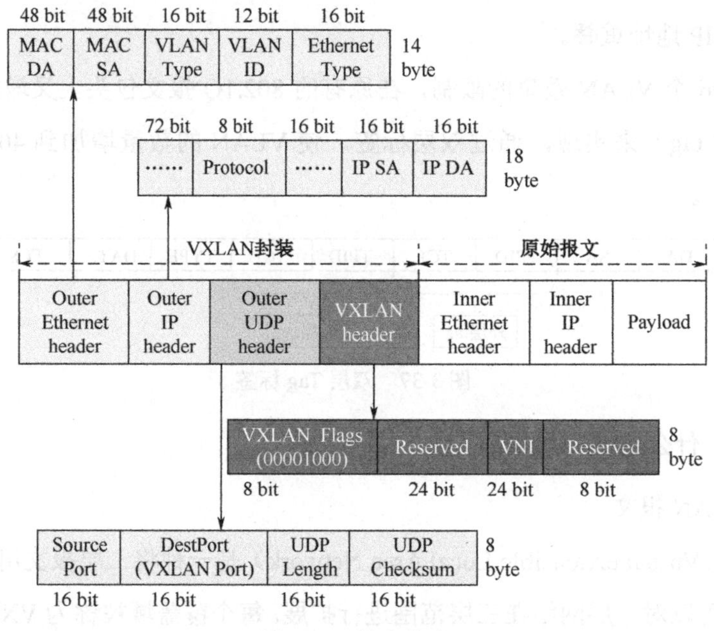

图 3-38 报文格式

（a）VXLAN header

VXLAN header 共 8 字节，目前使用的是 Flags 中的一个 8bit 的标识位和 24bit 的 VNI（Vxlan Network identifier），其余部分没有定义，但是在使用的时候必须设置为 0x0000。

（b）外层的 UDP 报头

目的端口使用 4798，但是可以根据需要进行修改。同时，UDP 的校验和必须设置成全 0。

（c）IP 报文头

目的 IP 地址可以是单播地址，也可以是多播地址。单播情况下，目的 IP 地址是 Vxlan Tunnel End Point（VTEP）的 IP 地址。在多播情况下，引入 VXLAN 管理层，利用 VNI 和 IP 多播组的映射来确定 VTEP。

protocol：设置值为 0x11，显示说明这是 UDP 数据包。

IP SA：源 VTEP_IP。

IP DA：目的 VTEP_IP。

（d）Ethernet Header

MAC DA：目的 VTEP 的 Mac 地址，即为本地下一跳的地址（通常是网关 Mac 地址）。

VLAN Type：VLAN Type 被设置为 0x8100，并可以设置 Vlan Id tag（这就是 vxlan 的 VLAN 标签）。

EthernetType：设置值为 0x8000，指明数据包为 IPv4。

3.2.5 网络命名空间

3.2.5.1 概念

在 Linux 中，网络命名空间可以被认为是隔离的拥有单独网络栈（网卡、路由转发表、iptables）的环境。网络命名空间经常用来隔离网络设备和服务，只有拥有同样网络命名空间的设备，才能看到彼此。可以用 ip netns list 命令来查看已经存在的命名空间。

Linux Namespaces 机制提供一种资源隔离方案。PID, IPC, Network 等系统资源不再是全局性的，而是属于特定的 Namespace。每个 Namespace 里面的资源对其他 Namespace 而言都是透明的。命名空间提供了虚拟化的一种轻量级形式，使得我们可以从不同的方面来查看运行系统的全局属性。在虚拟化系统中，一台物理计算机可以运行多个内核，可能是并行的多个不同的操作系统。而命名空间则只使用一个内核在一台物理计算机上运作，前述的所有全局资源都通过命名空间抽象起来。虽然子容器不了解系统中的其他容器，但父容器知道子命名空间的存在，也可以看到其中执行的进程。

命名空间是为操作系统层面的虚拟化机制提供支撑，目前实现的有 6 种不同的命名空间，分别为 mount 命名空间、UTS 命名空间、IPC 命名空间、用户命名空间、PID 命名空间、网络命名空间。

下面以 PID 命名空间为例进行详细说明，如图 3-39 所示。

图 3-39 有 4 个命名空间，一个父命名空间衍生了两个子命名空间，其中的一个子命名空间又衍生了一个子命名空间。以 PID 命名空间为例，由于各个命名空间彼此隔离，所以每个命名空间都可以有 PID 号为 1 的进程；但又由于命名空间的层次性，父命名空间是知道子命名空间的存在，因此子命名空间要映射到父命名空间中去。因此，图 3-39

中 Level 1 两个子命名空间的 6 个进程分别映射到其父命名空间的 PID 号 5～10。

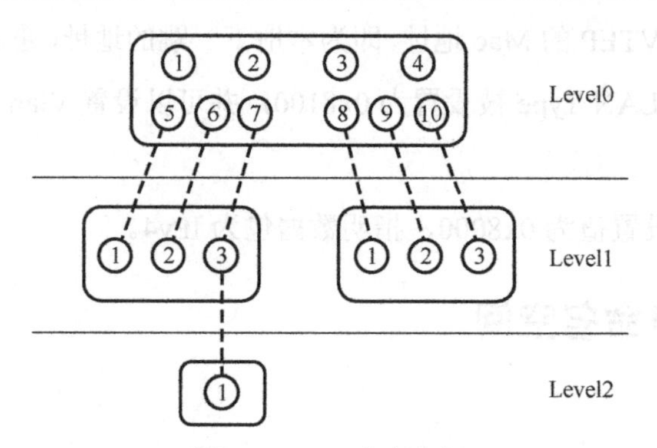

图 3-39　PID 命名空间

命名空间增大了 PID 管理的复杂性。对于某些进程可能有多个 PID——其自身命名空间的 PID，及其父命名空间的 PID，凡能看到该进程的命名空间都会为其分配一个 PID。

- 全局 ID：在内核本身和初始命名空间中唯一的 ID，在系统启动期间开始的 init 进程即属于该初始命名空间。系统中每个进程都对应了该命名空间的一个 PID，叫全局 ID，保证在整个系统中唯一。
- 局部 ID：属于某个特定的命名空间，它在其命名空间内分配的 ID 为局部 ID，该 ID 也可以出现在其他命名空间中。

Linux Namespaces 机制提供一种资源隔离方案，使得我们可以从不同的方面来 查看运行系统的全局属性。该机制类似于 Solaris 中的 zone 或 FreeBSD 中的 jail。对于进程而言，一个命名空间包括 5 个具体的命名空间：mnt、uts、ipc、pid 及 net。对于 OpenStack 来说，我们更关注的是网络名字空间，它是 Neutron 网络组件运行的基础。引入网络名字空间以后，即使我们不采用 VLAN 等网络技术，也可以使同一台物理机上同时存在的多个不同甚至相同的网络。相同名字空间内的网卡、网桥、路由器等设备可以相互访问，而不同名字空间内的网络设备之间相互隔离、互不影响。

3.2.5.2　命名空间的实验

创建一个 network namespace foo。

```
#ip netns add foo
```

查看 network namespace。

```
#ip netns 创建一个 vethp
#ip link add tap-foo type veth peer name tap-root 将 tap-foo 分配到 foo
namespace 中
#ip link set tap-foo netns foo 为 tap-foo 添加一个 ip 地址
#ip netns exec foo ip addr add 192.168.10.2/24 dev tap-foo
#ip netns exec foo ip link set tap-foo up 查看 foo 空间中的网卡信息
#ip netns exec foo ip a为 root namespace 中的 tap-root 添加 ip
#ip addr add 192.168.10.1/24 dev tap-root
#ip netns exec foo ip link set tap-root up 查看 root 空间中的网卡信息
#ip a 检查是否网络连通
#ping 192.168.10.2
#ip netns exec foo ping 192.168.10.
```

3.3 存储资源

存储是 OpenStack 中重要的内容，这章主要介绍与 OpenStack 存储相关的背景知识，包括块存储、对象存储、ceph。

3.3.1 块存储

块存储典型场景是磁盘。磁盘阵列，主要是将裸磁盘空间映射给主机使用。块存储如图 3-40 所示。

图 3-40 块存储

3.3.1.1 概述

块存储是将裸磁盘空间整个映射给主机使用的，比如磁阵中有 3 块 1T 硬盘，可以选择直接将裸设备给操作系统使用（此时识别出 3 个 1T 的硬盘），也可以经过 RAID、逻辑卷等方式划分出多个逻辑磁盘供系统使用（比如划分为 6 个 500G 的磁盘）。主机层面操作系统识别出硬盘，但是操作系统无法区分这些映射上来的磁盘到底是真正的物理磁盘，还是二次划分的逻辑磁盘。操作系统接着对磁盘进行分区、格式化，与我们服务器内置的硬盘没有什么差异。

块存储不仅仅是直接使用物理设备，间接使用物理设备的也叫块设备，比如虚拟机创建虚拟磁盘。OpenStack、VMware、VirtualBox 都可以创建虚拟磁盘，虚拟机创建的磁盘格式包括 raw、qcow2 等。这与主机使用的裸设备不一样，并且有不同的应用场景。

3.3.1.2 特点

优点：

- 通过 RAID 与 LVM 等手段，对数据提供了保护（RAID 可实现磁盘的备份和校验，LVM 可以做快照）；
- RAID 将多块廉价的硬盘组合起来，构建大容量的逻辑盘对外提供服务，性价比高；
- 写数据时，由于是多块磁盘组合成的逻辑盘，可以并行写入，提升了读写效率；
- 很多时候，块存储采用 SAN 架构组网，由于传输速率及封装协议等原因，能够使传输速度与读写速率得到提升。

缺点：

- 采用 SAN 架构组网时，需要额外为主机购买光纤通道卡，还要买光纤交换机，造价成本高；
- 不利于不同操作系统主机间的数据共享，因为操作系统使用不同的文件系统。格式化完成后，不同文件系统间的数据是无法共享的。

3.3.1.3 应用场景

一般用于主机的直接存储空间和数据库应用的存储分两种形式。

DAS：一台服务器一个存储，多机无法直接共享，需要借助操作系统的功能，如共享文件夹。

SAN：金融电信级别，成本较高，但是可提供高性能和高可靠服务。

云存储的块存储：具备 SAN 优势，成本低，可提供弹性拓容，存储介质可选普通硬盘和 SSD。

3.3.1.4 主流技术

Microsoft：Azure Block Storage。

Google：Google Block Storage。

Amazon：Elastic Block Storag（EBS）。

OpenStack：Cinder。

其他：Ceph RBD、sheepdog。

3.3.2 文件存储

文件存储典型场景是 FTP、NFS 服务。

3.3.2.1 概述

为了克服块存储无法共享的问题，有了文件存储。

文件存储也有软硬一体化的设备，用一台普通服务器/笔记本，只要安装上合适的操作系统与软件，就可以对外提供 FTP 与 NFS 服务。

3.3.2.2 特点

优点：

- 造价较低：只需要普通机器和普通网络即可满足需求，不需要专用的 SAN 网络；
- 方便文件共享。

缺点：

- 读写速率低，传输速率慢：以太网，上传下载速度较慢。另外，读写操作都分布到单台服务器，与磁阵的并行写相比，性能差距较大。

3.3.2.3 应用场景

与偏向底层的块存储不同，文件存储上升到了应用层，一般指的是NAS。

一套网络存储设备，通过 TCP/IP 进行访问，协议为 NFSv3/v4。由于通过网络，且采用上层协议，因此开销大，延时肯定比块存储高，一般用于多个云服务器共享数据，如存放共享文件等。

3.3.2.4 主流技术

Microsoft：Windows Azure 文件共享存储。

Google：Google FileStorage（GFS）。

Amazon：Elastic File Storage（EFS）。

OpenStack：Swift。

其他：CephFS、HDFS、NFS、CIFS、Samba、FTP。

3.3.3 对象存储

对象存储是基于对象的存储，用来描述解决和处理离散单元的方法的通用术语，这些离散单元被称作对象。

3.3.3.1 概述

之所以出现对象存储，是为了克服块存储与文件存储的缺点，发扬优点。简单地说，块存储读写块，不利于共享。文件存储读写慢，利于共享。

为什么对象存储兼具块存储与文件存储的好处，还要使用块存储或文件存储呢？

- 有一类应用是需要存储裸盘直接映射的，例如数据库。因为数据库需要存储裸盘映射给自己后，再根据数据库文件系统来对裸盘进行格式化，所以不能够采用其他已经被格式化为某种文件系统的存储的。数据库更适合使用块存储。
- 对象存储的成本比普通的文件存储高，需要购买专门的对象存储软件及大容量硬盘。

3.3.3.2 特点

对象存储特点参见图3-41。

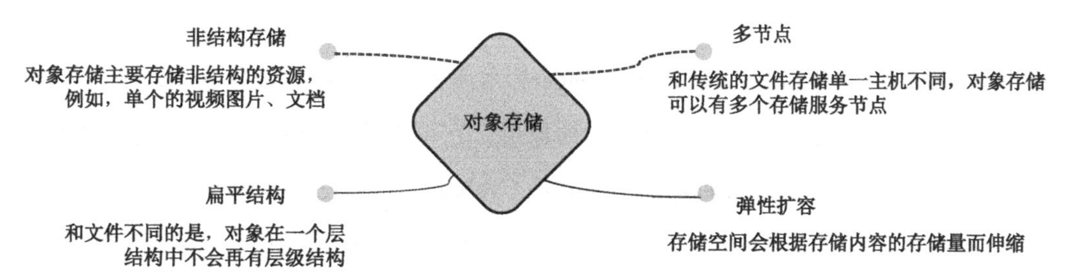

图3-41　对象存储特点

优点：

1. 结合了块存储与文件存储的优点。

缺点：

1. 数据库等追求高性能的应用更适合采用块存储。

2. 对象存储的成本比普通文件存储高。

3.3.3.3 应用场景

对象存储具备块存储的高速及文件存储的共享等特性，有自己的CPU、内存、网络和磁盘，比块存储和文件存储更上层。云服务商一般提供用户文件上传下载读取的REST API，方便应用集成此类服务。

3.3.3.4 主流技术

Microsoft：Azure Storage。

Google：Google Cloud Storage。

Amazon：Simple Storage Service（S3）。

OpenStack：Swift。

其他：Ceph OSD。

3.3.4 LVM

3.3.4.1 概述

逻辑卷管理器（Logical Volume Manager）本质上是一个虚拟设备驱动，是在内核中块设备和物理设备之间添加的一个新的抽象层。它可以将几块磁盘（物理卷，Physical Volume）组合起来形成一个存储池或者卷组（Volume Group）。LVM可以每次从卷组中划分出不同大小的逻辑卷（Logical Volume）创建新的逻辑设备。底层的原始的磁盘不再由内核直接控制，而由LVM层来控制。对于上层应用来说，卷组替代了磁盘块成为数据存储的基本单元。LVM管理着所有物理卷的物理盘区，维持着逻辑盘区和物理盘区之间的映射。LVM逻辑设备向上层应用提供了和物理磁盘相同的功能，例如，文件系统的创建和数据的访问等。但LVM逻辑设备不受物理约束的限制，逻辑卷不必是连续的空间，它可以跨越许多物理卷，并且可以在任何时候任意调整大小。相比物理磁盘来说，更易于管理磁盘空间。逻辑卷管理器原理如图3-42所示。

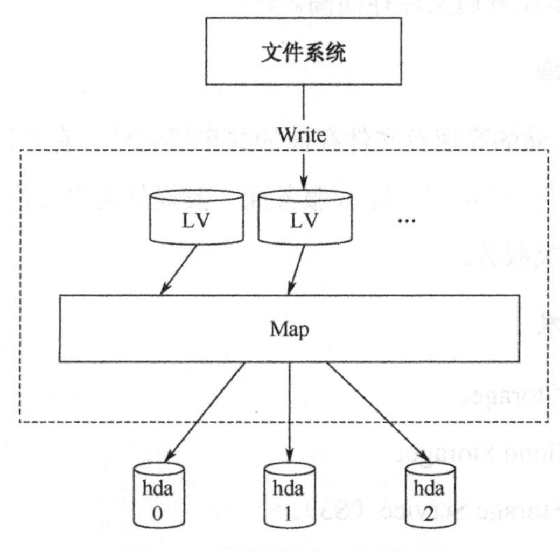

图3-42　逻辑卷管理器原理图

从用户态应用来看，LVM逻辑卷相当于一个普通的块设备，对其的读写操作和普通的块设备完全相同。而从物理设备层来看，LVM相对独立于底层的物理设备，屏蔽了不同物理设备之间的差异。因而在LVM层上实现数据的连续保护问题，可以不需要单独考虑每一种具体的物理设备，避免了在数据复制过程中因物理设备之间的差异而产生的问题。从 LVM 的内核实现原理上看，LVM 是在内核通用块设备层到磁盘设备驱动层的请求提交流之间开辟的另外一条路径，即在通用块设备层到磁盘设备驱动层之间插入了 LVM 管理映射层，用于截获一定的请求进行处理。LVM 在 Linux 内核中的层次如图 3-43 所示。

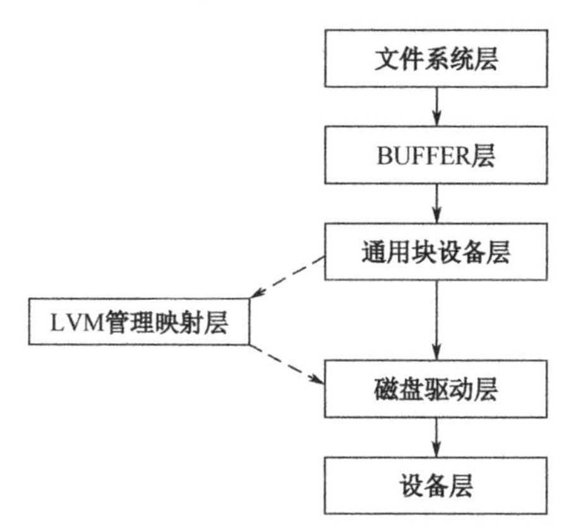

图 3-43　LVM 在 Linux 内核中的层次

用户通过 LVM 提供接口，依靠内核创建一系列 LVM 逻辑卷，所有对 LVM 逻辑卷的读写操作最终都会由 LVM 在通用块设备层下方截获下来，进行进一步处理。这里的进一步处理主要指的是完成写请求的映射，将请求的数据根据实际情况进行拆分和重定位操作，从而可以将请求和数据分发到实际的物理设备中去。

3.3.4.2　优点

传统的文件系统是基于分区的，一个文件系统对应一个分区。这种方式比较直观，但不易改变：

- 不同的分区相对独立，无相互联系，各分区空间很容易不平衡，空间不能充分利用。
- 当一个文件系统/分区已满时，无法对其扩充，只能采用重新分区/建立文件系统，非常麻烦；或把分区中的数据移到另一个更大的分区中；或采用符号连接的方式使用其他分区的空间。

- 如果要把硬盘上的多个分区合并在一起使用，只能采用再分区的方式，这个过程需要数据的备份与恢复。

当采用 LVM 时，情况有所不同：

- 硬盘的多个分区由 LVM 统一为卷组管理，可以方便地加入或移走分区以扩大或减小卷组的可用容量，充分利用硬盘空间；
- 文件系统建立在逻辑卷上，而逻辑卷可根据需要改变大小（在卷组容量范围内）以满足要求；
- 文件系统建立在 LVM 上，可以跨分区，方便使用。

3.3.5 Ceph

这里介绍 Ceph。Ceph 是一款开源软件，能同时满足块存储、文件存储和对象存储应用场景。

3.3.5.1 概述

Ceph 是一个开源的分布式对象。该项目诞生于 2003 年，是塞奇·韦伊（Sage）的博士论文的结果，然后 2006 年发布 LGPL 2.1 许可证。Ceph 已经与 Linux 内核 KVM 集成，并且默认包含在许多 GNU/Linux 发行版中。

Ceph 是一个统一的分布式存储系统。设计初衷是提供较好的性能、可靠性和可扩展性。

Ceph 项目最早起源于 Sage 就读博士期间的工作（最早的成果于 2004 年发表），并随后贡献给开源社区。在经过了数年的发展之后，目前已得到众多云计算厂商的支持，并被广泛应用。RedHat 及 OpenStack 都可与 Ceph 整合，以支持虚拟机镜像的后端存储。

3.3.5.2 特点

（1）高性能

- 摒弃了传统的集中式存储元数据寻址的方案，采用 CRUSH 算法，数据分布均衡，并行度高。

- 考虑了容灾域的隔离，能够实现各类负载的副本放置规则，例如跨机房、机架感知等。
- 能够支持上千个存储节点的规模，支持 TB 到 PB 级的数据。

（2）高可用性

- 副本数可以灵活控制。
- 支持故障域分隔，数据强一致性。
- 多种故障场景自动进行修复自愈。
- 没有单点故障，自动管理。

（3）高可扩展性

- 去中心化。
- 扩展灵活。
- 随着节点增加而线性增长。

（4）特性丰富

- 支持 3 种存储接口：块存储、文件存储、对象存储。
- 支持自定义接口，支持多种语言驱动。

3.3.5.3　Ceph 架构

Ceph 架构支持 3 种接口，如图 3-44 所示。

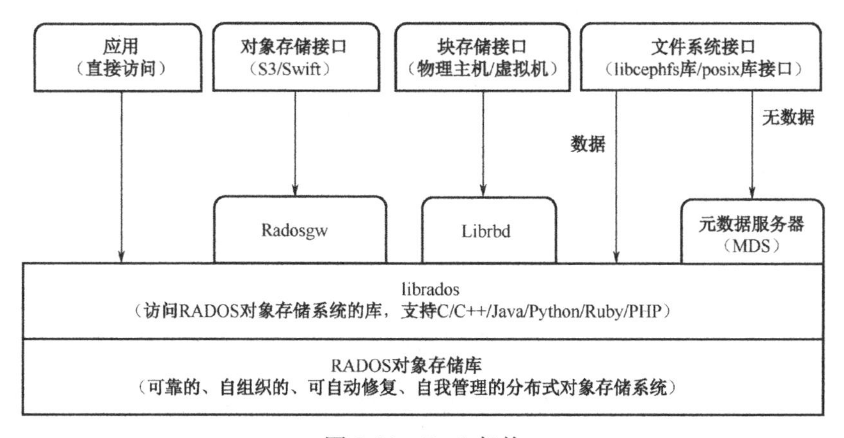

图 3-44　Ceph 架构

- Object：原生的 API，而且也兼容 Swift 和 S3 的 API。
- Block：支持精简配置、快照、克隆。
- File：Posix 接口，支持快照。

Ceph 核心组件及概念介绍如表 3-4。

表 3-4 Ceph 核心组件及概念介绍

核心组件	概念介绍
Monitor	一个 Ceph 集群需要多个 Monitor 组成的小集群，它们通过 Paxos 同步数据，保存 OSD 的元数据
OSD	OSD 全称 Object Storage Device，也就是负责响应客户端请求返回具体数据的进程。一个 Ceph 集群一般都有很多个 OSD
MDS	MDS 全称 Ceph Metadata Server，是 CephFS 服务依赖的元数据服务
Object	Ceph 最底层的存储单元是 Object 对象，Object 包含元数据和原始数据
PG	PG 全称 Placement Groups，是一个逻辑的概念，一个 PG 包含多个 OSD。引入 PG 这一层其实是为了更好地分配数据和定位数据
RADOS	RADOS 全称 Reliable Autonomic Distributed Object Store，是 Ceph 集群的精华，用户可以实现数据分配、Failover 等集群操作
Libradio	Librados 是 Rados 提供库，因为 RADOS 是协议，很难直接访问，因此上层的 RBD、RGW 和 CephFS 都是通过 librados 访问的，目前提供 PHP、Ruby、Java、Python、C 和 C++支持
CRUSH	CRUSH 是 Ceph 使用的数据分布算法，类似一致性哈希，让数据分配到预期的地方
RBD	RBD 全称 RADOS block device，是 Ceph 对外提供的块设备服务
RGW	RGW 全称 RADOS gateway，是 Ceph 对外提供的对象存储服务，接口与 S3 和 Swift 兼容
CephFS	CephFS 全称 Ceph File System，是 Ceph 对外提供的文件系统服务

3.3.5.4 Ceph 存储过程

Ceph 集群在存储数据时，都是进行扁平化处理的。Object 是集群最小的存储单位。Ceph 存储过程如图 3-45 所示。

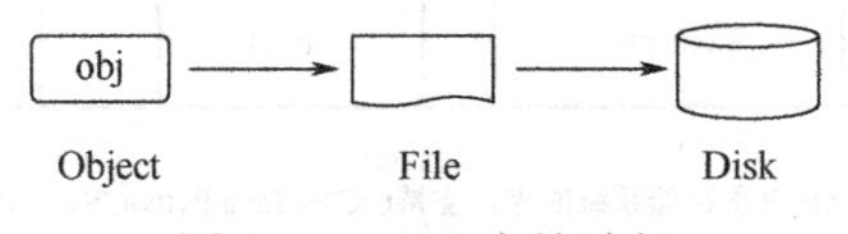

图 3-45 Ceph 存储过程

Ceph 在对象存储的基础上提供了更加高级的思想。当对象数量达到了百万级以上，原生的对象存储在索引对象时消耗的性能非常大。Ceph 因此引入了 placement group（pg）的概念。一个 PG 就是一组对象的集合。Ceph 对象存储如图 3-46 所示。

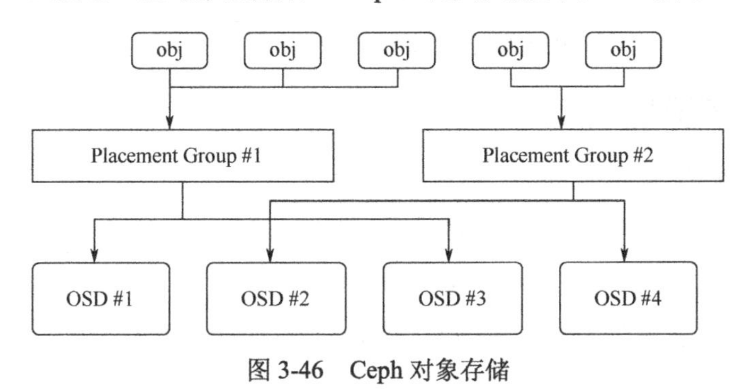

图 3-46　Ceph 对象存储

3.3.5.5　Ceph 环境搭建方法

（1）Cephadm 部署

使用容器和 systemd 安装和管理 Ceph 集群，并与 CLI 和仪表板 GUI 紧密集成。

- cephadm 仅支持 Octopus 和新版本。
- cephadm 与新的编排 API 完全集成，并完全支持新的 CLI 和仪表板功能来管理集群部署。
- cephadm 需要容器支持（podman 或 docker）和 Python 3。

（2）Rook 部署

如果需要部署和管理在 Kubernetes 中运行的 Ceph 集群，同时还支持通过 Kubernetes API 管理存储资源和配置，我们推荐 Rook 方式，在 Kubernetes 中运行 Ceph，或将现有 Ceph 存储集群连接到 Kubernetes。

- Rook 仅支持 Nautilus 和更新版本的 Ceph。
- Rook 是在 Kubernetes 上运行 Ceph 或将 Kubernetes 集群连接到现有（外部）Ceph 集群的首选方法。
- Rook 支持新的 Orchestrator API，完全支持 CLI 和仪表板中的新管理功能。

（3）ceph-ansible 部署

使用 Ansible 部署和管理 Ceph 集群。

- ceph-ansible 被广泛部署。
- ceph-ansible 未与 Nautlius 和 Octopus 中引入的新编排器 API 集成，这意味着较新的管理功能和仪表板集成不可用。

（4）其他方式部署

- ceph-deploy 部署。
- ceph-salt 使用 Salt 和 cephadm 安装 Ceph。
- 使用 Juju 安装 Ceph：jaas.ai/ceph-mon。
- 通过 Puppet 安装 Ceph：github.com/openstack/puppet-ceph。

第 4 章

FUEL 部署 OpenStack 云平台

4.1 部署环境准备

“Fuel”是为 OpenStack 端到端场景进行“一键部署”设计的工具，其功能包括自动的 PXE 方式的操作系统安装、DHCP 服务、Orchestration 服务和 Puppet 配置管理相关服务等。此外，还有 OpenStack 关键业务健康检查和 log 实时查看等非常好用的服务。

我们需要先把部署节点安装起来，建议采用 Linux kvm 的方式来安装，也可以采用 vmware 虚拟机的方式来安装。

4.1.1 使用 Linux kvm 虚拟机

在部署云平台之前需要首先安装部署节点，部署节点可以使用物理机，但这里建议使用虚拟机，本次实验使用的是 Linux 操作系统，并在上面创建了一台 4C4G50G 配置的虚拟机。

4.1.1.1 创建桥接网络

在创建虚拟机之前，我们首先要创建虚拟机的桥接网络，这样创建出来的虚拟机就可以直接使用物理网络，步骤如下。

首先修改原有网卡信息，如图 4-1 所示。

```
[root@aw network-scripts]# cat ifcfg-enp4s0
TYPE=Ethernet
BOOTPROTO=none
NAME=enp4s0
DEVICE=enp4s0
ONBOOT=yes
BRIDGE=br0
[root@aw network-scripts]#
```

图 4-1 原有网卡的修改

添加一个网桥信息，如图 4-2 所示。

```
[root@aw network-scripts]# cat ifcfg-br0
DEVICE="br0"
ONBOOT=yes
NETBOOT=yes
BOOTPROTO=none
TYPE=Bridge
IPADDR=192.168.8.113
PREFIX=24
GATEWAY=192.168.8.254
DNS1=202.106.0.20
DNS2=114.114.114.114
[root@aw network-scripts]#
```

图 4-2 新添网桥信息

执行“systemctl restart network”命令，重启网络使配置生效。

4.1.1.2 创建虚拟机

将 MirantisOpenStack 提供的 ISO 镜像挂载到虚拟机中。推荐使用 KVM 虚拟机，并使用 virtio 网卡和磁盘。需要配置两块网卡，eth0 桥接到 PXE 网络上，eth1 接入 libvirt 的默认网络。镜像格式使用 qcow2。或者刻录成光盘，引导虚拟机或物理机启动。推荐使用 4C8G100G 的配置，本实验使用 4C4G50G 的配置。启动后，即开始自动安装操作系统。

virt-manager 是基于 libvirt 的图像化虚拟机管理软件，请注意不同的发行版上 virt-manager 的版本可能不同，图形界面和操作方法也可能不同。本文使用了红帽 6 企业版的 virt-manager-0.8.4-8。创建 KVM 虚拟机简单的方法是通过 virt-manager 接口。从控制台窗口启动这个工具，从 root 身份输入 virt-manager 命令，单击 file 菜单的“新建”选项 virt-manager 接口界面，如图 4-3 所示。

这里指定安装镜像的版本为 MirantisOpenStack-6.1，使用的是 ISO 镜像，如图 4-4 所示。

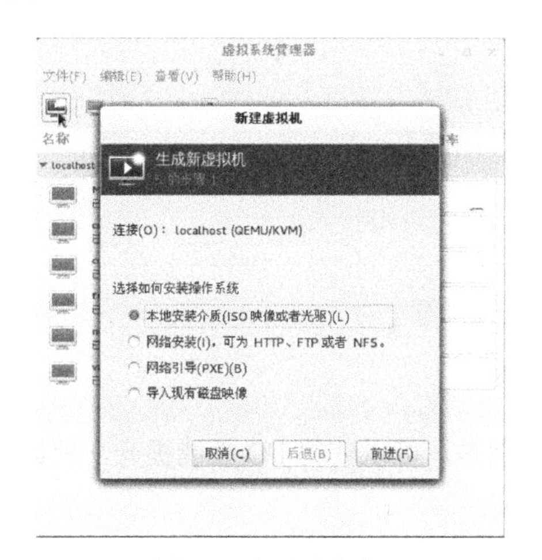

图 4-3　新建虚拟机

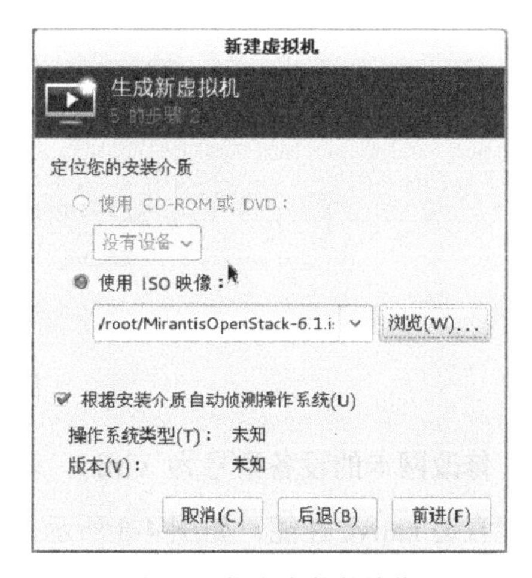

图 4-4　指定安装的镜像

指定 FUEL 部署节点的 RAM 和 CPU 数，如图 4-5 所示。

指定 FUEL 部署节点的磁盘空间，这里使用 50G，如图 4-6 所示。

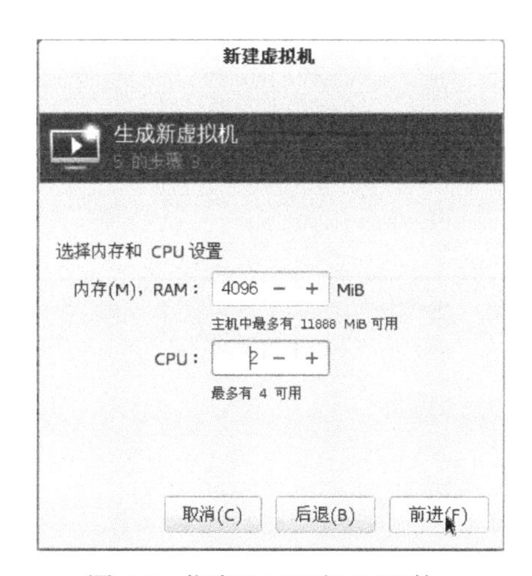

图 4-5　指定 RAM 和 CPU 数

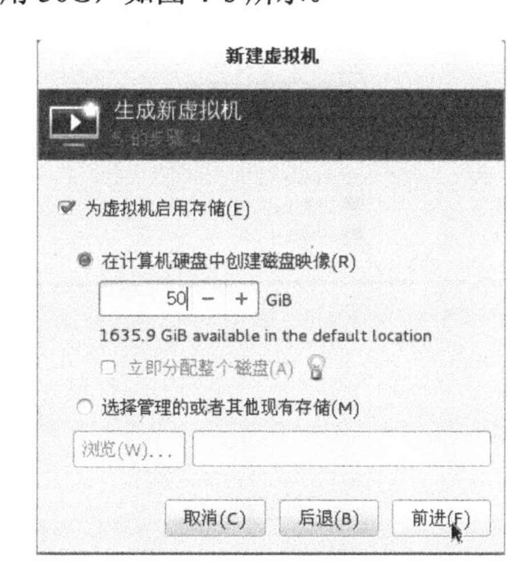

图 4-6　指定磁盘空间

完成FUEL部署节点虚拟机的配置，勾选“安装前自定义配置”，如图4-7所示。

图4-7 完成创建

修改网卡的设备型号为 virtio。选择virtio原因是，可以获得I/O性能提升，理论上性能直追native性能，如图4-8所示。

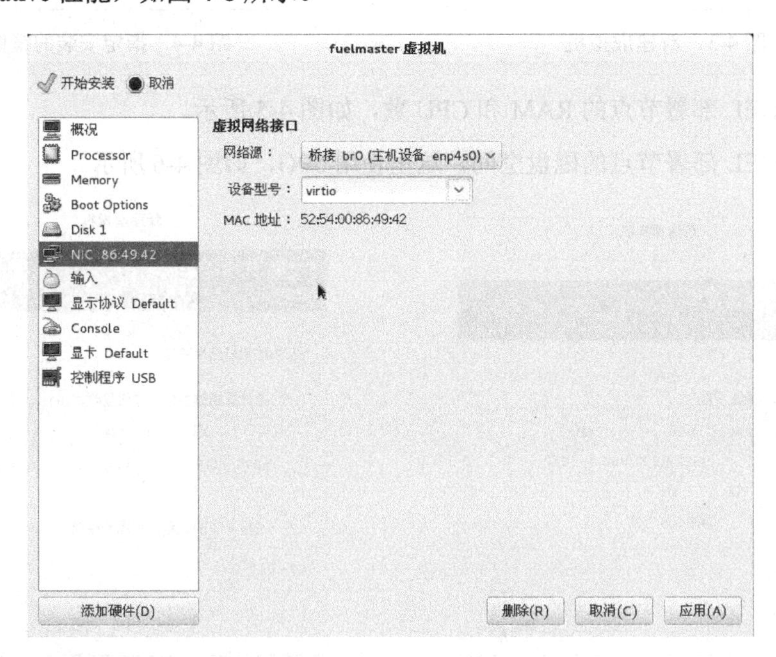

图4-8 设置型号

4.1.1.3 安装部署节点

安装部署节点启动画面如图 4-9 所示。

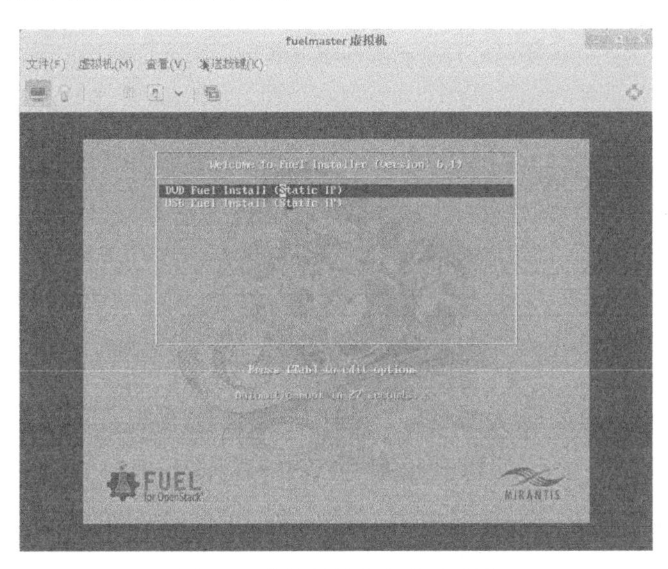

图 4-9　安装部署节点启动画面

FUEL 软件包的安装界面如图 4-10 所示。FUEL 操作系统安装完毕后，将自动重启，并进入初始设置界面，如图 4-11 所示。

图 4-10　FUEL 安装界面

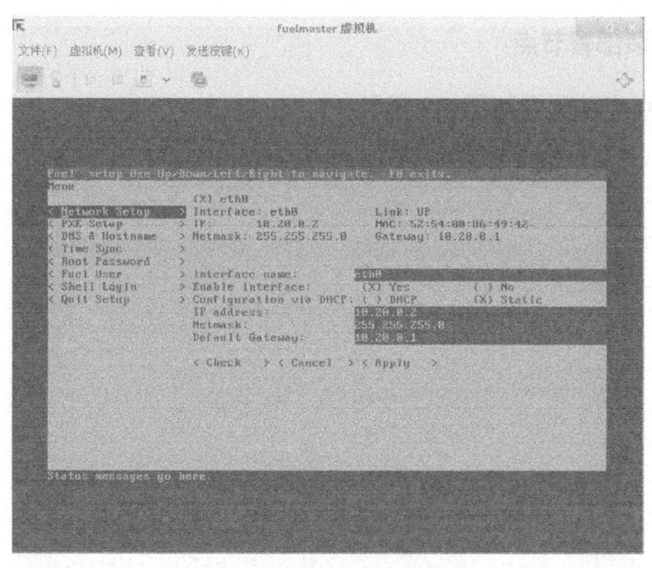

图 4-11　FUEL 初始设置界面

如果为部署控制器配置了多块网卡，则需要在“Network Setup”中为各个网卡配置静态 IP 或启用 DHCP 的客户端。如前所述，如果将部署控制器接入客户的办公网络，就应该配置一个办公网络的 IP。接入 PXE 网络的网卡，应配置静态 IP 地址，并清除默认网关设置，接入 libvirt 的默认网络网卡，应配置使用 DHCP。每配置完一个网卡，都要将光标移动到“Apply”上并按一下回车键。系统会检查配置的正确性。

接着，就需要进入“PXE Setup”，选择部署控制器的部署网络运行的网卡。设置好后，需要触发一下“Check”以检查并确保部署网络中没有其他的 DHCP 服务器，如图 4-12 所示。

如果需要修改其他设置，可以进入相应的配置项目。发送告警邮件和计算节点高可用通知时，会使用 DNS 来解析 SMTP 服务器的域名，在这里必须配置一下上游的 DNS 服务器。再者，所有的物理机默认都以部署控制器作为 DNS 解析服务器，所以在此处配置的 DNS 会影响部署后集群的 DNS。为了能让部署控制器能连接到上游 DNS 服务器，如果使用物理机安装部署控制器，就需要配置其中一块网卡将其桥接到外网。如果使用虚拟机安装部署控制器，可以加一块 virtio 网卡，通过 libvirt 的默认网络连接到外网。DNS 和主机名的配置如图 4-13 所示。

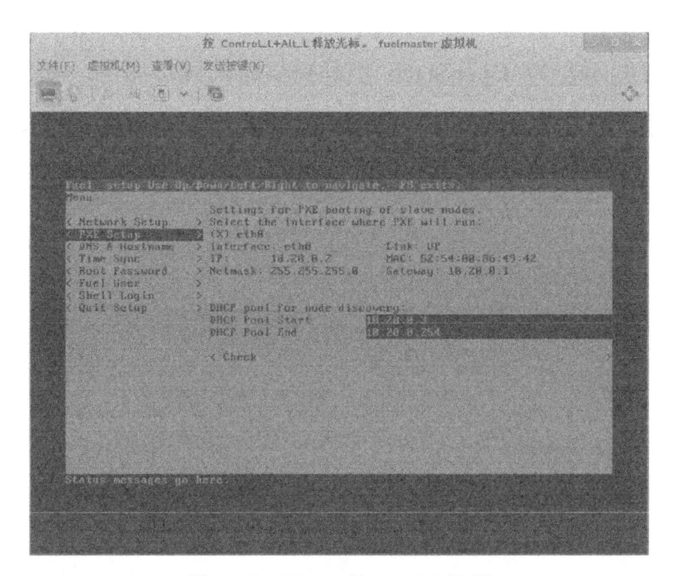

图 4-12　FUEL 的 DHCP 设置

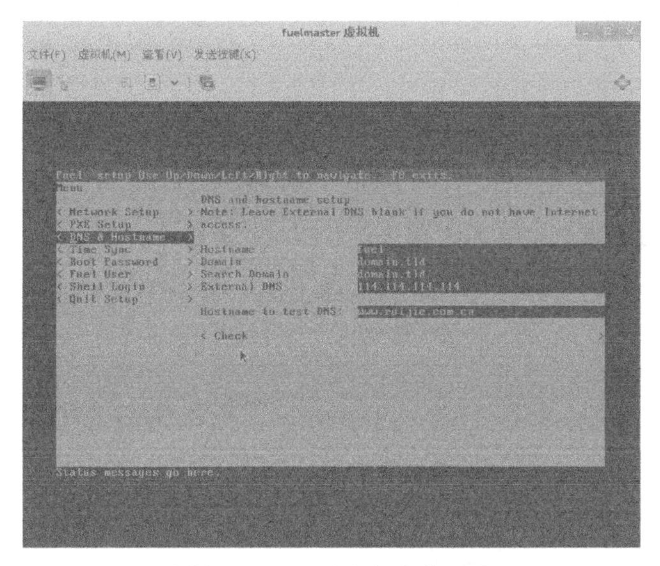

图 4-13　DNS 和主机名的配置

注：这里我们推荐使用 libvirt 管理的 KVM 虚拟机来安装部署控制器，一块网卡桥接到 PXE 网络，再加一块网卡接入 libvirt 默认网络，并在部署完 OpenStack 环境后，将部署控制器虚机迁移到 OpenStack 环境中的一台物理机上。

如果配置了默认网关，会自动打开时间同步服务。反之，部署控制器就无法从互联网获取时间，这时就不会为 OpenStack 集群提供时间同步服务。如果仍然需要提供时间同步服务，请手动从“Time Sync”选项中打开时间同步服务。时间同步配置界面如图 4-14 所示。

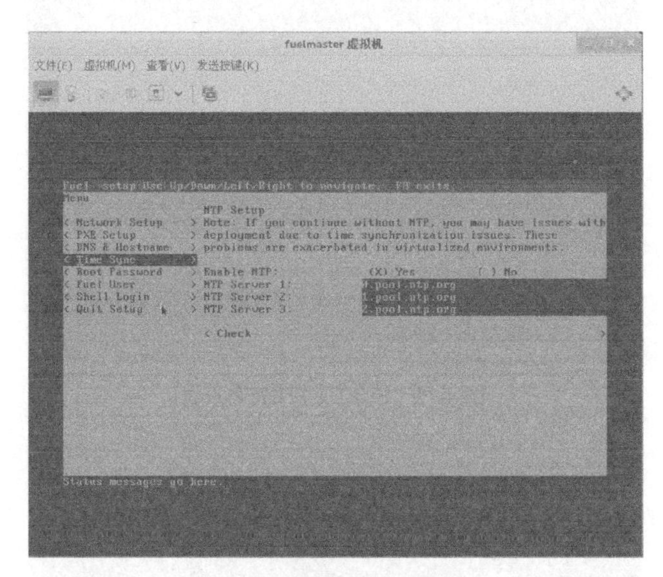

图 4-14　时间同步配置界面

管理员密码设置界面如图 4-15 所示。

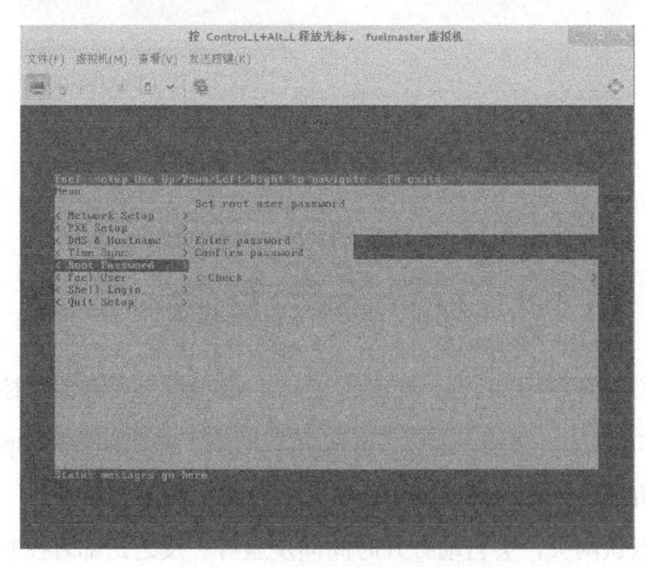

图 4-15　管理员密码设置界面

接着是设置 FUEL 的 Web 登录页面如图 4-16 所示。

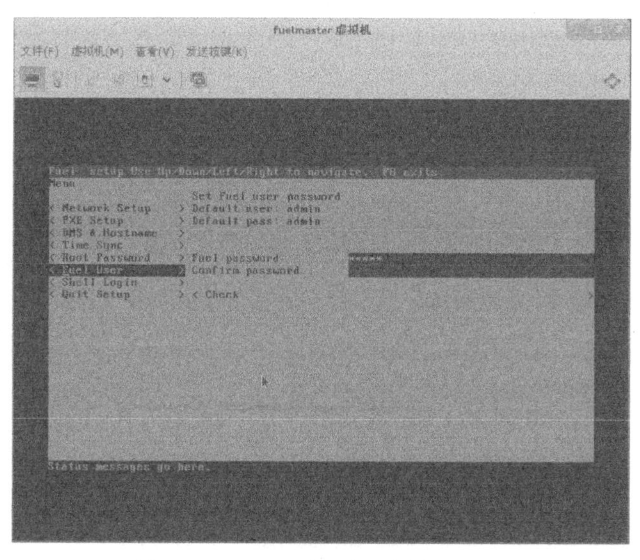

图 4-16　FUEL 界面登录用户的设置

准备好之后，进入“Quit Setup”，并选择“Save and Quit”，如图 4-17 所示。

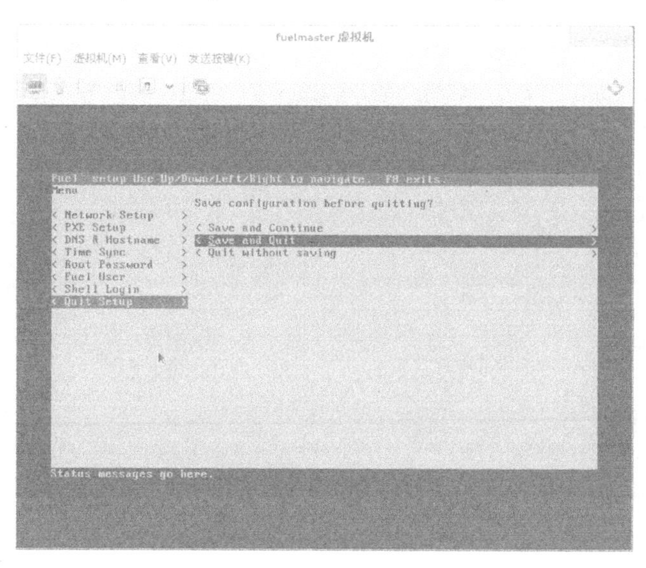

图 4-17　保存退出界面

准备好之后，进入“Quit Setup”，选择“Save and Quit”，保存时间提示界面如图 4-18

所示。

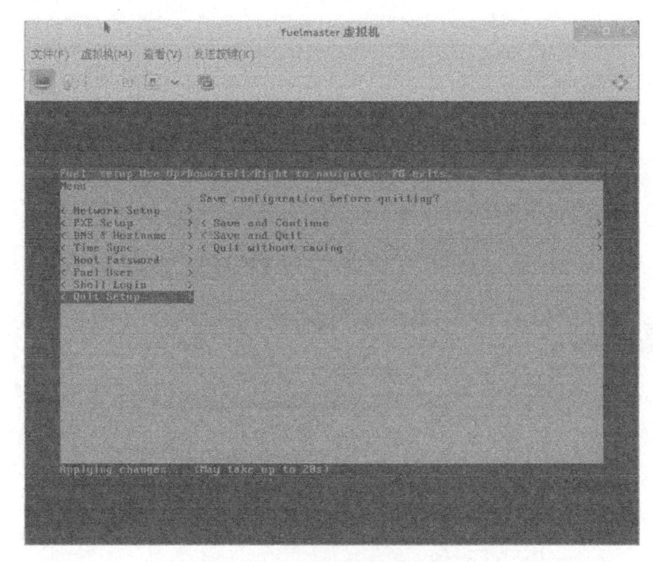

图 4-18　保存时间提示界面

接着就开始自动安装部署控制器的服务。你将看到类似下面的部署过程的输出，如图 4-19 所示。

图 4-19　部署过程的输出

安装完毕部署控制器后，屏幕将显示下面的提示。如果要登录部署控制器的操作，系统默认的用户名是“root”，密码是“r00tme”，如图 4-20 所示。

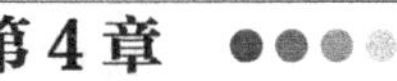

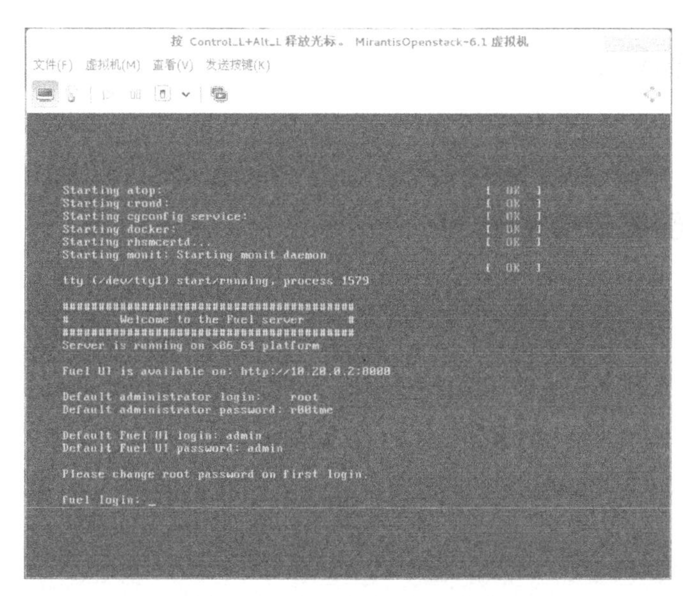

图 4-20　部署成功及提示信息

通过之前为网卡配置 IP 地址，即可登录到 Web 图形界面。Web 图形界面默认的用户名和密码都是“admin”，如图 4-21 所示。

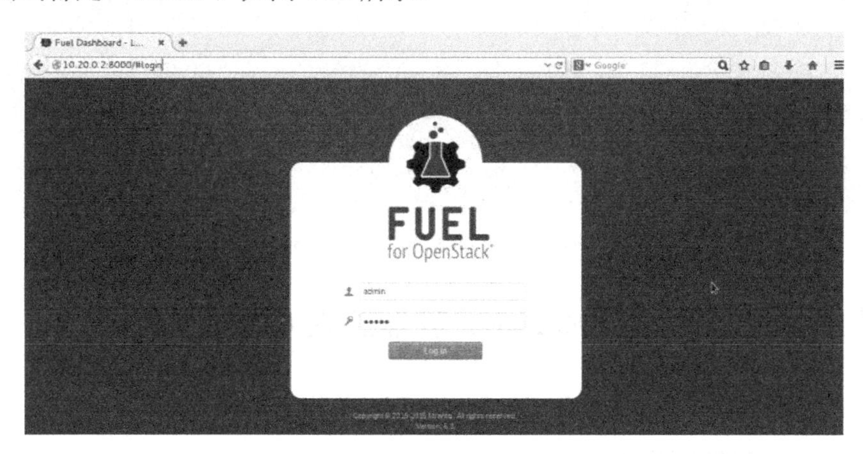

图 4-21　Web 图形界面

4.1.2　vmware 虚拟机

创建 2 核 4G100G 磁盘空间的虚拟机，可以添加 2 块网卡，1 块作为 PXE 网络启动使用，1 块可以桥接到物理网卡，作为上网及管理部署节点使用。

4.1.3 物理机

需要把 FUEL 的镜像制作成光盘，然后通过光盘引导系统。

4.1.4 部署节点的验证

通过终端的 IP 地址登录到 Web 界面的云计算部署平台，显示如图 4-22 所示的界面就代表部署节点安装完成了。

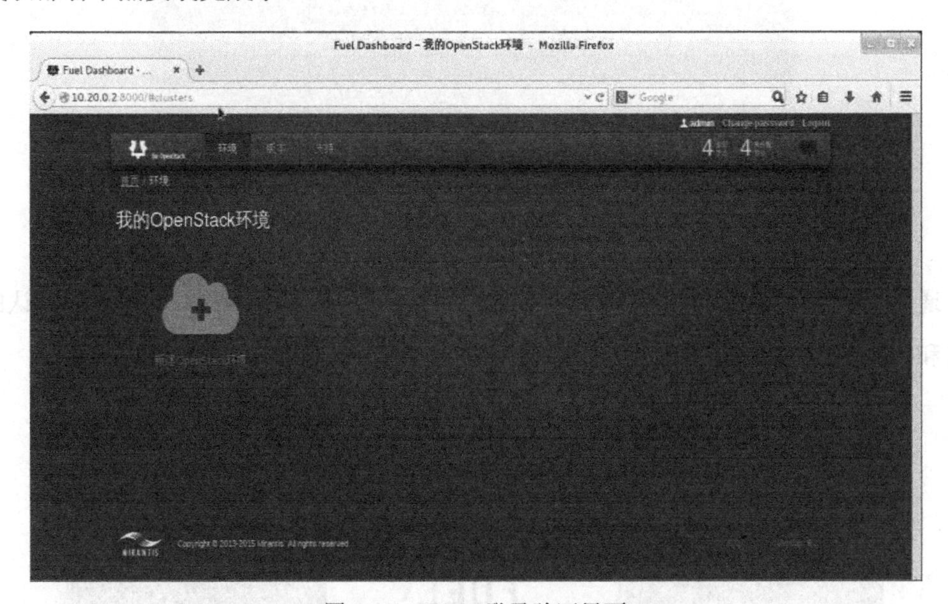

图 4-22 FUEL 登录验证界面

4.1.5 FUEL 的 Docker 管理工具 dockerctl

FUEL Master 的主要业务服务都分别安装到了单独的 docker 容器中，具体如下。

- nginx，提供包下载。
- rabbitmq，提供 FUEL Master 到各个节点的消息队列。
- astute，提供 FUEL Master 到 mcollective 和 cobbler 的任务交互 rsync。
- keystone，FUEL Master 自己的认证服务；postgres，FUEL Master 的 Web 界面的后端数据库。

- nailgun，FUEL Master 的 Web 界面。
- cobbler，PXE 启动和 PXE 系统安装 ostf，健康检查。
- mcollective，FUEL Master 到各个节点的任务下发和跟踪。要列出有哪些 FUEL 相关的容器，使用命令 dockerctl list。使用 dockerctl help 查看可以进行哪些管理操作。
- dockerctl shell 容器名。附着到其中一个服务的容器上，每个容器都有一些基本的工具，需要其他工具时，可以用 yum 在容器里安装。
- dockerctl check 容器名。检查某个服务是否正常。

另外，还可以运行如下命令。

```
#supervisorctl stop all #关闭所有服务容器的自动重启监控。
#dockerctl stop all #关闭所有服务容器的自动重启监控。
#service docker stop
vim /etc/sysconfig/docker #对系统进行修改，或修改 Docker 配制。
#service docker start
#dockerctl start all
#supervisorctl start all
```

4.2 部署规划

在进行云平台部署之前，需要先做好网络规划，包括 IPMI 远程管理网、管理网、存储网、部署网、租户网、公开网等，角色包括管理节点、计算节点和存储节点，本节都会有详细的说明。

在部署之前，一定要确定网络规划及 VLAN 的设置。图 4-23 展示了典型的部署逻辑架构。

其中，IPMI 网是对物理机进行远程电源管理的网络，物理机会提供单独的 IPMI 网口，出厂时配置好静态 IP 地址和管理密码。一体机的计算节点高可用功能，需要使用该网络对物理机关机和重启。IPMI 网口通常都是 100Mb 以太网。为了管理方便，IPMI 网可能需要和外网融合在一起，以便让用户可以远程操作物理机的电源状态，不用频繁去机房维护。

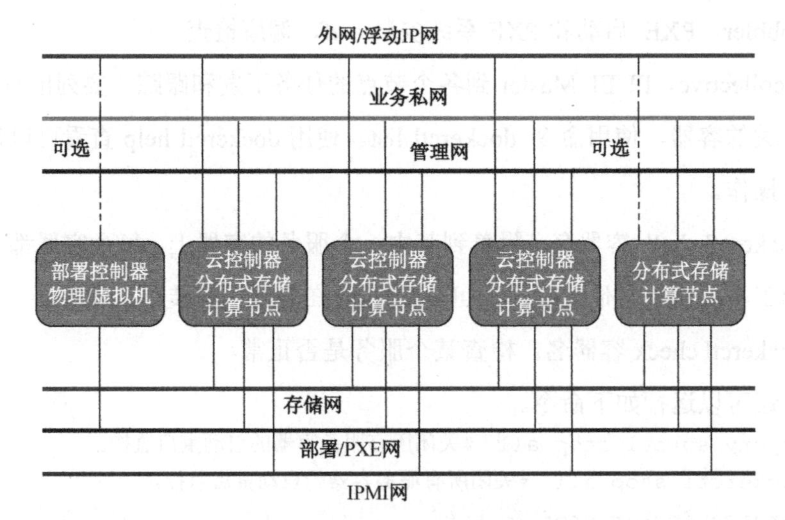

图 4-23　典型的部署逻辑架构

部署控制器可以是一台物理机或者虚拟机，部署网是部署控制器发现、启动、安装其他物理机所需要的网络。为了方便访问部署控制器的 Web 界面，可以将部署控制器接入客户的办公网络（图 4-23 所示外网虚线部分）。如果没有接入外网，就只能通过部署网络来访问它。在部署完毕后，可以将部署控制器的虚拟机迁移到一个物理机上。

存储网是计算节点访问分布式存储时使用的网络，推荐使用 10GB 或性能更好的以太网。分布式存储节点内部的数据冗余复制也需要使用该网络。

管理网是 OpenStack 云计算各组件通信所使用的网络。该网络承载了高可用集群的心跳和投票、数据库、消息队列、组件间 API 调用、虚拟机迁移，推荐使用 10GB 或性能更好的以太网。

业务私网是 OpenStack 租户创建的虚拟网络。一体机支持两种虚拟网络：VLAN 和 GRE 隧道。如果使用 VLAN，则需要在交换机上配置 trunk 口，如果使用 GRE 隧道，则无须配置交换机。

外网通常是客户的办公网络或数据中心内网。该网络是 OpenStack 集群与外界对接的唯一网络，之前提到的其他网络实际上都是集群内部的私网，外界不可见。一般来说，云控制节点都会直接接入外网，每个控制节点需要分配一个外网 IP。如果为了管理方便，也可以让纯计算节点也接入外网，并分配外网 IP，否则需要通过控制节点才能访问计算节点。另外，OpenStack 的 Web 管理界面需要一个单独的外网 IP，该外网 IP 的作用是提供管理界面的高可用，会自动地从宕机的控制节点飘动到仍存活的控制节点上。建议和客户协商，预留一些外网 IP 地址以供日后扩容。控制节点所使用的外网 IP 地址可以是不连续的，但是需要在一个 CIDR 端内。

外网也承载了浮动 IP 网。OpenStack 的浮动 IP 是从外网直接访问租户创建的虚拟机的渠道。如果不为虚拟机绑定浮动 IP，那么只能从虚拟机主动发其连接到外网，不能主动从外网访问虚拟机。默认情况下，管理员账户的默认虚拟路由器会占用一个浮动 IP。用户每创建一个虚拟路由器都会占用一个浮动 IP，用户也可以从浮动池中申请浮动 IP 并绑定到虚拟机上。建议和客户协商，为浮动 IP 网预留较多的 IP 地址。默认的浮动 IP 网和外网是同一个 CIDR 端，但是地址范围不能重合，并且一个浮动 IP 网内的 IP 地址必须是连续的。如果有不连续的 IP 地址端，可以在部署结束后，自助创建新的浮动 IP 网。

4.3 服务器硬件

这里以企业应用为出发点，采用一台一体机来做实际的物理服务器，该一体机占用 2U 的机架空间，共有 4 个节点，每个节点是 6 块磁盘，一体机的前面板如图 4-24 所示。

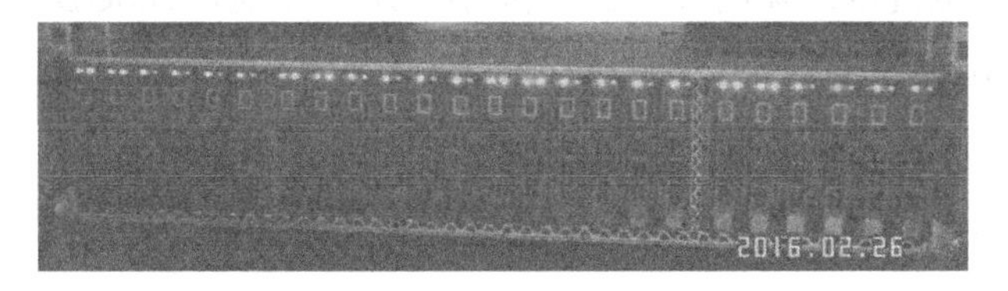

图 4-24　一体机的前面板

4.3.1 服务器硬件准备

这里的硬件服务推荐的配置如下：控制节点主要是提供数据存储、消息队列等服务，推荐的配置如下。

- 4核CPU。
- 32GB以上内存。
- 4个以太网口，其中2个口为10Gb。
- 200GB 磁盘空间，其中 100GB 装控制节点的操作系统和 OpenStack 的各个组件，还包括MySQL数据库、RabbitMQ消息队列、Pacemaker高可用集群等。另外100GB承载MongoDB的数据，保存Ceilometer的计量和监控数据。系统盘使用RAID1做冗余。由于将来会把部署控制器的虚拟机迁移到其中一台控制节点，因此需要在系统分区上再留出至少60GB的空间。

计算节点，主要用来启动虚拟机，配置越高越好，计算节点的资源占用情况如下。

- 用来承载用户创建的虚拟机，通常自动保留 2 个 CPU 线程给操作系统和 OpenStack 计算服务使用。如果和控制节点部署在同一台物理机上，将自动保留4个CPU线程给操作系统和OpenStack服务。
- 用来承载用户创建的虚拟机，通常自动保留2GB给操作系统和OpenStack计算服务使用。如果和控制节点部署在同一台物理机上，将自动保留33GB内存供操作系统和OpenStack服务。
- 4个以太网口，其中，2个口为10Gb。
- 200GB磁盘空间，其中，50GB安装操作系统和OpenStack计算服务用，剩下的用作虚拟机本地盘的存储。如果不使用本地盘，100GB 就够了。系统盘使用RAID1做冗余。

本次部署使用分布式存储，具体的存储节点占用的资源如下。

- 每个Ceph-OSD服务需要一个CPU线程。
- 每个Ceph-OSD服务需要2GB内存。
- 2 个以太网口，其中1个口为10Gb。
- 系统盘需要100GB磁盘空间，使用RAID1做冗余。剩下的磁盘无须RAID冗余，每个磁盘分配一个Ceph-OSD。如果有SSD盘，可以留做Ceph的日志盘。

根据以上情况，可以大致计算一下 OpenStack 云平台的资源占用情况。

4.3.2 配置物理机 BIOS

计划做好后，就需要把网线插好，配置交换机和 IPMI 网卡地址。还需要检查每台物理机的 BIOS 设置，确保打开了虚拟化选项（VT-x 和 VT-d）。另外，还需要将物理机配置为 PXE 优先启动，并且让准备连接部署网络的网口的启动顺序提到最前。不必担心将其配置为 PXE 优先启动后，会一直重复安装系统和重启的死循环。部署控制器在安装完物理机的操作系统后，如果在 PXE 网络上再次发现此节点，会指示它从本地硬盘启动。

实际环境中的主机常常都已经编过号以方便查找位置和维护，而部署控制器安装出来节点的主机名是以它自动分配的节点编号命名的，在需要维护某台机器时，可能需要知道主机名和客户编号的主机的对应关系。解决的办法是，在配置 BIOS 时，顺便记下所有主机的编号和 PXE 网卡的 MAC 地址后几位（譬如 E2:FF）的对应关系，做成一个表。将来在部署控制器发现节点时，将报告每台机器的所有 MAC 地址，可以通过反查该表，得到客户编号，并在部署控制器中为节点改名。

这样的好处是，如果网络验证、部署时，报告某个节点出错了，可以很容易地在客户环境中找到出错的物理机并进行维护（比如插拔网线、磁盘）。本次部署对应关系如表 4-1 所示。

表 4-1 Mac 地址同物理位置对应关系

主机名	Mac 地址	物理服务器位置
Node37	bb:0c	右上
Node38	be:2a	左下
Node39	72:3f	左上
Node40	dd:e1	右下

检查服务器的电源模式，如果是节能模式的话，改为性能模式。因为有些服务器在节能模式下会对 CPU 降频，导致虚拟机性能较低。如果物理机上有 RAID 卡，此时也需要做好磁盘阵列的初始化。一般会给系统盘做一个 RAID1，数据盘会做 RAID5。

注：如果有 SSD，建议 Ceph-OSD 盘单碟做 RAID0。

4.3.3 网络准备

PXE（部署网络），也就是在节点开机的时候设置的网络启动，首先获取到 IP 地址的那个网卡的网络，这个网卡一旦获取 IP 从此网卡启动，则不能像其他网络一样手动修改，并且不能绑定，所以一般独立出来，生产环境下不建议跟其他网络混用。为了区分，一般我们模式使用网卡的第一个网口或者最后一个网口启动，且不能存在 DHCP，否则网络验证的时候肯定会报错，但是仍然可以强制部署。

Storage（存储网络），顾名思义也就是专门给存储使用的私网。我喜欢使用 Ceph 当作 NOVA、Cinder 和 Glance 的统一存储，简单、共享。部署网络后，这个存储网络就相当于 Ceph 的 Cluster Network，用于数据第二、第三副本的同步和内部再平衡。特别是存储节点越多，读取 IO 高的情况下，网络的流量还是很大的。

Public（公网网络）：这里其实包含两个网络，Public 网络和 Floating IP 网络。初次部署这两个网络必须在同一个网段，部署完成后可以手动添加额外的 Floating IP 网段，此时注意和交换机互联的端口需要设置成 Trunk 了。Public 主要用于外部访问，一是外部用户管理物理机需要通过 Public 网络访问，先到 controller 节点，然后跳转到计算节点，当然也可以手动给计算和存储节点配置 Public IP；二是网络节点是在 controller 节点上面的，也就是常说的 neutron L3。如果虚机分配了 Floating IP 需要访问外部网络，例如公司或者互联网，或者外部网络通过 Floating IP 访问虚拟机。我们知道 Floating IP 是要到网络节点的，也就是控制节点的 neutron l3 做 DNAT。

注：其实很多人担心这是一个瓶颈，其实不用担心。当然你要是有上百个物理节点，或者以南北向流量为主，那就用评估下了。

Private（私网）：这个网络主要是用于内部通信的，比如云主机对外访问要先到 controller 节点，那 Public 又只在 controller 节点，那它是怎么到 controller 节点的呢，当然是通过 Private 网络。那部署的时候需要 VLAN，可以指定 VLAN ID 1000-1030。我们知道 OpenStack 可以有很多租户，每个租户都可以有自己的网络，那网络的子网在不同租户下可以相同，那问题来了，这是怎么实现的呢？怎么做的隔离呢？就是这个 VLAN 的作用了，彼此之间使用的是 VLAN 做隔离，也就是说每一个子网都使用一个 VLAN 来做隔离，保证不同租户之间的网络隔离和不冲突。这 30 个 VLAN 可以建立 30 个子网，你可以根据实际的需求来变动。这个 Private 也是需要上行端口，也就是与交换机互联的端口是 Trunk。

MGMT（管理网络）。这个管理网的用处可就大了，一是这个 OpenStack 内部各个组件之间的通信都是走的 Management，也就是 API 之间、Keystone 认证，监控都是走的这个网络。按理说流量不大，当然，其实这个 MGMT 网络还有另外一个用途，那就是充当 Ceph 的 Public 网络。其实说是 Public 网络，这是相对于 Ceph 来说的，之前说过 Storage 网络是 Ceph 的 Cluster Network，用于内部数据的同步和 rebalance，那个外部流量怎么写入？那就是咱们的 MGMT 网络了。虚机的数据写入是通过外部网络，然后这个流量通过 MGMT 网络写到 Ceph 集群，那么这个数据就是 Ceph 的主副本，所以这个网络流量也是很大的，由于是外部写入和访问，所以相对于 Ceph 集群来讲，也就可以称为 Public Network 了。

如果是生产环境，其实对于网络的要求还是很高的。网络的冗余，也就是绑定是必须的。这就需要网卡冗余、线路冗余、交换机冗余等。当然也涉及流量的带宽，比如是否需要万兆网卡，这个部署的成本还是蛮大的，需不需要网络物理分开，几万兆，还是全万兆，需要根据流量来评估。例如一个环境中，MGMT 和 Storage 的流量想必是不小的，配备万兆网卡是首当其冲的。然后南北向流量的 Public 和东西向流量的 Private 是需要根据业务来评估的。当然，说起 PXE 的带宽，千兆就足矣。

通常 IPMI 网络属于带外网络，在服务器主板上提供单独的网口，并且 IPMI 网口通常对物理机的操作系统不可见。为了让计算节点高可用服务能访问 IPMI 网，通常可以将 IPMI 网和部署网或外网融合在一起。如果将 IPMI 网和部署网融合在一起，则需要在安装部署控制器时，将部署网络的 IP 地址范围里留出一段给 IPMI 网络用。

如果将 IPMI 网和外网融合在一起，从办公网络中留出一段给 IPMI 网络，并保证控制节点的外网 IP 能访问该段的 IPMI 网。将 IPMI 和外网融合在一起的好处是可以远程管理物理机的电源状态的，在物理机配置出错时不用到机房去操作，可以远程接入屏幕、键盘。

剩下的5个逻辑网络通常需要物理机具有2～4个物理网口，以及1个同时支持1Gb和10Gb接口的交换机。不同的逻辑网络可以用同一个物理网口承载，此种情况下会在操作系统上自动创建虚拟VLAN设备，对不同的逻辑网络打不同的VLAN标签。由于部署网需要使用DHCP和PXE，在安装操作系统之前就需要联通，因此，物理机无法在部署网上收发出带VLAN标签的流量，一般在对应的交换机端口上配置成Trunk或者Access口。

如果业务网使用GRE隧道，则虚拟网络的2层流量被封装到了某一逻辑网络的3层中，没有必要专门在交换机上配置VLAN。由于实现的限制，现在GRE模式的业务网默认使用管理网承载，无法在Web图形界面中拖动指派到其他逻辑网上。

业务私网使用VLAN，4个物理网口的推荐配置，如表4-2所示。

表4-2　4个物理网口的规划

逻辑网络	物理网口	网口速率	接口模式	VLAN ID
部署网	eth0	1Gb	Access	VLAN5
外网	eth0	1Gb	Access	VLAN5
管理网	eth1	1Gb	Access	VLAN3
业务私网	eth2	10Gb	Trunk	VLAN6-···
存储网	eth3	10Gb	Access	VLAN4
其他	外网上联口		Access	VLAN5
	IPMI口		Access	VLAN5

业务私网使用VLAN，2个物理网口的推荐配置，如表4-3所示。

表4-3　2个物理网口的规划

逻辑网络	物理网口	网口速率	接口模式	VLAN ID
部署网	eth0	10Gb	Trunk	VLAN2
业务私网	eth0	10Gb	Trunk	VLAN6-···
外网	eth1	10Gb	Trunk	VLAN5
存储网	eth1	10Gb	Trunk	VLAN4
管理网	eth1	10Gb	Trunk	VLAN3

续表

逻辑网络	物理网口	网口速率	接口模式	VLAN ID
其他	外网上联口		Access	Native VLAN1 或 VLAN5
	IPMI 口		Access	Native VLAN1 或 VLAN5

业务私网使用 GRE 隧道，4 个物理网口的推荐配置，如表 4-4 所示。

表 4-4　GRE4 个物理网口的规划

逻辑网络	物理网口	网口速率	接口模式	VLAN ID
部署网	eth0	1Gb	Access	VLAN2
管理网	eth0	1Gb	Access	VLAN2
外网	eth1	1Gb	Access	VLAN5
业务私网	eth2	10Gb	Trunk	VLAN6-···
存储网	eth3	10Gb	Access	VLAN4
其他	外网上联口		Access	VLAN5
	IPMI 口		Access	VLAN5

业务私网使用 GRE 隧道，2 个物理网口的推荐配置，如表 4-5 所示。

表 4-5　业务私用网配置

逻辑网络	物理网口	网口速率	接口模式	VLAN ID
部署网	eth0	10Gb	Trunk	VLAN2
业务私网	eth0	10Gb	Trunk	VLAN6-···
外网	eth1	10Gb	Trunk	VLAN5
存储网	eth1	10Gb	Trunk	VLAN4
管理网	eth1	10Gb	Trunk	VLAN3
其他	外网上联口		Access	Native VLAN1 或 VLAN5
	IPMI 口		Access	Native VLAN1 或 VLAN5

如果网卡有富余，可以考虑通过做 bond 来提高网络的吞吐量和可靠性。部署控制器的图形界面，可以通过勾选网卡来设置 bond 模式。

4.4 部署拓扑图

在配置交换机之前应该首先规划出云平台的网络，画出网络拓扑结构，大楼平地起，最重要的是地基，通过拓扑图的设计，我们可以提前规避风险，这是一个好习惯，建议大家提前设计，本次实验的网络拓扑规划如图 4-25 所示。

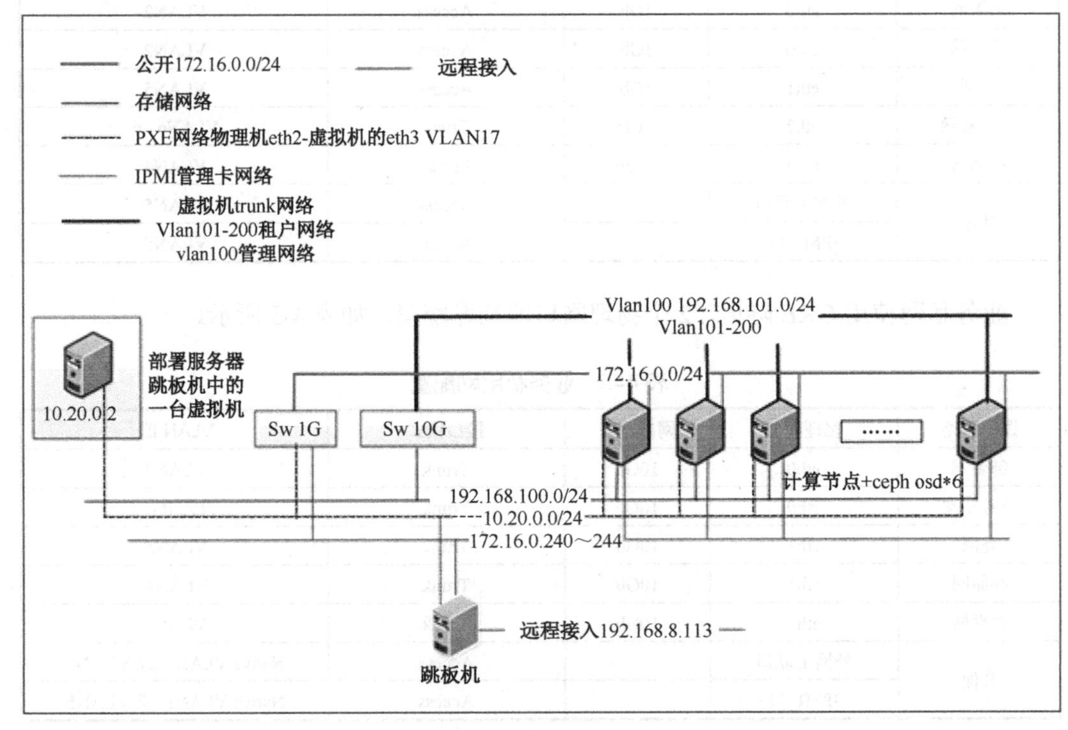

图 4-25　部署拓扑图

交换机接口与服务器网络对应如表 4-6 所示（这里涉及的端口为本案真实物理环境，具体以现场为准，这个也属于规划设计的一部分，可以科学地分配物理设备）。

表 4-6　服务器与交换机对应的接口（规划）

服务器主机名	Eth0	Eth1	Eth2	Eth3	IPMI
Node-1	9	13	1	7	13

续表

服务器主机名	Eth0	Eth1	Eth2	Eth3	IPMI
Node-2	10	14	2	8	14
Node-3	11	15	3	9	15
Node-4	12	16	4	10	16
跳板机					19
交换机	万 M		千 M		
VLAN	Trunk100-200				

4.5 交换机网络配置

本次使用 Xshell 作为远程连接工具，类似的还有超级终端等，协议要选择 SERIAL，波特率选择 9600，如图 4-26、图 4-27 所示。

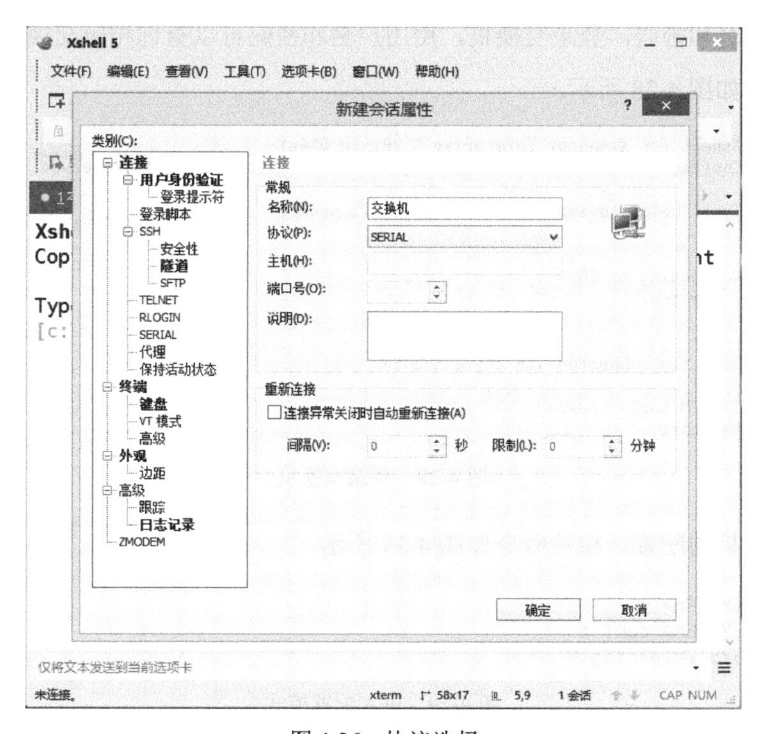

图 4-26　协议选择

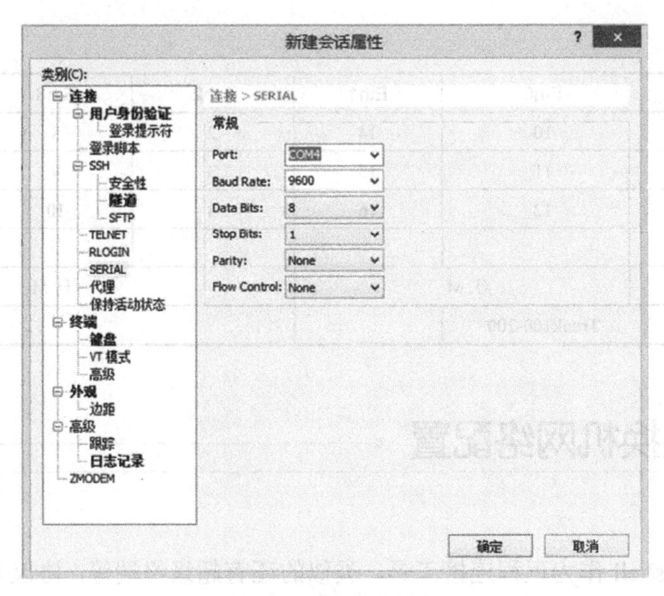

图 4-27　波特率选择

输入用户名和密码，登录交换机，用用户名和密码可以查询相应交换机。

官方手册如图 4-28 所示。

```
Xshell for Xmanager Enterprise 5 (Build 0544)
Copyright (c) 2002-2015 NetSarang Computer, Inc. All rights reserved.

Type `help' to learn how to use Xshell prompt.
[c:\~]$

Connecting to COM4...
Connected.


Directly connected via ttyS0 SYSTEM

SYSTEM login: admin
Password:
```

图 4-28　登录交换机

进入交换机的配置，相关命令如图 4-29 所示。

```
SYSTEM> en
SYSTEM# conf t
SYSTEM(config)#
```

图 4-29　进入配置模式

创建 VLAN100-200，如图 4-30 所示。

```
SYSTEM(config)# vlan  100-200
SYSTEM(config)#
```

图 4-30　创建 VLAN

设置 9-12 号接口的接口模式为 trunk，如图 4-31、图 4-32 所示。

```
SYSTEM(config)# interface   ethernet range 1/0/9-12
SYSTEM(config-if-eth-range)# switchport mode trunk
SYSTEM(config-if-eth-range)# switchport trunk allowed vlan 100-200
Feb 23 21:28:22 SYSTEM npd: Interface ethernet 1/0/9 is added to the vlan100.
Feb 23 21:28:22 SYSTEM npd: Interface ethernet 1/0/10 is added to the vlan100.
Feb 23 21:28:22 SYSTEM npd: Interface ethernet 1/0/11 is added to the vlan100.
Feb 23 21:28:22 SYSTEM npd: Interface ethernet 1/0/12 is added to the vlan100.
Feb 23 21:28:22 SYSTEM npd: Interface ethernet 1/0/9 is added to the vlan101.
```

图 4-31　设备接口模式及添加 VLAN

```
Feb 23 21:28:23 SYSTEM npd: Interface ethernet 1/0/12 is added to the vlan199.
Feb 23 21:28:23 SYSTEM npd: Interface ethernet 1/0/9 is added to the vlan200.
Feb 23 21:28:23 SYSTEM npd: Interface ethernet 1/0/10 is added to the vlan200.
Feb 23 21:28:23 SYSTEM npd: Interface ethernet 1/0/11 is added to the vlan200.
Feb 23 21:28:23 SYSTEM npd: Interface ethernet 1/0/12 is added to the vlan200.
```

图 4-32　设备接口模式及添加 VLAN（续）

结束配置并保存，如图 4-33 所示。

```
SYSTEM(config-if-eth-range)# end
SYSTEM# write
Building Configuration...

Building System Management Configuration...
% Finished.
SYSTEM#
```

图 4-33　结束配置并保存界面

验证配置信息，如图 4-34、图 4-35 所示。

```
SYSTEM# show running-config

Building System Management Configuration...
Building configuration...

Current configuration:
!
passwd admin $1$x.rn4LpV$W.tN6rKr8CW34GkfyCPTv/

board 0 DS6224

vlan 100-200
```

图 4-34　VLAN 100-200

```
interface ethernet 1/0/9
 speed 10000
 switchport trunk allowed vlan 100-200
 exit

interface ethernet 1/0/10
 speed 10000
 switchport trunk allowed vlan 100-200
 exit

interface ethernet 1/0/11
 speed 10000
 switchport trunk allowed vlan 100-200
 exit

interface ethernet 1/0/12
 speed 10000
 switchport trunk allowed vlan 100-200
 exit
```

图 4-35　接口 trunk 模式

4.6　物理链接

把每一条物理连线做上标记后，连接上物理服务器到交换机的各端口。服务器后部的物理连线如图 4-36 所示。

图 4-36　服务器后部的物理连线

4.7 服务器配置

服务器的磁盘一般分为系统盘和数据盘。为了保证系统的高可用性，系统盘一般做 RAID1，数据盘一般做 RAID5。本次实验的服务器有 6 块盘，在进行系统安装之前还需要对服务器进行相关的配置，DELL 服务器一般都是先按 F2 键进 BIOS，然后按 Ctrl+E 配置 ilo，最后按 Ctrl+R 配置 RAID。HP 一般都是按 F9 键。

也有按 F10 键进 BIOS 的，具体根据服务器型号来定。下面是 BIOS 的配置示例，如图 4-37 所示。

Press <F2> to enter setup. Press <F10> to Boot setup

图 4-37　BIOS 的配置示例

4.7.1　虚拟化选项

首先，需要查看虚拟化选项是否打开。如果没有打开，则可参考如图 4-38 所示的方式打开。

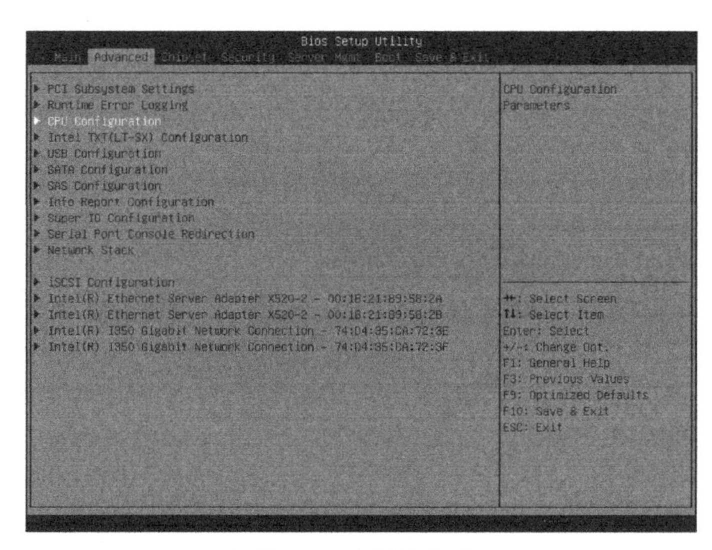

图 4-38　虚拟化选项

找到虚拟化选项，按回车键后进行配置，如图 4-39 所示。

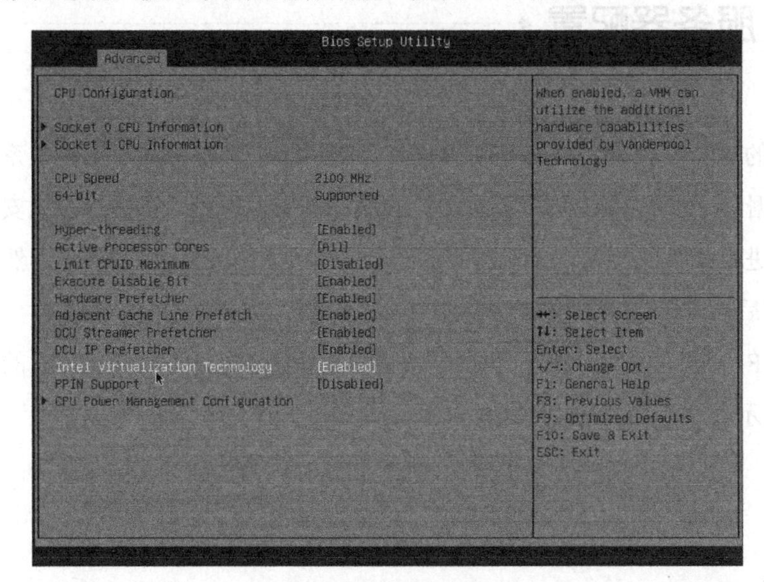

图 4-39　打开虚拟化选项

4.7.2　RAID 的配置

（1）RAID 卡

RAID 卡的外形如图 4-40 所示。

图 4-40　RAID 卡

某些型号的 RAID 卡还需要配备电池，电池如图 4-41 所示。

图 4-41　RAID 卡电池

（2）RAID1 配置

在系统启动阶段按下 Ctrl+P 进入 RAID 选项的配置，BIOS 提示信息如图 4-42 所示。

```
LSI MegaRAID SAS-MFI BIOS
Version 3.30.02.2 (Build June 17, 2014)
Copyright(c) 2014 LSI Corporation
F/W Initializing Devices 100%
HA -0 (Bus 3 Dev 0) LSI MegaRAID SAS 9260-8i
Battery Status: Not present
PCI Slot Number: 2

ID LUN VENDOR   PRODUCT                    REVISION            CAPACITY

       LSI      LSI MegaRAID SAS 9260-8i   2.130.403-3835      512MB
0  0   ATA      TOSHIBA MG03ACA2           FL1A                1907729MB
1  0   ATA      TOSHIBA MG03ACA2           FL1A                1907729MB
2  0   ATA      TOSHIBA MG03ACA2           FL1A                1907729MB
3  0   ATA      TOSHIBA MG03ACA2           FL1A                1907729MB
4  0   ATA      TOSHIBA MG03ACA2           FL1A                1907729MB
5  0   ATA      TOSHIBA MG03ACA2           FL1A                1907729MB
   1   LSI      Virtual Drive              RAID0               5721600MB
Press <CTRL><P> to pause  or <CTRL><U> to skip_
```

图 4-42　BIOS 提示信息

单击“Start”开始配置，如图 4-43 所示。

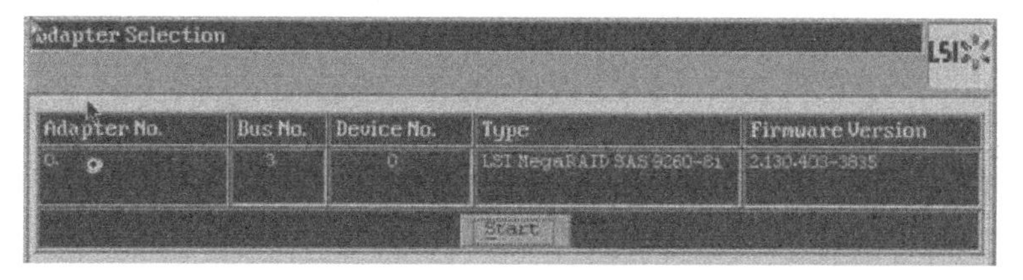

图 4-43　进入配置

左边是菜单，右边是硬盘列表，单击“Configuration Wizard”选项，进入RAID配置，如图4-44所示。

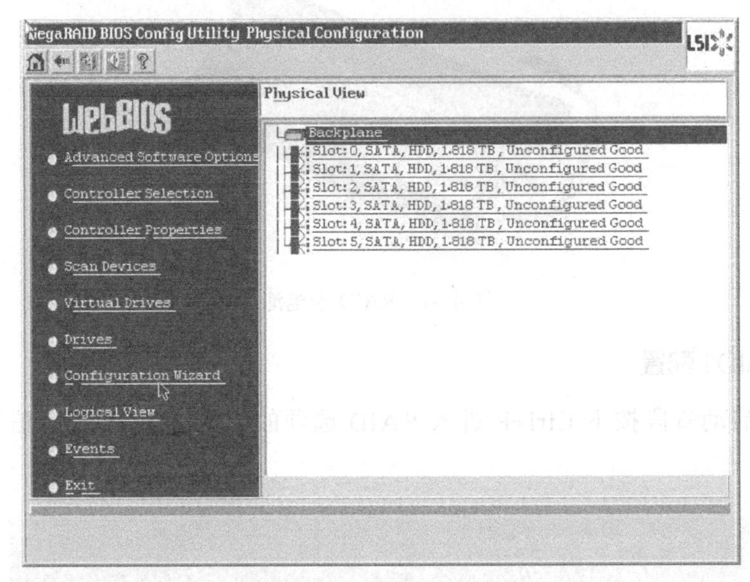

图4-44　配置的首页

单击“Add Configuration”选项，开始配置，如图4-45所示。

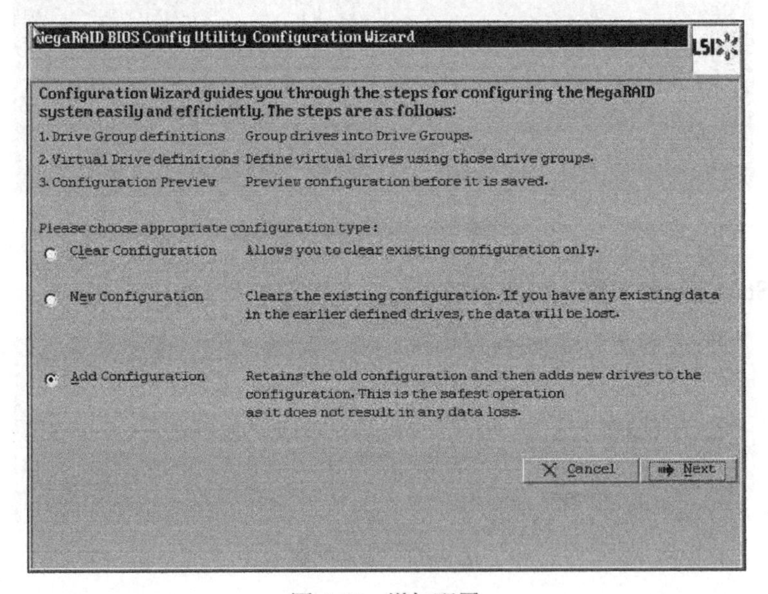

图4-45　增加配置

单击“Manual Configuration”及“Next”选项，开始手动配置，如图 4-46 所示。

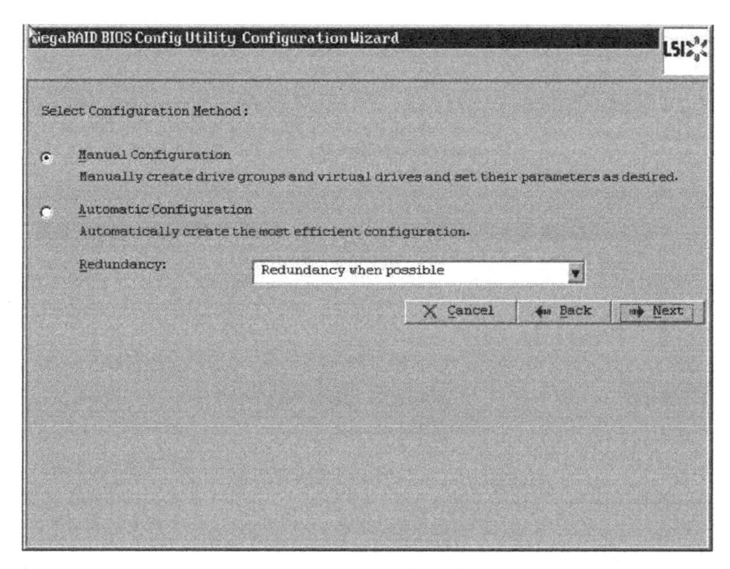

图 4-46　手动配置

先选中左边要做 RAID1 的磁盘，然后单击“Add To Array”及“Next”选项，如图 4-47 所示。

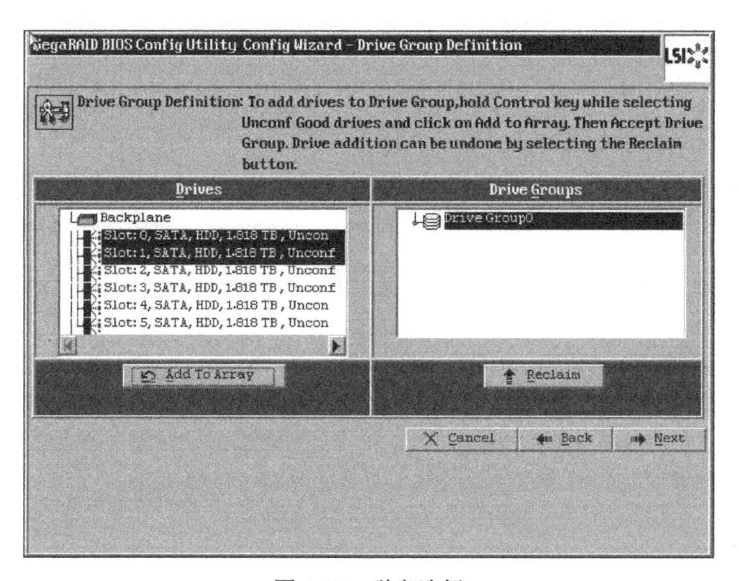

图 4-47　磁盘选择

磁盘组列表，如图 4-48 所示。

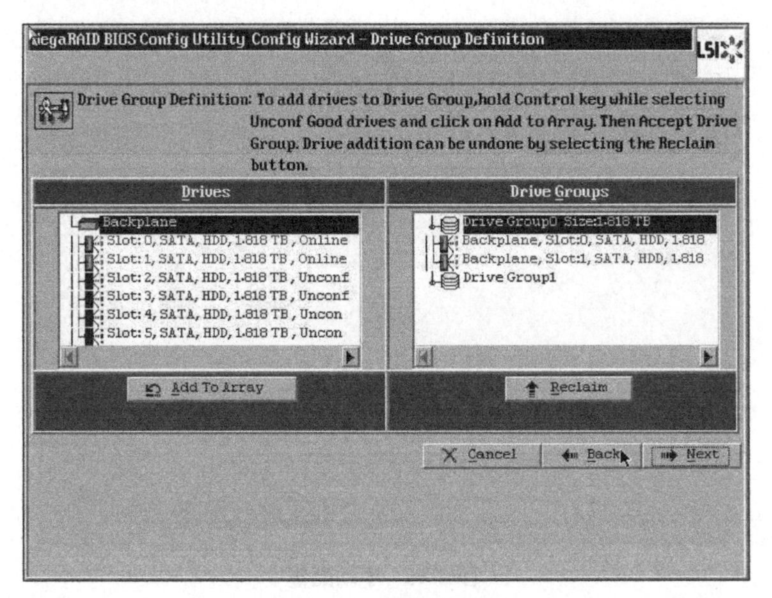

图 4-48　生成磁盘组

增加 Span 界面如图 4-49 所示。

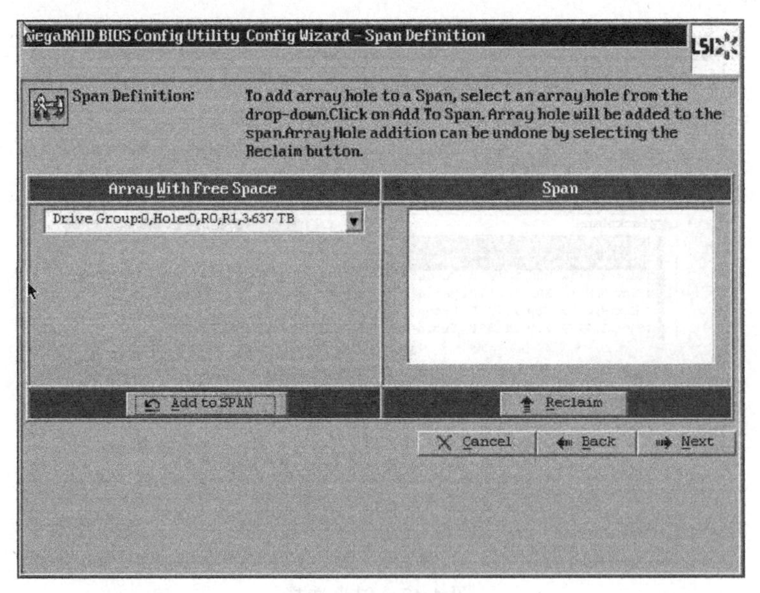

图 4-49　增加 Span

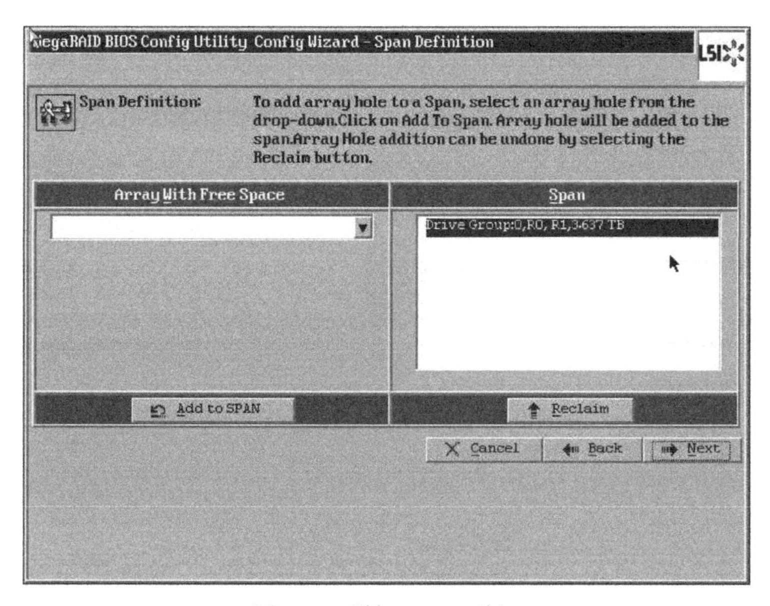

图 4-49　增加 Span（续）

RAID1 选项配置如图 4-50 所示。

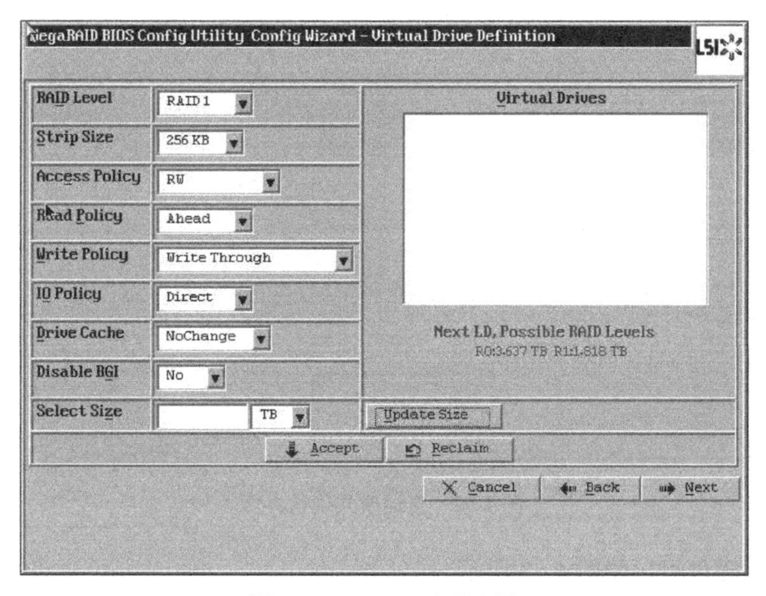

图 4-50　RAID1 选项配置

单击“Update Size”，界面如图 4-51 所示。

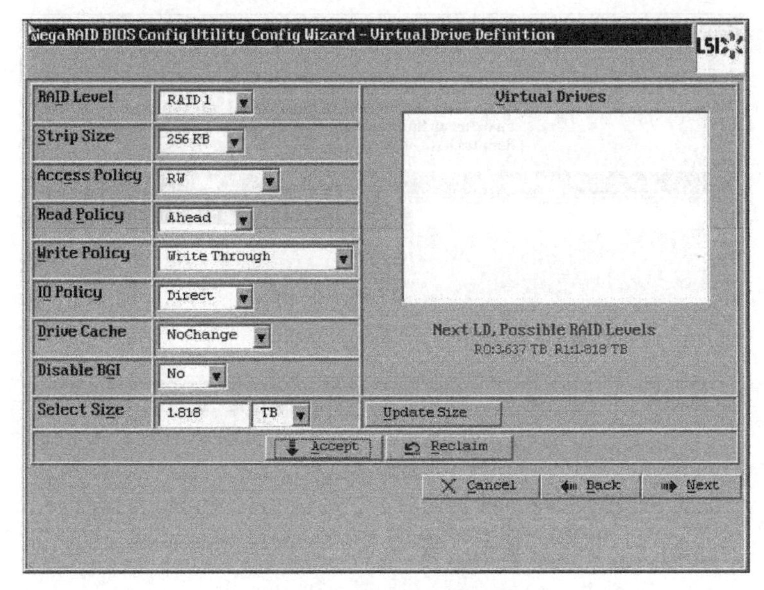

图 4-51　更新大小界面

磁盘的写模式确认，这里采用直通模式，界面如图 4-52 所示。

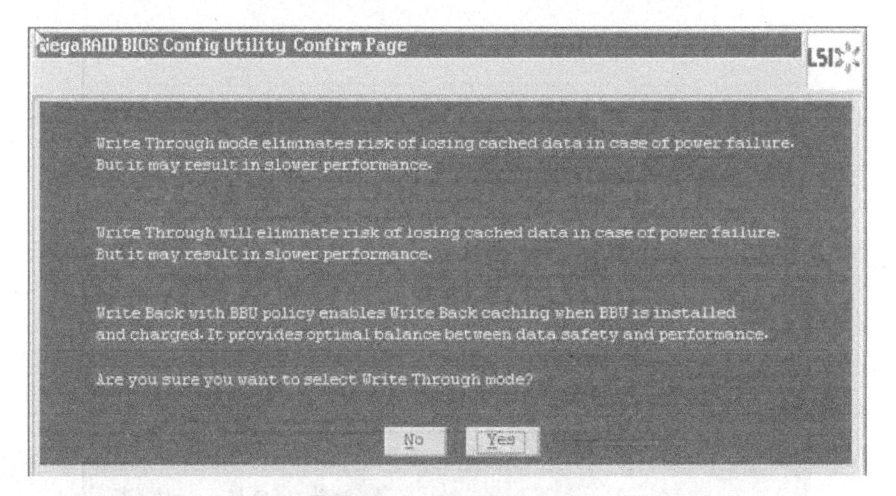

图 4-52　直通模式确认界面

生成虚拟磁盘组，如图 4-53 所示。

接受磁盘组，如图 4-54 所示。

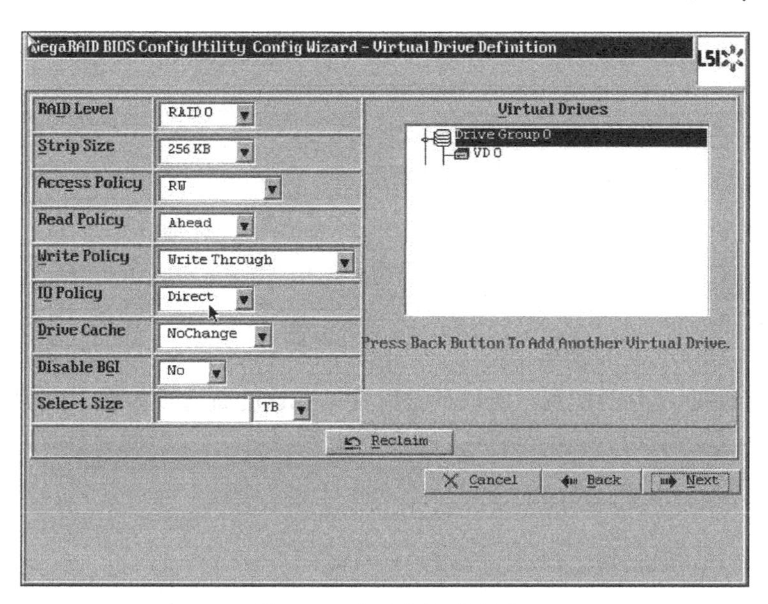

图 4-53　生成虚拟磁盘组

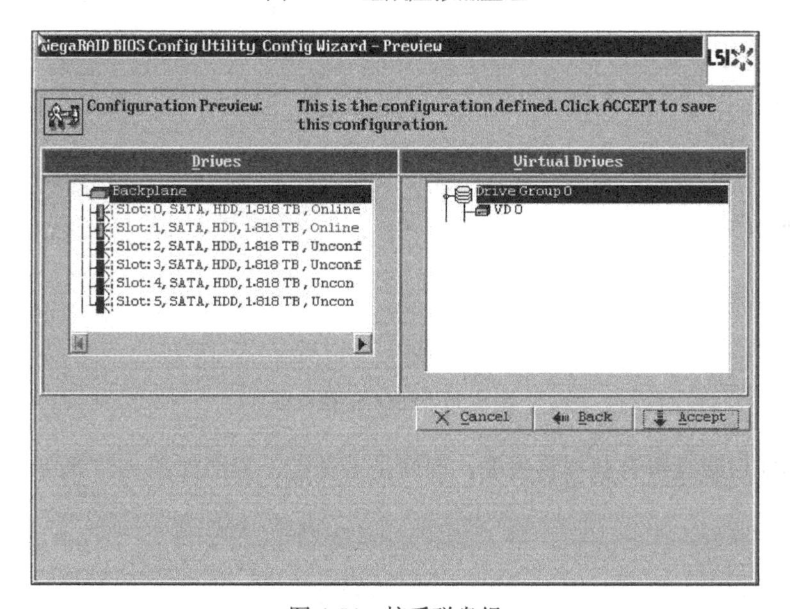

图 4-54　接受磁盘组

保存配置，如图 4-55 所示。

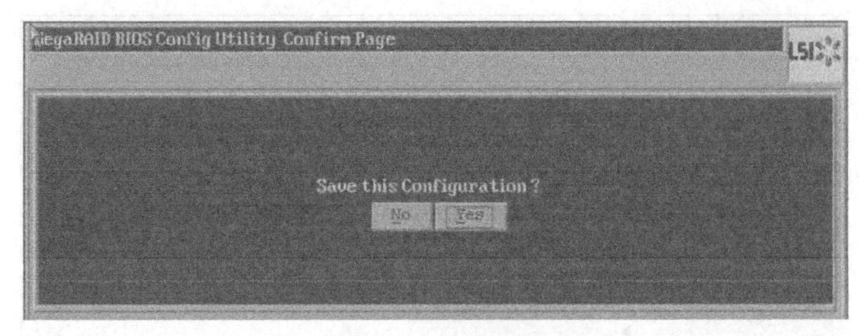

图 4-55　保存配置

这里没有 SSD 缓存的配置，所以不做配置。SSD 配置选项如图 4-56 所示。

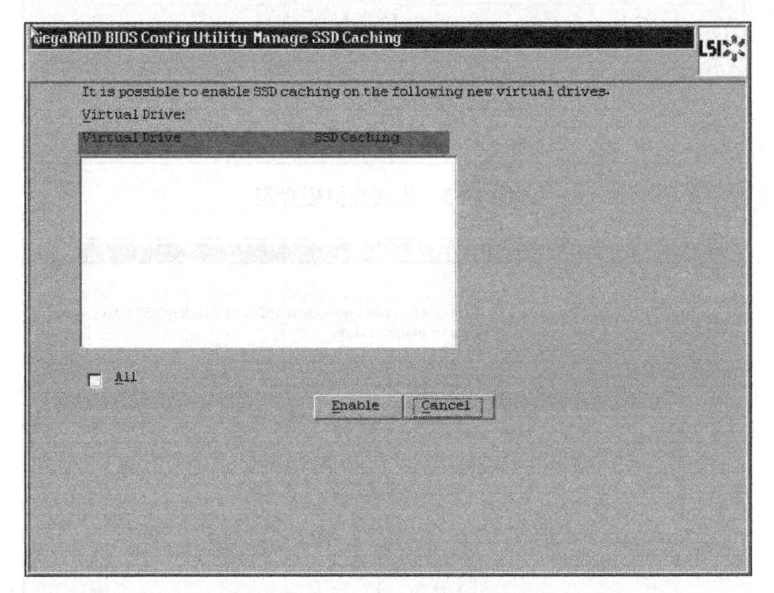

图 4-56　SSD 配置选项

做 RAID 后磁盘所有数据将丢失，询问是否继续，界面如图 4-57 所示。

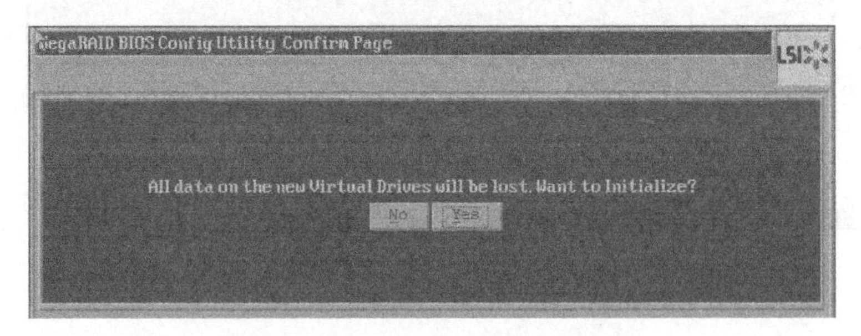

图 4-57　所有数据丢失提示确认界面

RAID 配置完成，界面如图 4-58 所示。

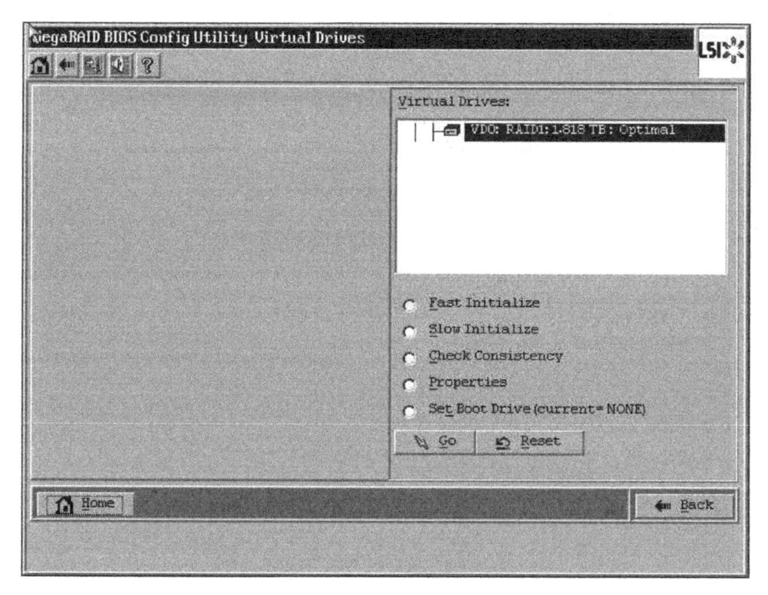

图 4-58　配置完成界面

回到配置首页，首页的变化如图 4-59 所示。

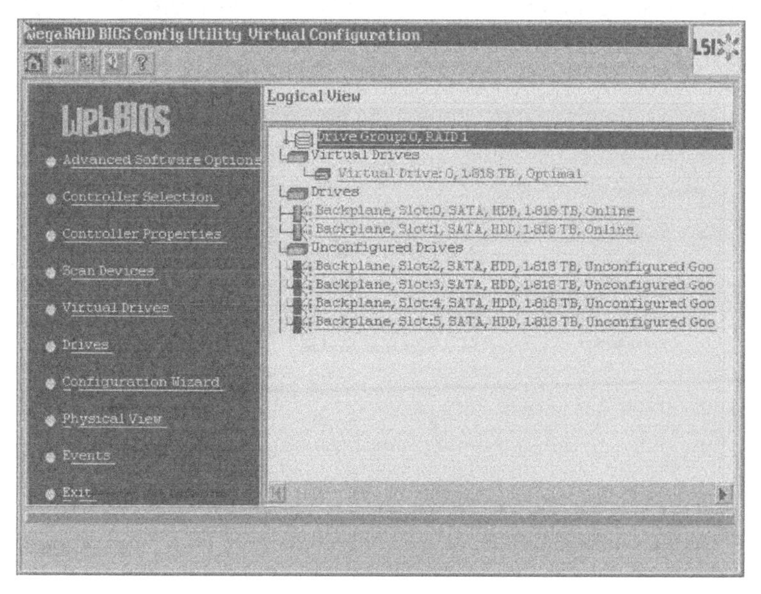

图 4-59　回到配置首页界面

（3）RAID5 配置

单击“Add Configuration”选项，开始配置，如图 4-60 所示。

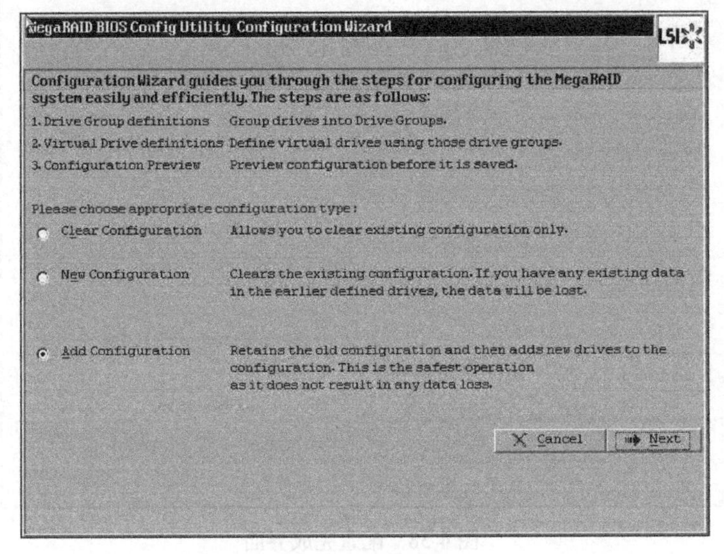

图 4-60　增加配置界面

单击“Manual Configuration”及“Next”选项，开始手动配置，如图 4-61、图 4-62 所示。

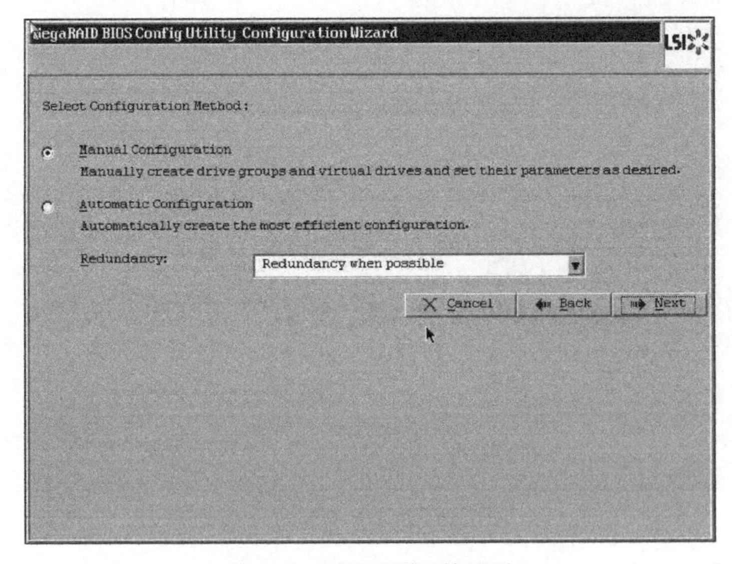

图 4-61　手动配置开始界面

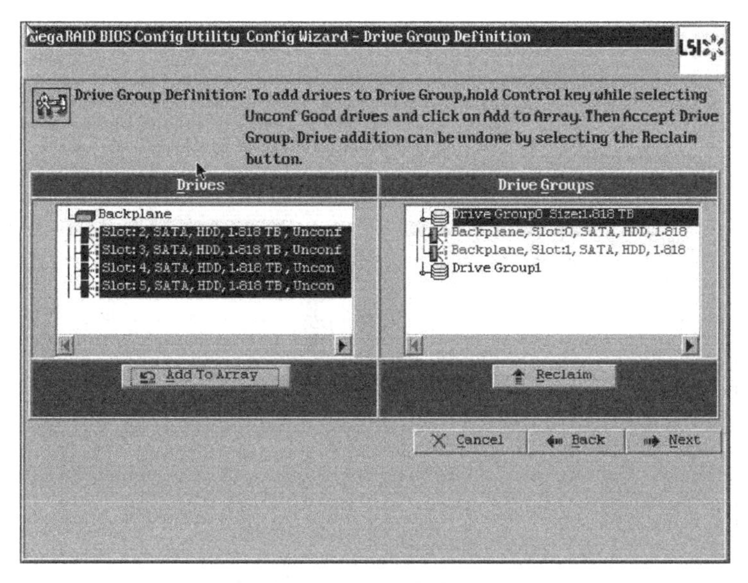

图 4-62　手动配置界面

选中左边 RAID5 磁盘，单击“Add To Array”及“Next”选项，如图 4-63 所示。

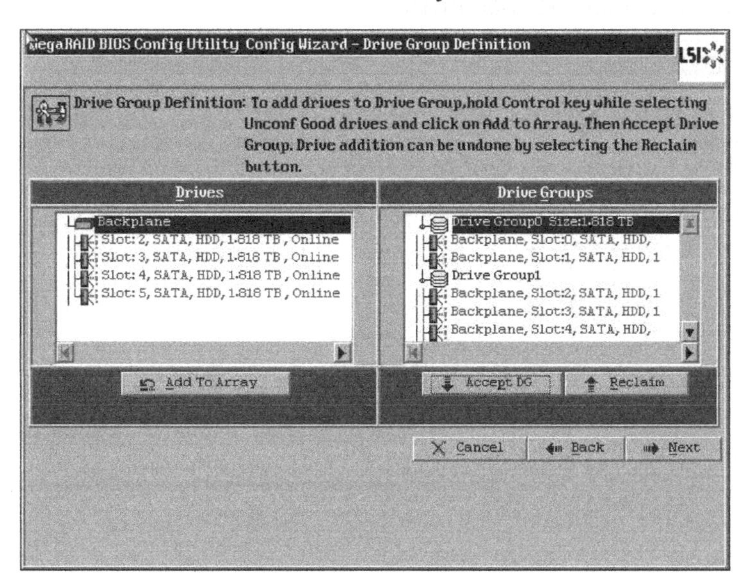

图 4-63　磁盘选择界面

打开虚拟化选项，磁盘组列表如图 4-64 所示。

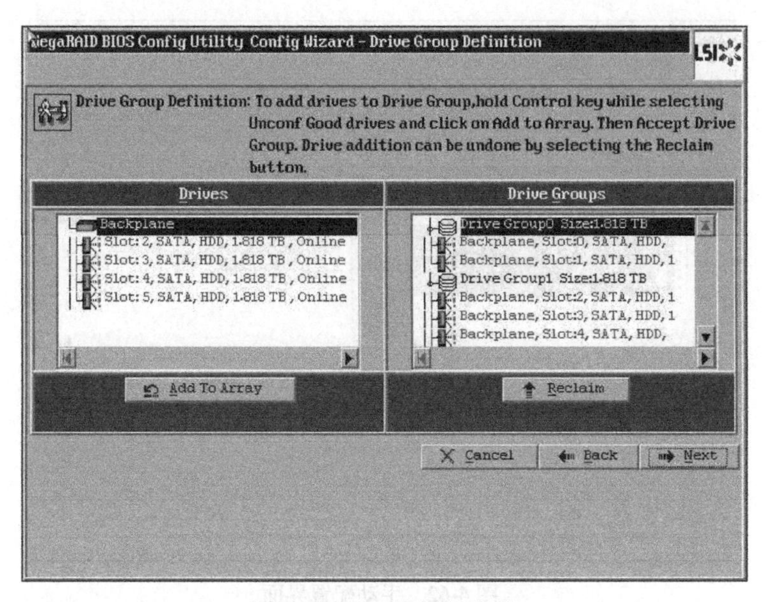

图 4-64　打开虚拟化选项

增加 Span，如图 4-65、图 4-66 所示。

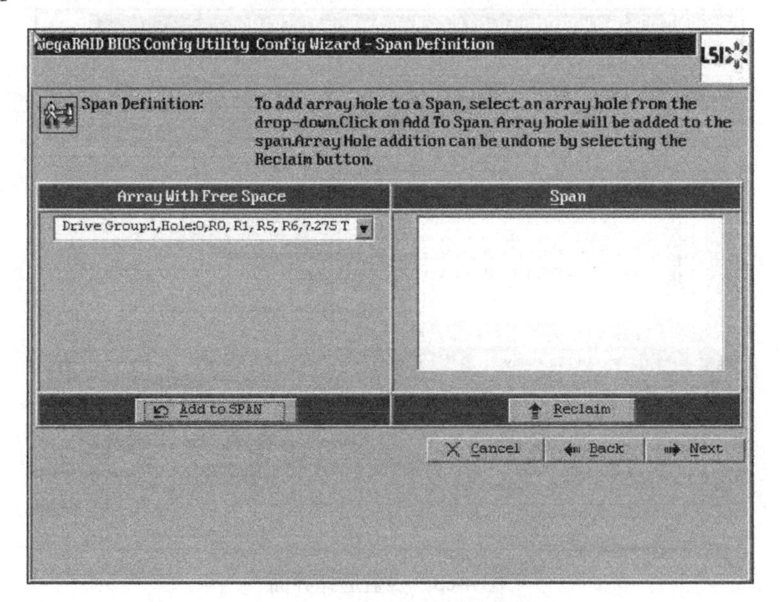

图 4-65　增加 Span 开始界面

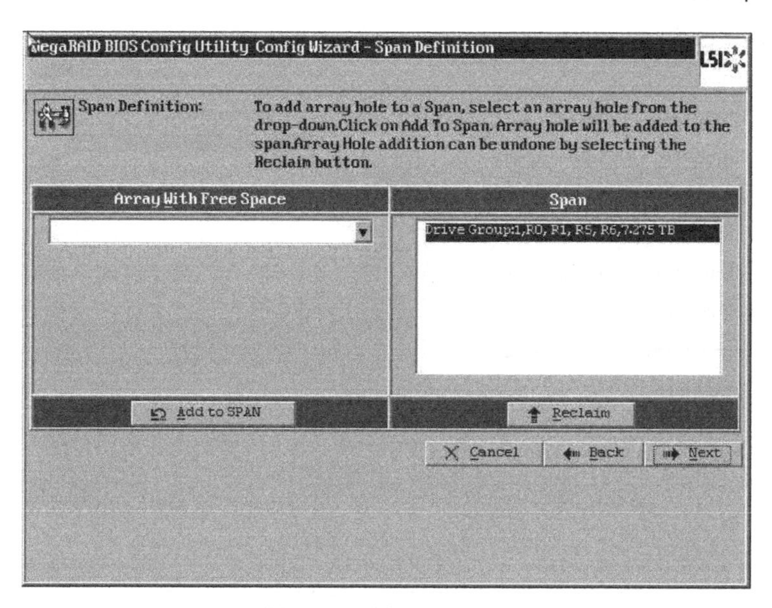

图 4-66　增加 Span 界面

RAID5 选项配置，如图 4-67 所示。

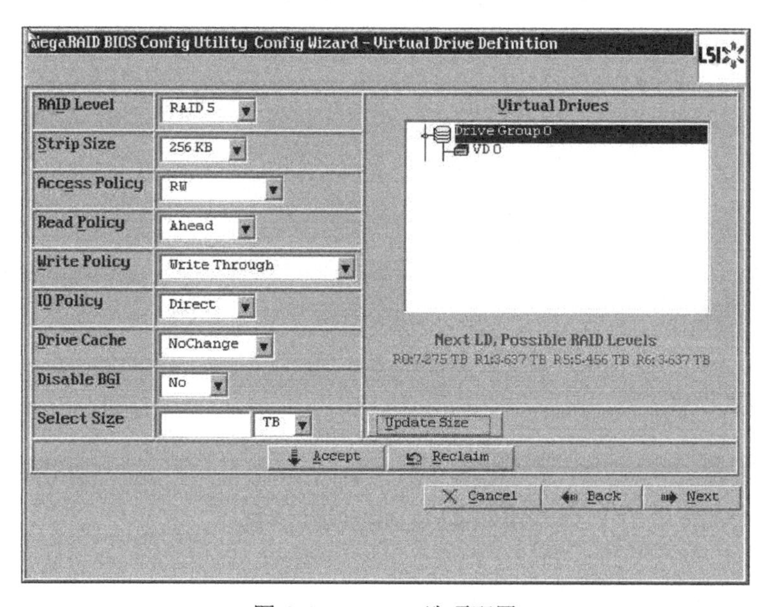

图 4-67　RAID5 选项配置

单击“Update Size”，如图 4-68 所示。

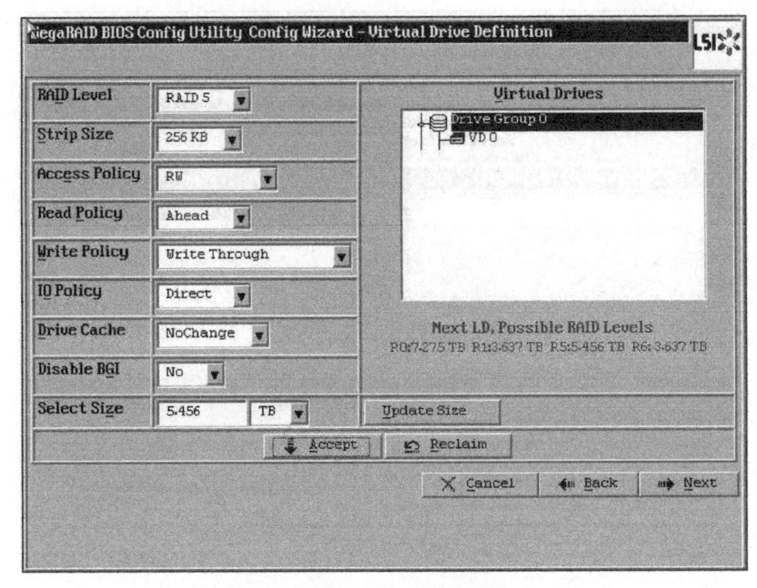

图 4-68　更新大小界面

磁盘的写模式确认，这里采用直通模式，如图 4-69 所示。

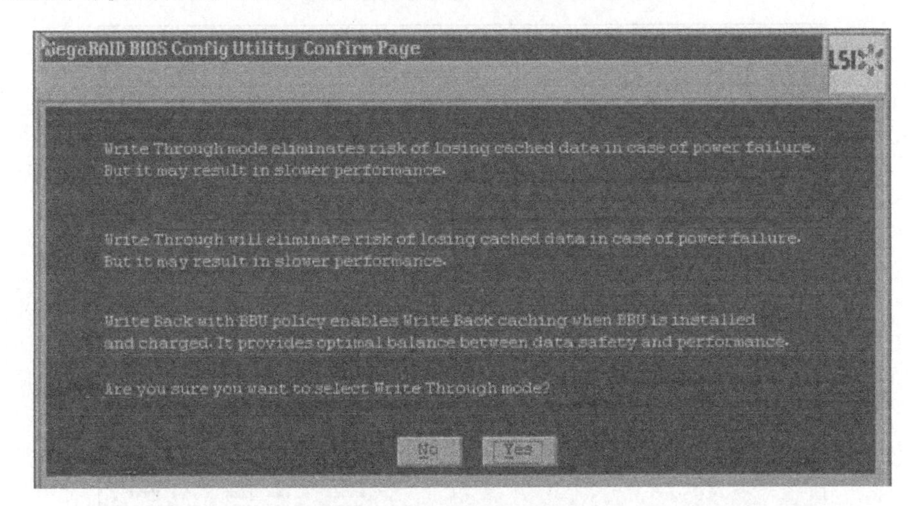

图 4-69　直通模式确认界面

生成虚拟磁盘组，如图 4-70 所示。

接受磁盘组，如图 4-71 所示。

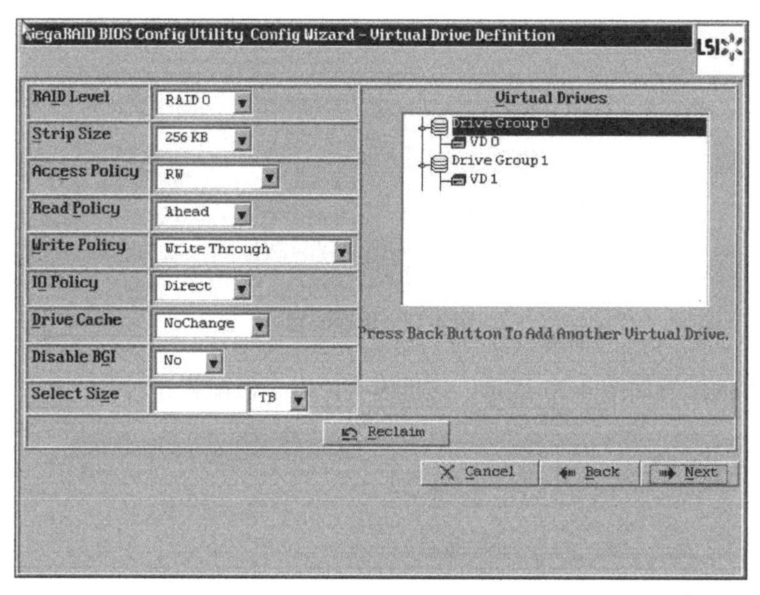

图 4-70　生成虚拟磁盘组

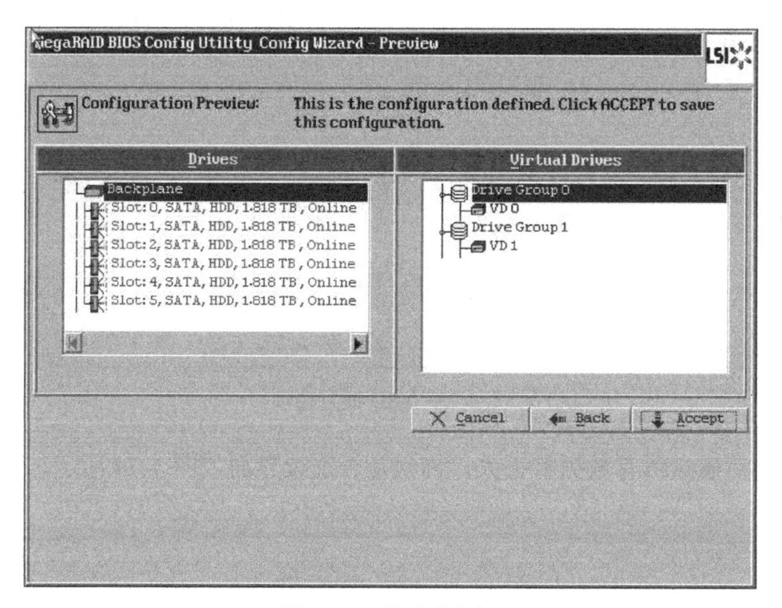

图 4-71　接受磁盘组

保存配置，如图 4-72 所示。

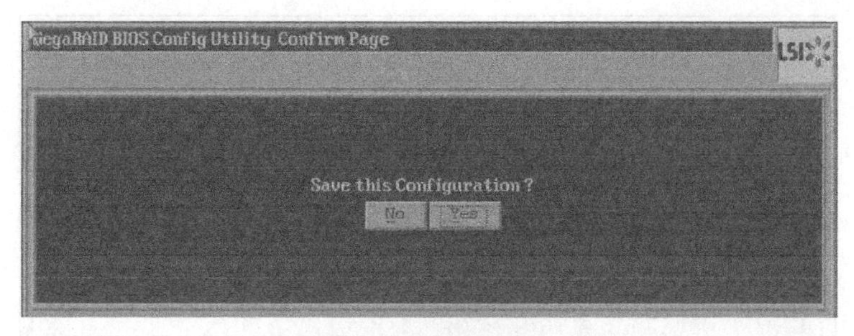

图 4-72　保存配置

SSD 缓存的配置如图 4-73 所示，这里没有所以不做配置。

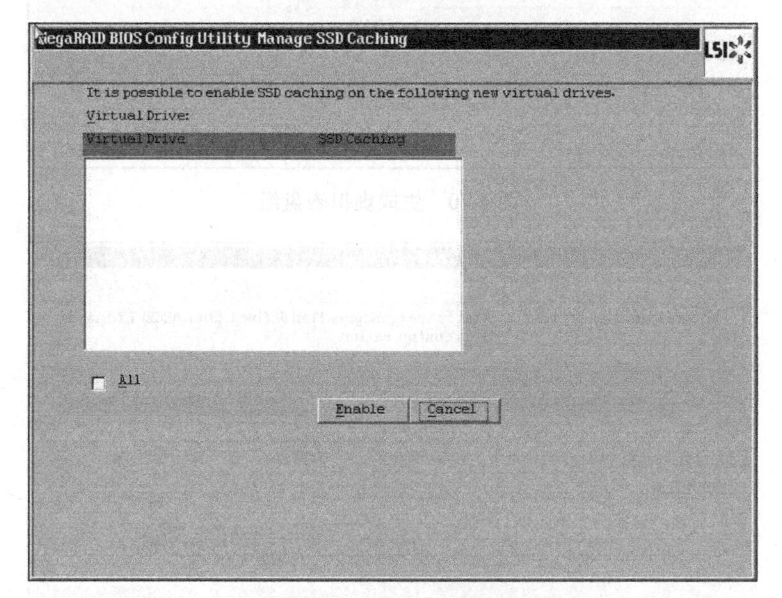

图 4-73　SSD 配置选项

做 RAID 后磁盘所有数据将丢失，询问是否继续界面如图 4-74 所示。

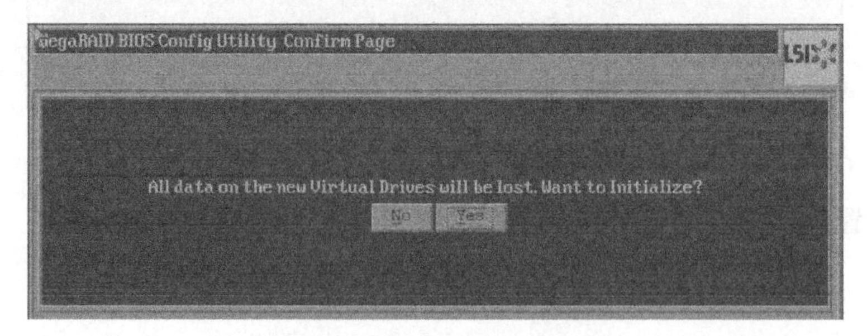

图 4-74　所有数据丢失提示

RAID 配置完成，如图 4-75 所示。

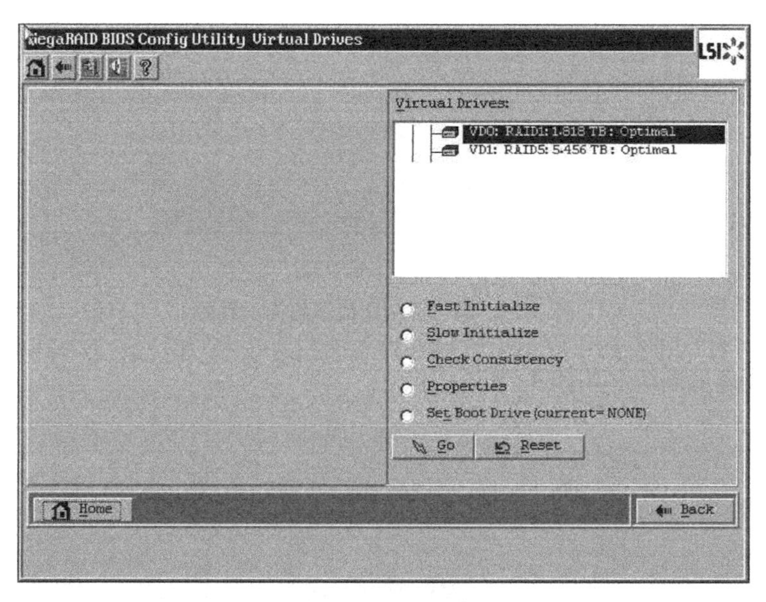

图 4-75　配置完成

回到配置首页，如图 4-76 所示。

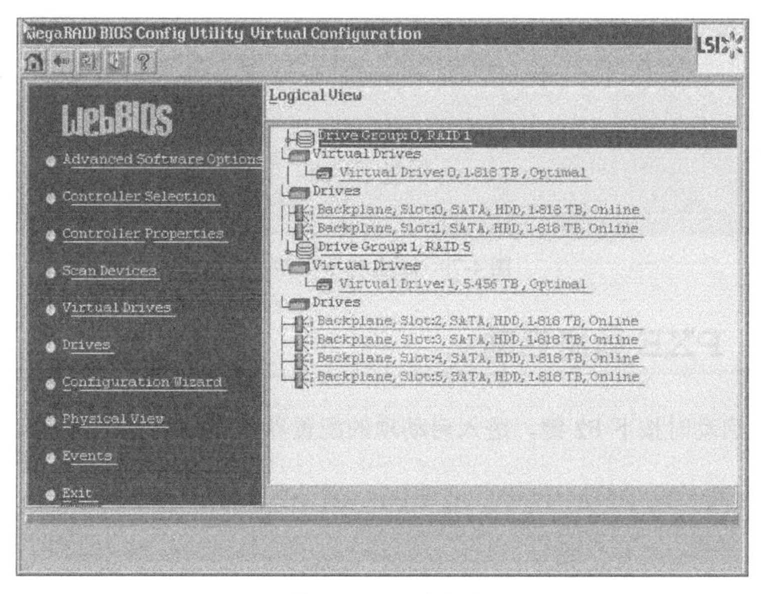

图 4-76　配置首页

退出 RAID 配置的提示，如图 4-77 所示。

Exit Confirmation
LSI
Exit Application
No
Yes

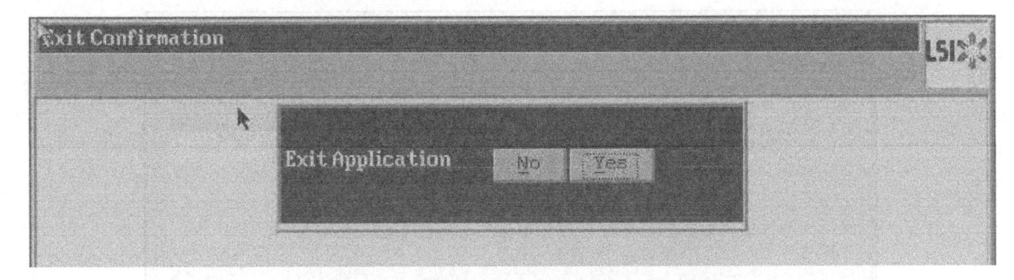

图 4-77　退出 RAID 配置的提示界面

退出后将重启系统，如图 4-78 所示。

Reset Page
LSI
Please Reboot your System

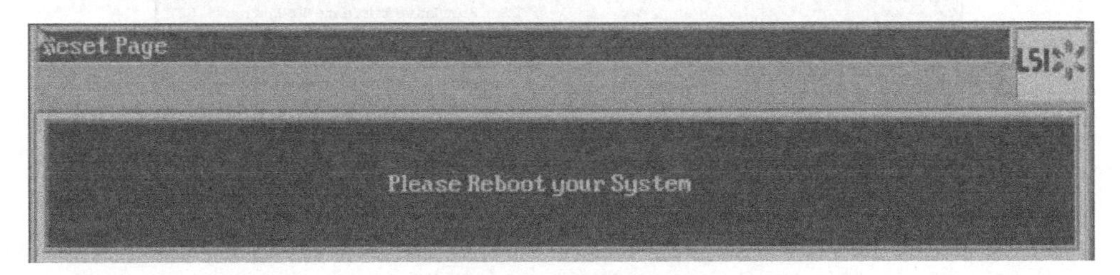

图 4-78　重启系统界面

重启后磁盘会进行初始化，如图 4-79 所示。

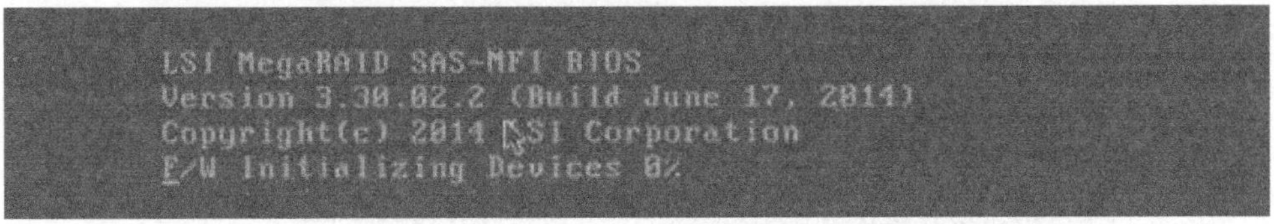

LSI MegaRAID SAS-MFI BIOS
Version 3.30.02.2 (Build June 17, 2014)
Copyright(c) 2014 LSI Corporation
F/W Initializing Devices 0%

图 4-79　磁盘初始化界面

4.7.3　PXE 网络启动

在 BIOS 启动时按下 F2 键，进入启动项的配置界面，如图 4-80 所示。

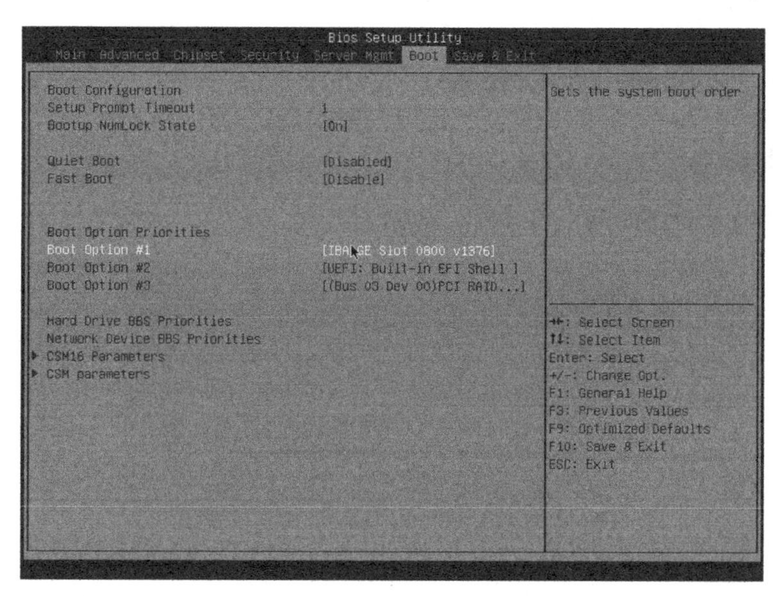

图 4-80　网络启动项配置界面

选择“Boot option filter”选项，如图 4-81 所示。

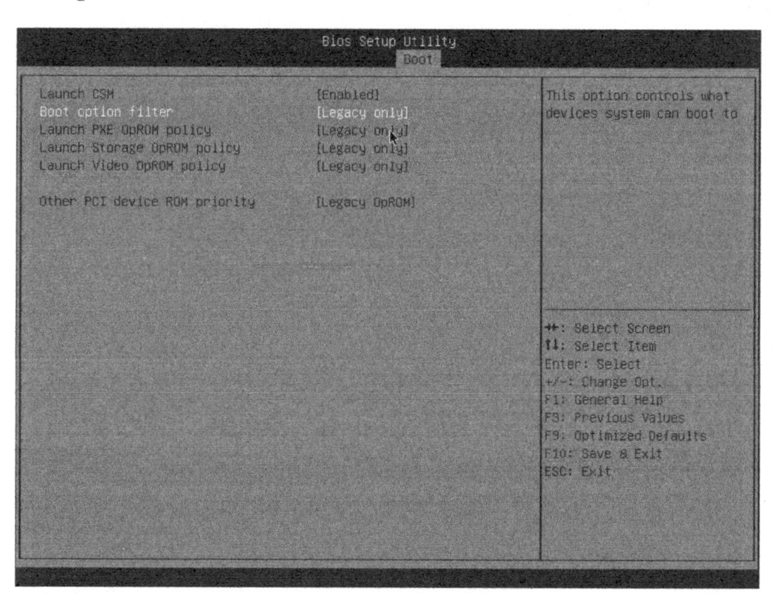

图 4-81　网卡模式选择界面

4.7.4 远程管理选项配置

（1）远程管理卡

远程管理卡的外形如图 4-82 所示。

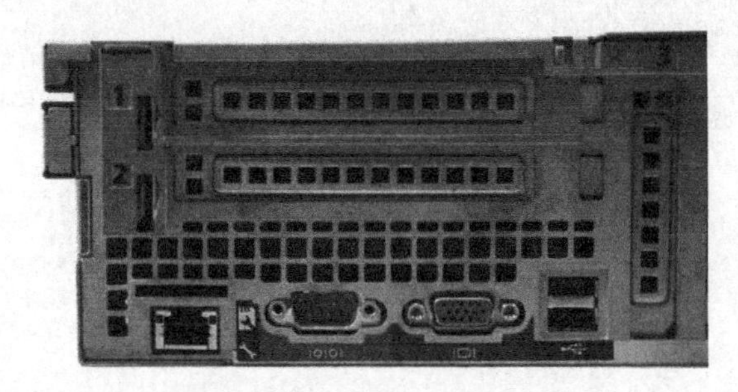

图 4-82 远程管理卡的外形

使用的协议是 IPMI，可以通过 Web 或 CLI 来访问。

（2）配置

在“Server Mgmt”选项卡中有“BMC LAN Configuration”选项，如图 4-83 所示。

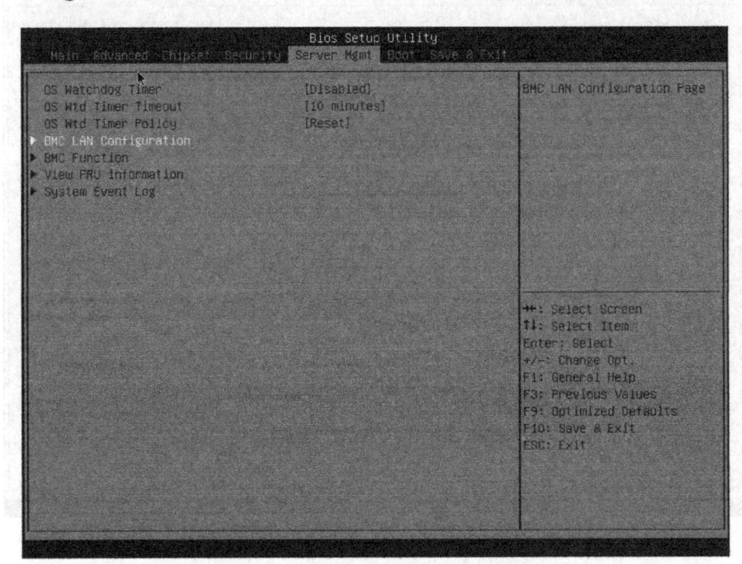

图 4-83 找到远程管理的配置界面

配置 IP 地址、子网掩码和网关等信息，如图 4-84 所示。

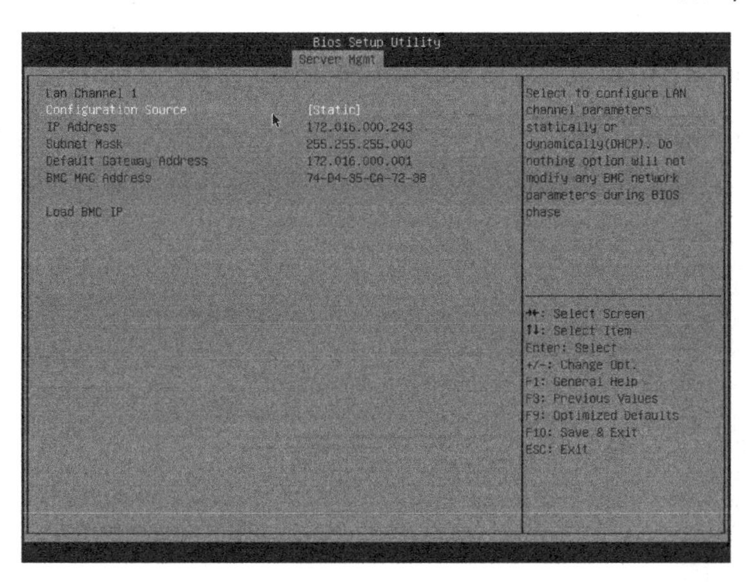

图 4-84　配置 IP 地址、子网掩码和网关等信息界面

4.7.5　远程管理的使用

在浏览器中输入服务器远程管理的 IP 地址，会出现如图 4-85 所示的页面，输入默认的用户 admin，默认的密码 password，就可以登录了。

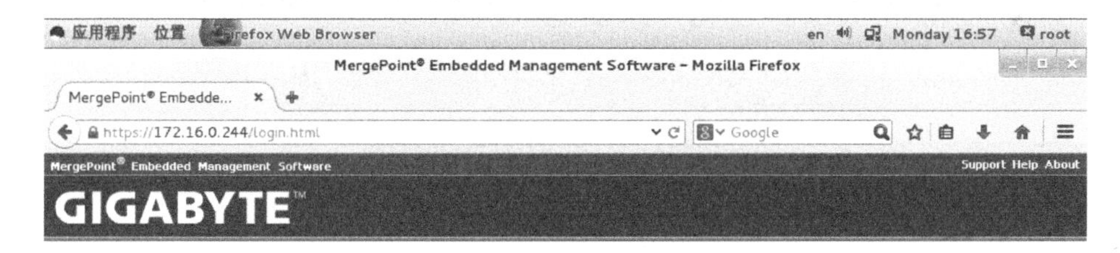

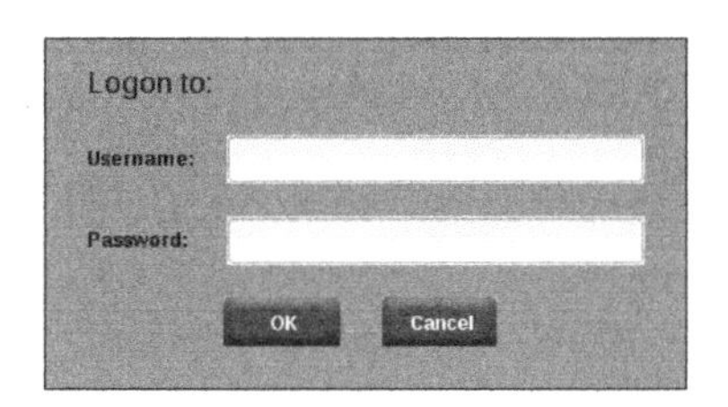

图 4-85　登录远程管理卡

单击“Virtual KVM”选项，出现如图 4-86 所示的界面。

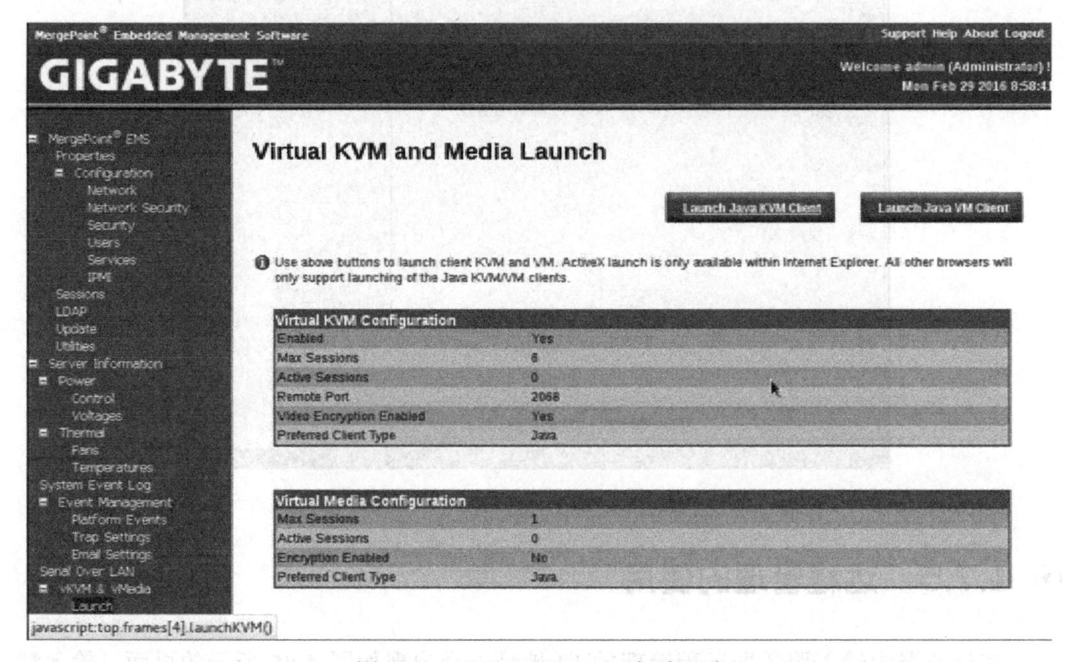

图 4-86　“Virtual KVM”选项界面

单击“Launch Java KVM Client”，会出现如图 4-87 所示的提示。

正在打开 viewer.jnlp(172.16.0.244@0@1456736408742)
您选择了打开：
viewer.jnlp(172.16.0.244@0@1456736408742)
文件类型： JNLP 文件 (2.5 KB)
来源： https://172.16.0.244
您想要 Firefox 如何处理此文件?
打开方式(O) javaws
保存文件(S)
以后自动采用相同的动作处理此类文件。(A)
取消　确定

图 4-87　打开 viewer.jnlp 界面

之后还会有一些提示，单击“确定”、“run”或“yes”。

在远程管理界面，配置 IP 地址、子网掩码和网关等信息，如图 4-88 所示。

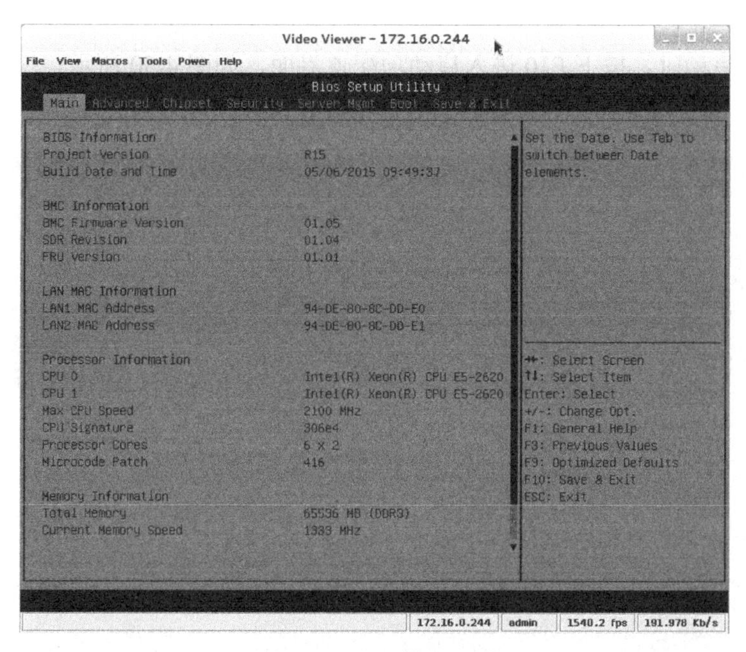

图 4-88　远程管理界面

这样就可以远程管理物理服务器了，比如，可以重启物理服务器，如图 4-89 所示。

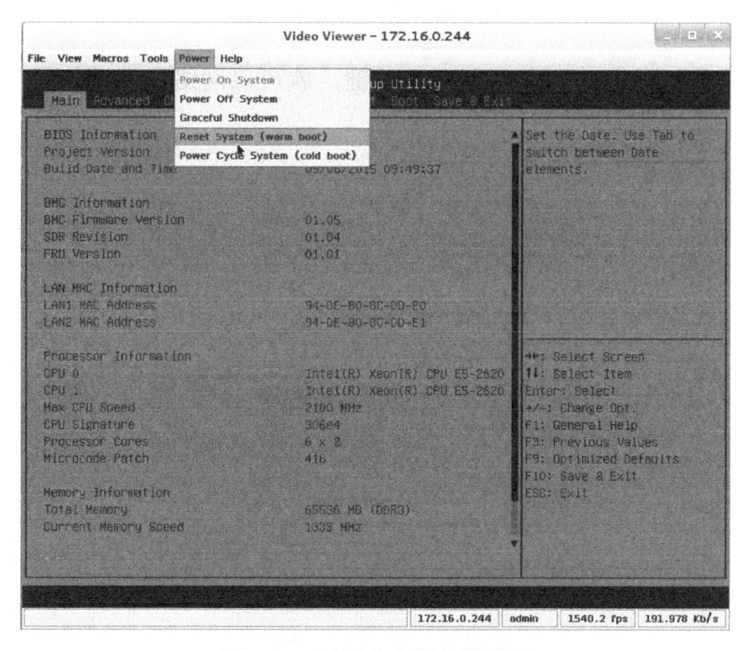

图 4-89　远程重启服务器界面

在 BIOS 启动时，按下 F10 进入启动项配置界面，如图 4-90 所示。

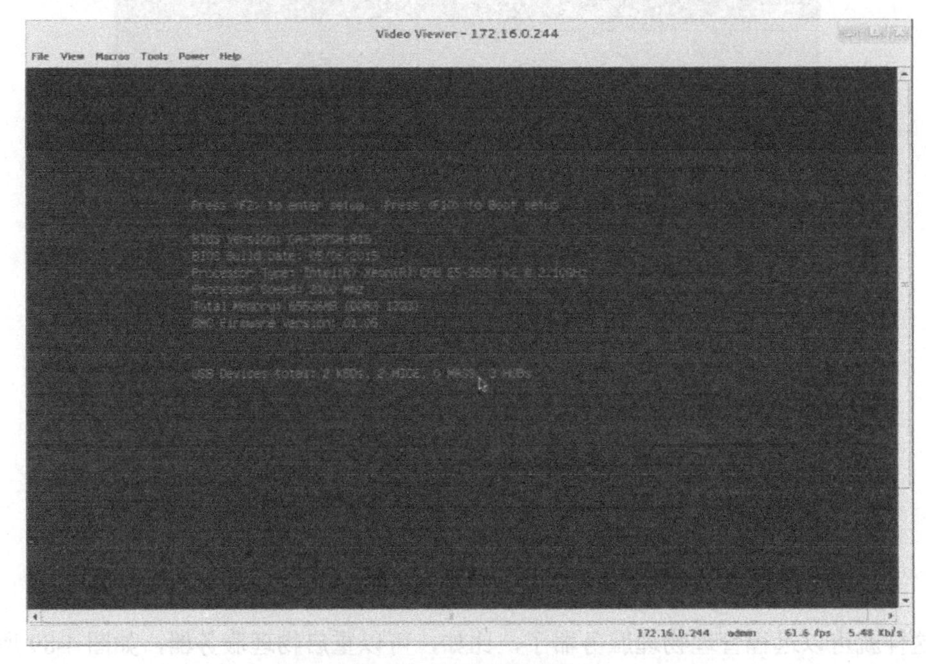

图 4-90　启动项配置界面

选择接入 PXE 网络的网卡，按下回车键，就可以网络启动服务器了，如图 4-91 所示。

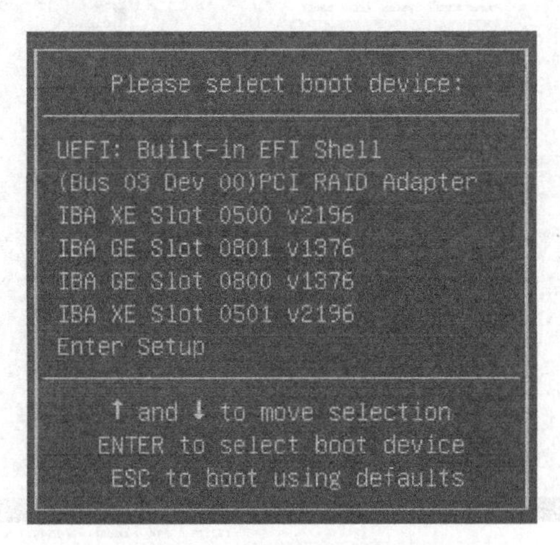

图 4-91　启动服务器界面

远程 PXE 启动后，如图 4-92 所示。

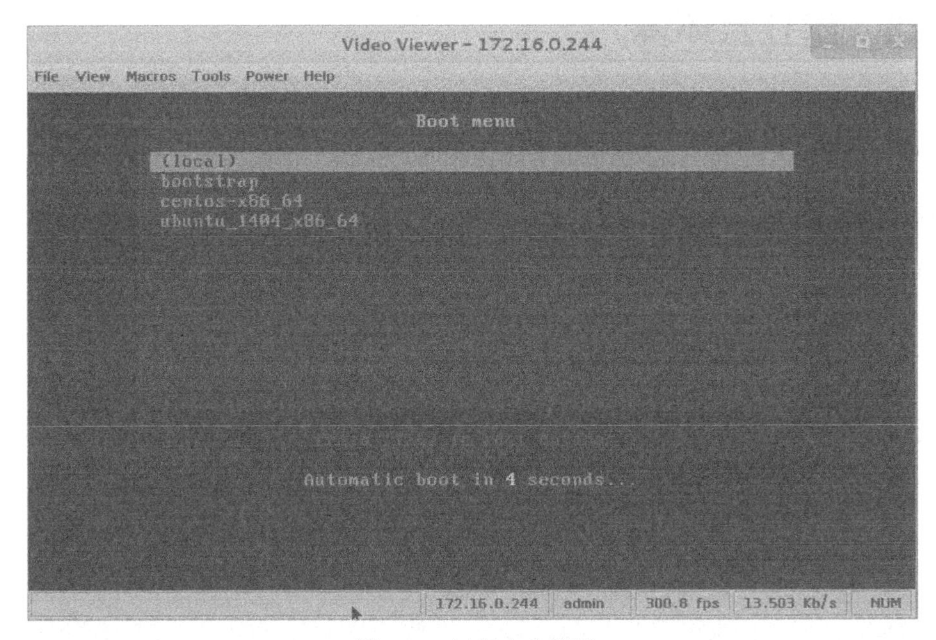

图 4-92　远程启动界面

也可以通过远程工具输入相关命令，远程管理操作系统等操作，这里不详述。

说明：DELL 远程管理界面如图 4-93 所示。

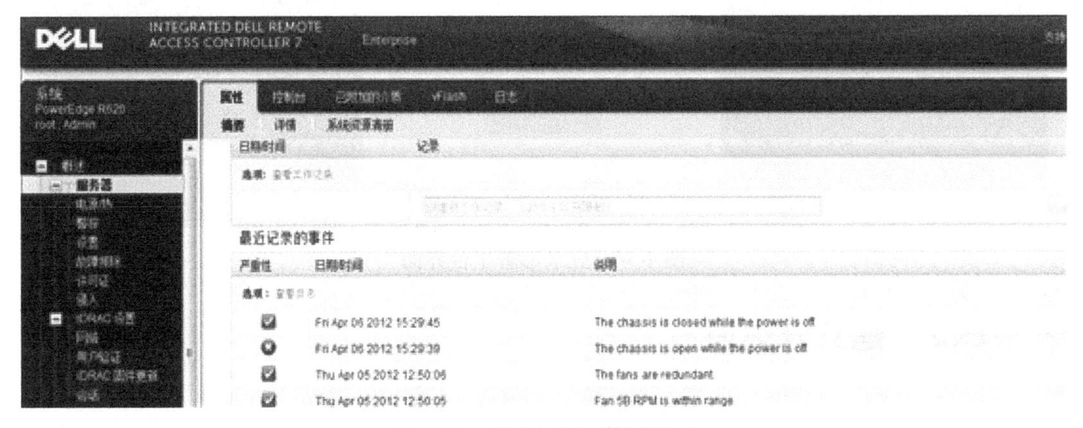

图 4-93　DELL 远程管理界面

4.8 建立云环境

我们可以通过 FUEL 和管理界面来构建企业云环境，包括云平台的网络模式、云平台的操作等内容。

现在可以再次登录 FUEL 部署平台的 Web 界面，创建云环境。

4.8.1 登录部署平台

通过为网卡配置 IP 地址，即可登录到 Web 图形界面。Web 图形界面默认的用户名和密码都是“admin”，如图 4-94 所示。

图 4-94　登录部署平台界面

4.8.2 建立云环境

登录到部署控制器后，即可单击“新建 OpenStack 环境”，新建云环境界面如图 4-95 所示。页面中将弹出一个向导，你需要在其引导下输入必要的信息，以创建一个新的 OpenStack 集群部署环境。

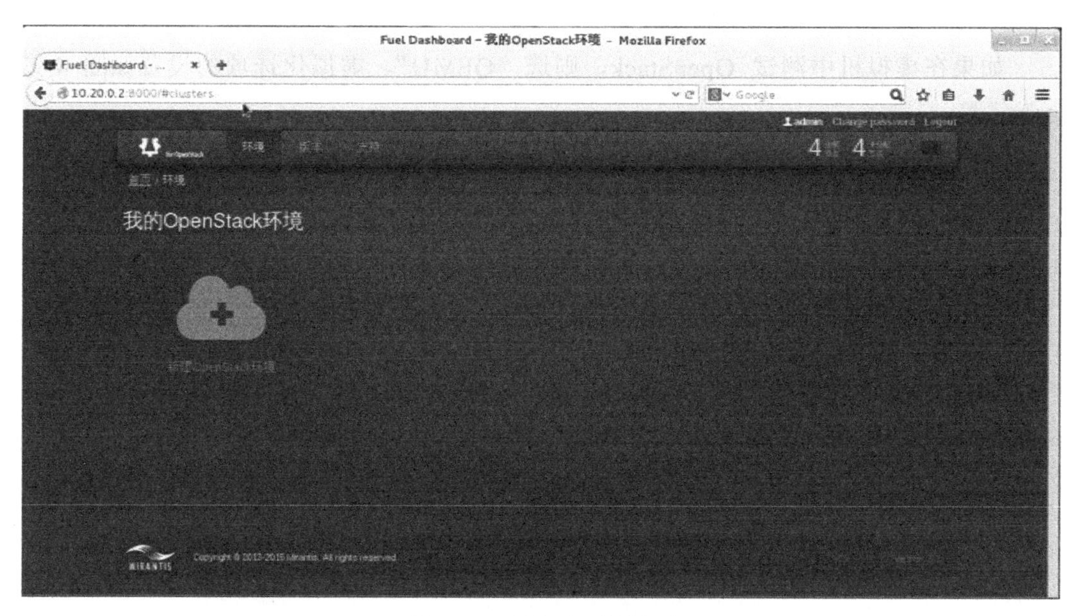

图 4-95　新建云环境界面

第一步，输入环境的名称，选择所使用的镜像，本示例使用的是 CentOS 6.5 系统，还可以选择使用 Ubuntu 14.04.1，如图 4-96 所示。

图 4-96　OpenStack 版本选择

第二步，选择虚拟机监控器。如果在物理机上部署 OpenStack，则选择“KVM”。

如果在虚拟机中测试 OpenStack，则选“QEMU”。虚拟化选项的设置如图 4-97 所示。

图 4-97　虚拟化选项的设置

注：如果选择 KVM 为全虚拟化，则需要物理硬件来支持。QEMU 是虚拟机中再运行虚拟机。

第三步，选择网络环境，这里支持 Neutron VLAN、Neutron GRE 和 Nova-Network，可根据客户需要选择，如图 4-98 所示。

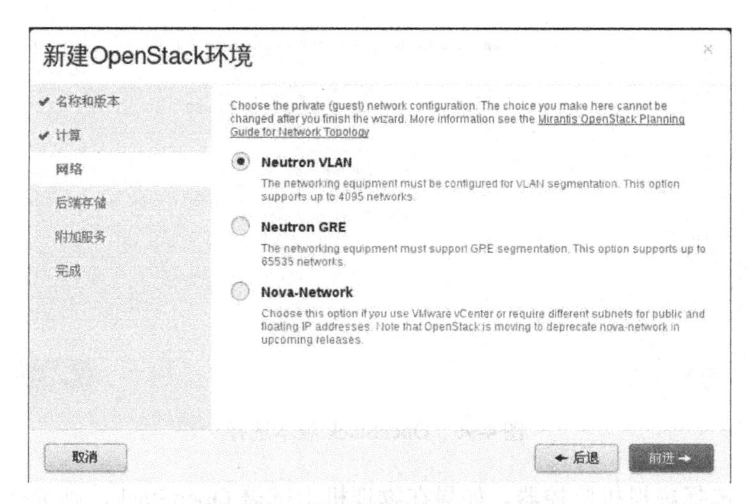

图 4-98　网络环境选择（VLAN）

第五步，选择存储类型，使用镜像存储和块存储情况下都选择 Ceph，如图 4-99 所示。

图 4-99　选择存储类型界面

第六步，选择附加服务，Sahara 是 Hadoop 集群相关内容，Murano 是有关 Windows 的数据中心服务内容。其中，Ceilometer 服务提供了事件通告、报警、流量统计等功能。可以根据需要进行选择，最后单击“新建”完成 OpenStack 环境的创建，如图 4-100 所示。

图 4-100　附加服务选择

到此，完成了新建 OpenStack 环境，界面如图 4-101 所示。

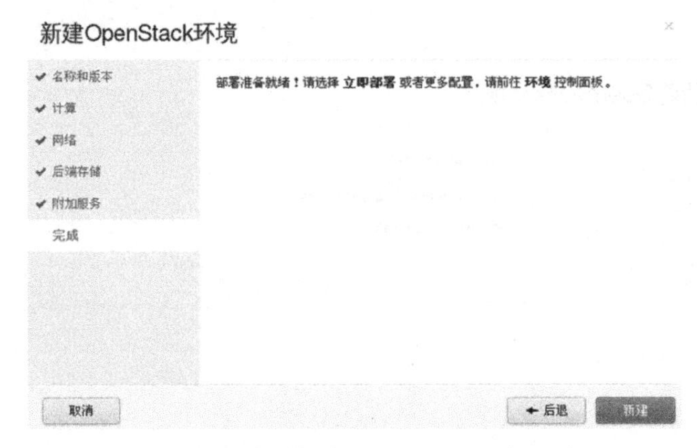

图 4-101　完成创建 OpenStack 环境界面

4.8.3　设置

成功创建 OpenStack 环境后，页面将自动进入该环境，单击“设置”标签，可以按需要修改一些配置。

首先是设置管理密码、安装组件相关信息，如图 4-102 所示。

OpenStack设置

Access

Username　admin　Username for Administrator

Password　•••••　Password for Administrator

Tenant　admin　Tenant (project) name for Administrator

Email　admin@localhost　Email address for Administrator

Additional Components

Install Sahara
If selected, Sahara component will be installed

Install Murano
If selected, Murano component will be installed

Install Ceilometer
If selected, Ceilometer component will be installed

Use external Mongo DB
If selected, You can use external Mongo DB as ceilometer backend

图 4-102　管理及组件安装选项

一些公共选项的信息，包括 Puppet 的 log 和虚拟化选项、磁盘格式等信息，如图 4-103 所示。

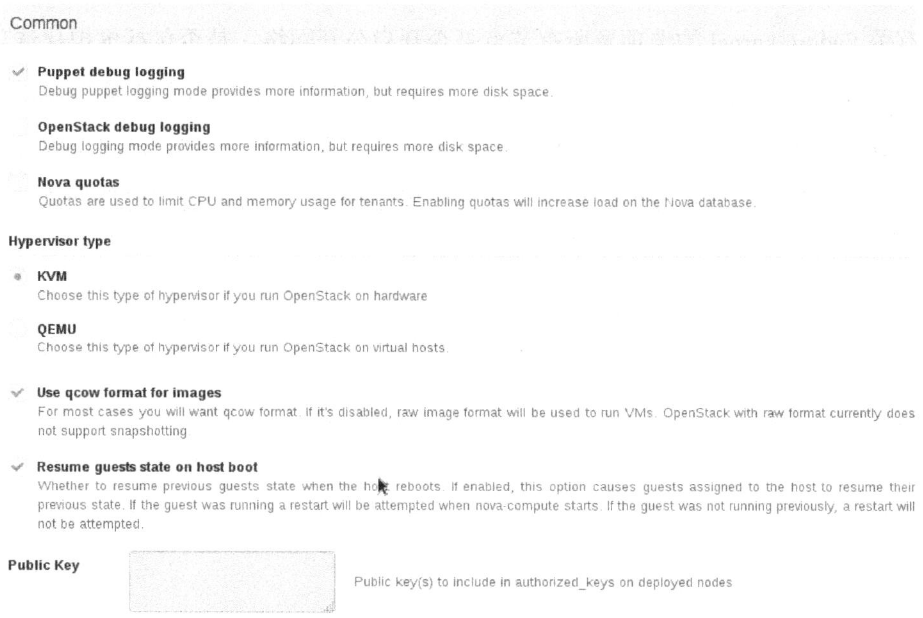

Common

Puppet debug logging
Debug puppet logging mode provides more information, but requires more disk space.

OpenStack debug logging
Debug logging mode provides more information, but requires more disk space.

Nova quotas
Quotas are used to limit CPU and memory usage for tenants. Enabling quotas will increase load on the Nova database.

Hypervisor type

KVM
Choose this type of hypervisor if you run OpenStack on hardware

QEMU
Choose this type of hypervisor if you run OpenStack on virtual hosts.

Use qcow format for images
For most cases you will want qcow format. If it's disabled, raw image format will be used to run VMs. OpenStack with raw format currently does not support snapshotting

Resume guests state on host boot
Whether to resume previous guests state when the host reboots. If enabled, this option causes guests assigned to the host to resume their previous state. If the guest was running a restart will be attempted when nova-compute starts. If the guest was not running previously, a restart will not be attempted.

Public Key — Public key(s) to include in authorized_keys on deployed nodes

图 4-103　公共选项界面

有关 Kernel 选项、yum 配置和 Syslog 等信息，如图 4-104 所示。

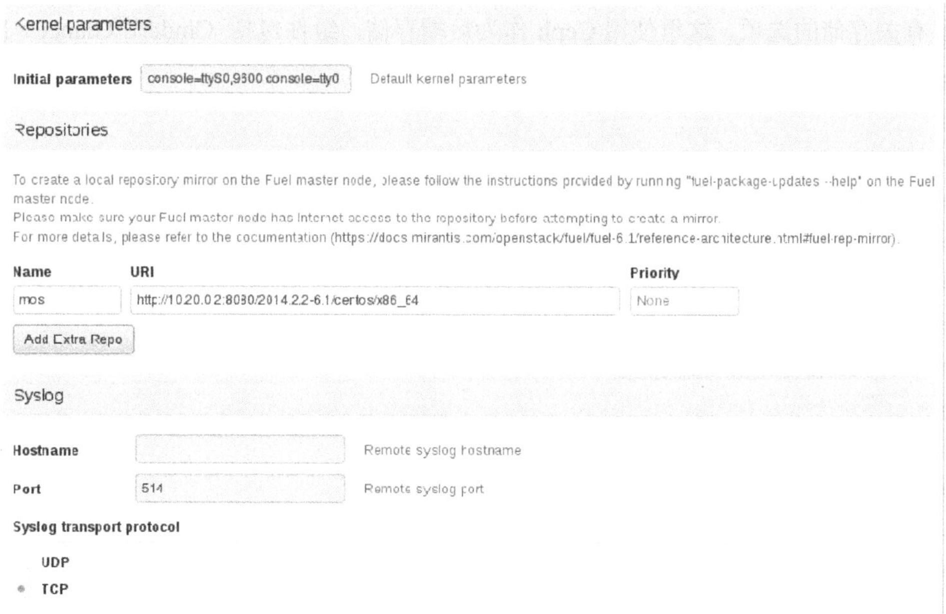

Kernel parameters

Initial parameters: console=ttyS0,9600 console=tty0 — Default kernel parameters

Repositories

To create a local repository mirror on the Fuel master node, please follow the instructions provided by running "fuel-package-updates --help" on the Fuel master node.
Please make sure your Fuel master node has Internet access to the repository before attempting to create a mirror.
For more details, please refer to the documentation (https://docs.mirantis.com/openstack/fuel/fuel-6.1/reference-architecture.html#fuel-rep-mirror).

Name	URI	Priority
mos	http://10.20.0.2:8080/2014.2.2-6.1/centos/x86_64	None

Add Extra Repo

Syslog

Hostname — Remote syslog hostname

Port: 514 — Remote syslog port

Syslog transport protocol

UDP
TCP

图 4-104　Kernel 选项、yum 及 Syslog 等配置界面

有关 Fedora kernel 的选项及所有节点是否开启公开网络，是否包括虚拟化选项，如果勾选“Public network assignment”项目，就会自动为所有计算节点分配外网 IP 地址，以便计算节点和外网直接互通。这样的好处是可以直接从客户的办公网络访问计算节点的 SSH，管理计算节点更方便，否则需要先访问控制节点，再通过它管理计算节点。缺点是需要占用大量外网 IP 地址，如图 4-105 所示。

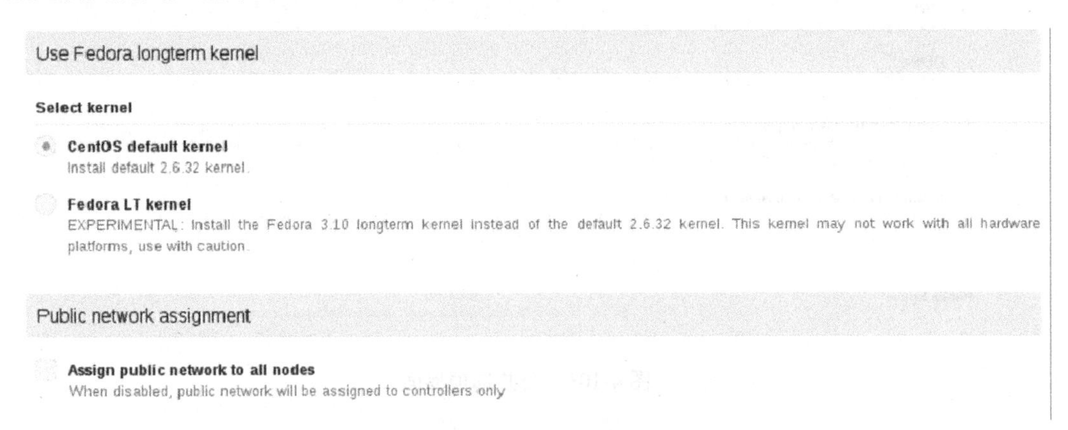

图 4-105　Fedora kernel 及公开网络选项

有关存储的选项，这里使用 Ceph 作为后端存储，组件包括 Cinder、Glance、Nova、Swift 组件，如图 4-106 所示。

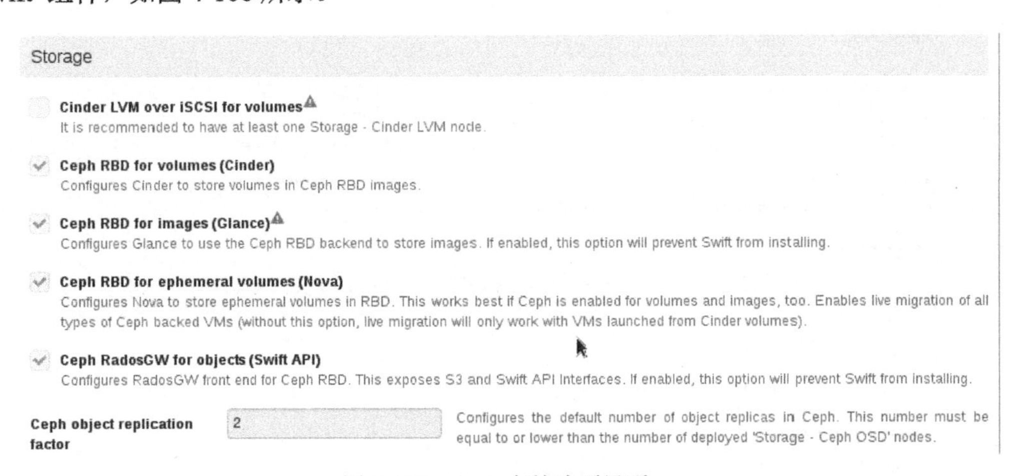

图 4-106　Ceph 存储选项界面

选“Image”，则会直接将事先生成好的操作系统镜像拷贝到磁盘上，可以大大缩短安装操作系统时间；如果选择“anaconda”，则通过传统的 PXE 方式传送操作系统的安装镜像，进行网络安装。anaconda 模式相对于 Image 模式更稳定，如果使用 Image 模式部署不成功，出现硬件的兼容问题，可以取消部署，转用 anaconda 模式；最后，配置 DNS 及 NTP Servers，如图 4-107 所示。

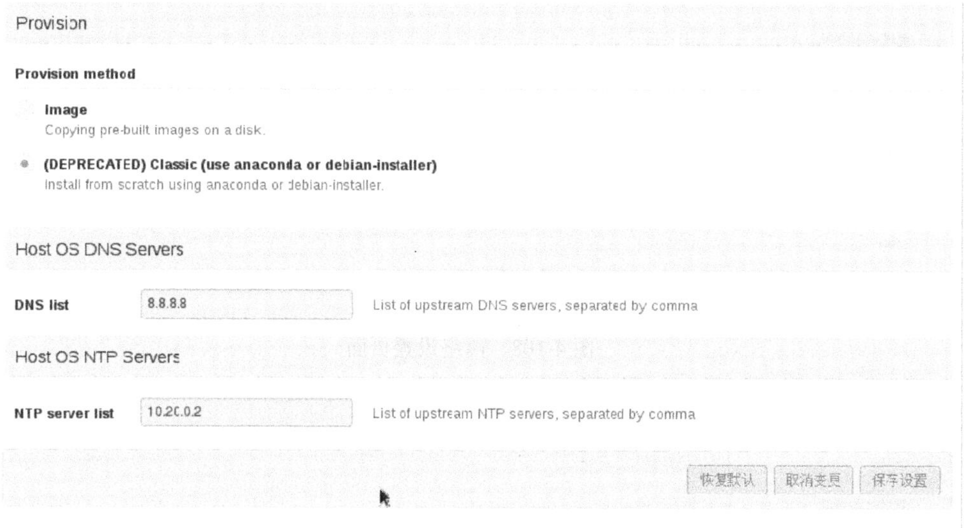

图 4-107　部署方式选择

部署方式选择通常只需要遵循默认配置即可。

4.8.4　网络配置

下面需要设置各个逻辑网络的网端和 VLAN。单击“网络”进入网络设置页面，首先是公开网络的配置，需要配置公开网络的 IP 范围，子网掩码、网关是否打 VLAN 标签和设置 Floating IP range 范围；接着是配置存储网的地址段，以及是否打 VLAN 标签，如图 4-108 所示。

注：公开网络是给物理服务分配的，提供远程访问的地址；Floating IP range 是分配给云平台虚拟机，提供远程访问虚拟机的地址。

接着是集群内部管理网络和云平台虚拟机 2 层网络的配置，如图 4-109 所示。

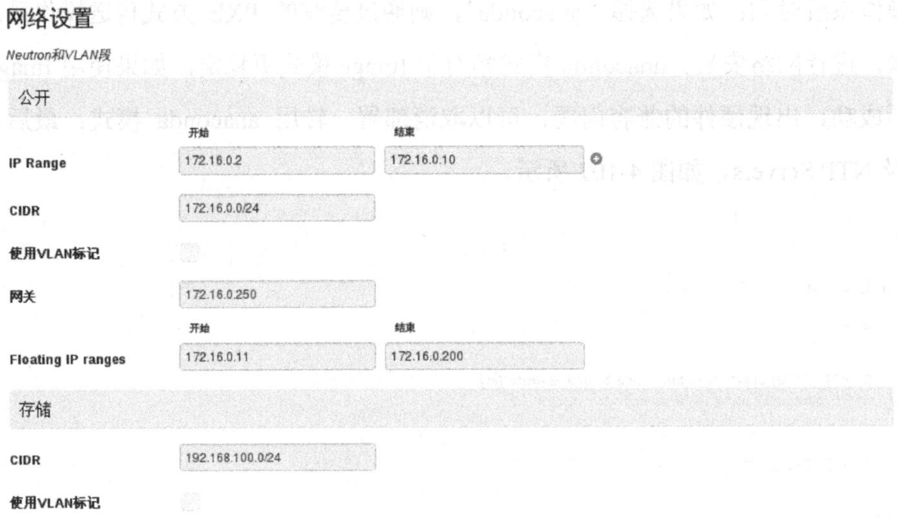

网络设置

Neutron和VLAN段

公开

IP Range 开始 172.16.0.2 结束 172.16.0.10

CIDR 172.16.0.0/24

使用VLAN标记

网关 172.16.0.250

Floating IP ranges 开始 172.16.0.11 结束 172.16.0.200

存储

CIDR 192.168.100.0/24

使用VLAN标记

图 4-108　网络设置页面

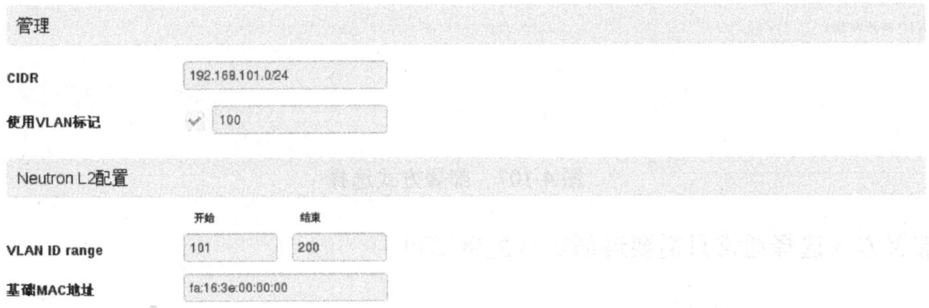

管理

CIDR 192.168.101.0/24

使用VLAN标记 100

Neutron L2配置

VLAN ID range 开始 101 结束 200

基础MAC地址 fa:16:3e:00:00:00

图 4-109　集群内部管理网络和云平台虚拟机 2 层网络配置界面

云平台 3 层网络配置如图 4-110 所示。

Neutron L3配置

Internal network CIDR 192.168.111.0/24

Internal network gateway 192.168.111.1

Guest OS DNS Servers 114.114.114.114

8.8.8.8

图 4-110　云平台 3 层网络配置

按照之前的计划，凡是需要目标节点的操作系统打 VLAN 标签的逻辑网络，都需要勾选“使用 VLAN 标记”，并输入 VLAN 编号。大部分的逻辑网络都是和外网隔离的，基本上不需要修改 IP 地址范围。根据客户的需求，输入外网 IP 范围和浮动 IP 范围即可。

4.8.5 物理服务器 PXE 启动

现在可以将所有物理机电源打开，部署控制器提供了网络启动服务，新开机的物理节点将自动从部署控制器下载一个初始镜像，引导系统后，上报物理机的信息，并接受部署控制器的控制。发现的物理节点个数将显示在页面的右上角，如图 4-111 所示。

图 4-111 FUEL 发现物理节点的显示界面

物理服务器 PXE 启动后的登录页面如图 4-112 所示。

```
Checking filesystems
                                                           [  OK  ]
Remounting root filesystem in read-write mode:             [  OK  ]
mount: can't find / in /etc/fstab or /etc/mtab
Mounting local filesystems:                                [  OK  ]
/etc/rc.d/rc.sysinit: line 606: plymouth: command not found
Enabling /etc/fstab swaps:                                 [  OK  ]
/etc/rc.d/rc.sysinit: line 671: plymouth: command not found
Entering non-interactive startup
Configure all interfaces as active...ok.
Obtain boot interface name...ok (eth1).
Update network interfaces settings                         [  OK  ]
NET: Registered protocol family 10
Bringing up loopback interface:                            [  OK  ]
8021q: 802.1Q VLAN Support v1.8
Bringing up interface eth0:  e1000: eth0 NIC Link is Up 1000 Mbps Full Duplex, Flow Control: None
8021q: adding VLAN 0 to HW filter on device eth0
                                                           [  OK  ]
Bringing up interface eth1:
Determining IP information for eth1...pcnet32 0000:02:02.0 eth1: link up
 done.
                                                           [  OK  ]
Bringing up interface eth2:  pcnet32 0000:02:03.0 eth2: link up
                                                           [  OK  ]
Starting system logger:                                    [  OK  ]
Mounting filesystems:                                      [  OK  ]
Retrigger failed udev events                               [  OK  ]
Generating SSH1 RSA host key:                              [  OK  ]
Generating SSH2 RSA host key:                              [  OK  ]
Generating SSH2 DSA host key:                              [  OK  ]
Starting sshd:                                             [  OK  ]
Starting crond:                                            [  OK  ]
ntpdate: Synchronizing with time server:                   [  OK  ]
Starting ntpd:                                             [  OK  ]
Shutting down mcollective:
Starting mcollective:                                      [  OK  ]

CentOS release 6.5 (Final)
Kernel 3.10.55-1.mira1.x86_64 on an x86_64

bootstrap login:
```

图 4-112 物理服务器 PXE 启动后的登录页面

4.9 云环境详细配置

服务器被 FUEL 管理节点发现之后就可以进行角色的相关配置了。

4.9.1 角色配置

单击“节点”，再单击“增加节点”，就进入了节点和角色选择页面。这里可以看到实际物理服务器的硬件配置情况，如图 4-113 所示。

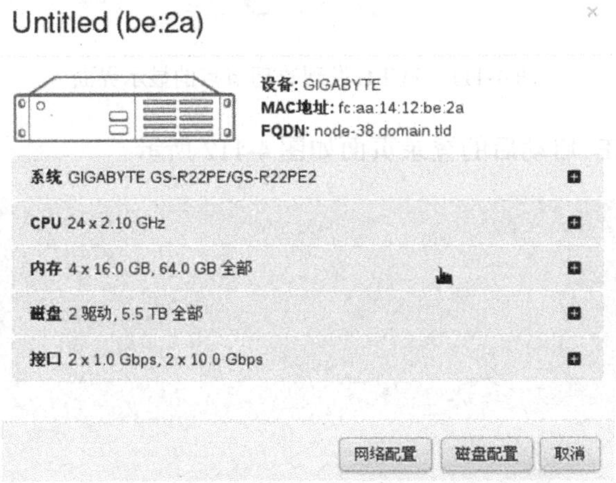

Untitled (be:2a)

设备: GIGABYTE
MAC地址: fc:aa:14:12:be:2a
FQDN: node-38.domain.tld
系统 GIGABYTE GS-R22PE/GS-R22PE2
CPU 24 x 2.10 GHz
内存 4 x 16.0 GB, 64.0 GB 全部
磁盘 2 驱动, 5.5 TB 全部
接口 2 x 1.0 Gbps, 2 x 10.0 Gbps
网络配置 磁盘配置 取消

图 4-113 服务器的硬件配置详情

勾选若干角色，再勾选若干节点，单击“应用变更”，就可将角色指派到节点上，并将节点添加到集群中。在一个集群中，如果要使用 Ceilometer 服务，则需要选择 MongoDB 角色。另外，还需要有奇数个 Controller 角色。按照客户的存储需求，也要选择若干个节点分配 Ceph-OSD 角色。

注意：Controller 和 compute 角色不兼容。在这个页面中，也可以给新发现的节点取名字。所有发现的主机都可以单击齿轮图标，看到网卡的 MAC 地址。在前文配置 BIOS 时提到，已经记录下 PXE 网卡的 MAC 地址和客户为主机编号之关系。此时查该表，将所有机器和客户的主机编号对应上，并改名。所有节点改好名后，可以进入部署控制器的命令行，输入下面的命令：

```
#fuel node
```

将列出一张表。这张表含有所有节点的内部编号、改过的名字、MAC 地址、分配的角色的对应关系，应该将这个表拷贝下来。如果将一个节点从一个 OpenStack 环境中删除，部署控制器就会清除之前该节点的相关数据，包括改的名字也会被重置，因此事先拷贝一张对应关系表，这对以后维护集群会比较方便，如图 4-114 所示。

id	status	name	cluster	ip	mac	roles	pending_roles	online	group_id
39	ready	Untitled (72:3f)	3	10.20.0.6	74:d4:35:ca:72:3f	base-os, ceph-osd, compute		True	3
40	ready	Untitled (dd:e1)	3	10.20.0.8	94:de:80:8c:dd:e1	base-os, ceph-osd, compute		True	3
37	ready	Untitled (bb:0c)	3	10.20.0.7	fc:aa:14:12:bb:0c	ceph-osd, controller		True	3
38	ready	Untitled (be:2a)	3	10.20.0.9	fc:aa:14:12:be:2a	base-os, ceph-osd, compute		True	3

图 4-114　对应关系表

4.9.2　接口配置

下面需要将逻辑网络指定到各个物理机的对应网卡。在节点界面中，可以选中一批具有同样物理网卡配置的物理机，单击“网络配置”按钮，进入到如图 4-115 所示的界面。

图 4-115　网络接口配置界面

可以将各个逻辑网络拖动到对应网口上，并单击“应用”，刚才选择的物理机就会应用此配置。注意，如果一批选中的节点的网卡或主板型号不同，Linux 对网卡的命名则会不同，一台机器的 eth0 未必连通另外一台机器的 eth0。这种情况下，不可批量操作，否则会出错，只能逐台操作。

4.9.3 磁盘配置

网络验证通过后，就可以再次进入“节点”页面。页面中，同一类节点被分配到了同一个组里。选择某个组的所有节点，单击“磁盘配置”，开始分配存储空间。

注意，如果一批选中的节点的磁盘配置不同，不可批量操作，否则会出错，只能逐台操作。

根据用户选择的节点的角色，会出现相应的存储功能区域。在这个界面中，显示了某一节点上所有的磁盘，以及默认的存储空间布局。用户可以单击某个磁盘来修改存储的大小。一般建议给操作系统分配 50GB。如果使用 OpenStack 的本地盘来运行虚拟机，那么就为“Virtual Storage”分配大一些的空间。如果使用 Ceph，那么剩下的磁盘都可以配给 Ceph-OSD 使用。如果有 SSD 盘，可以将其配置为 Ceph-Journal，以提高分布式存储的读写速度。如果在“设置”里开启了“启用性能型云硬盘”，那么在这里需要将 SSD 盘配置为 Ceph-SSD。

单击“应用”，之前选中的一批节点就都应用了这个配置，如图 4-116 所示。

由于将来我们要把部署控制器的虚拟机迁移到控制节点上，因此其中一个控制节点的操作系统空间可以配大一点，建议给部署控制器虚拟机留出 60～100GB 的空间。

图 4-116　应用配置界面

4.9.4　网络验证

为所有的物理机都设置好逻辑/物理网口对应关系后，再次单击“网络”，滚动到页面最下方，单击“验证网络”。部署控制器会按照之前的 VLAN 和逻辑到物理网口映射的关系，在物理网口上尝试发包和收包，以检查网络配置的正确性。如果交换机的 VLAN 没有配好，或者线插错，在这一步里就通不过验证。部署控制器将在页面中报告哪台物理机的哪个网口没有收到预期的报文。

在集群规模比较大时，或者机器配置不同时，可能出现不止一台机器网线插反，或忘记在交换机上给所有端口配 VLAN 而导致网络不通的情况。此时，网络验证报告出现的错误会很多，基本不具有帮助排查错误的意义。可以再创建一两个额外的用于验证网络 OpenStack 环境，设置完全一样的网络配置，然后把怀疑有问题的机器，分几批小规模地踢出现有集群，并加入刚才创建的环境里，依次验证网络（不可并行验证网络），这样能比较快速地找到有问题的机器。待一批节点网络验证通过后，再从新集群里删除机器，并加入实际需要部署的集群中。

现在可以回到网络配置页面，浏览页面的最底端，单击验证网络，如图 4-117 所示。

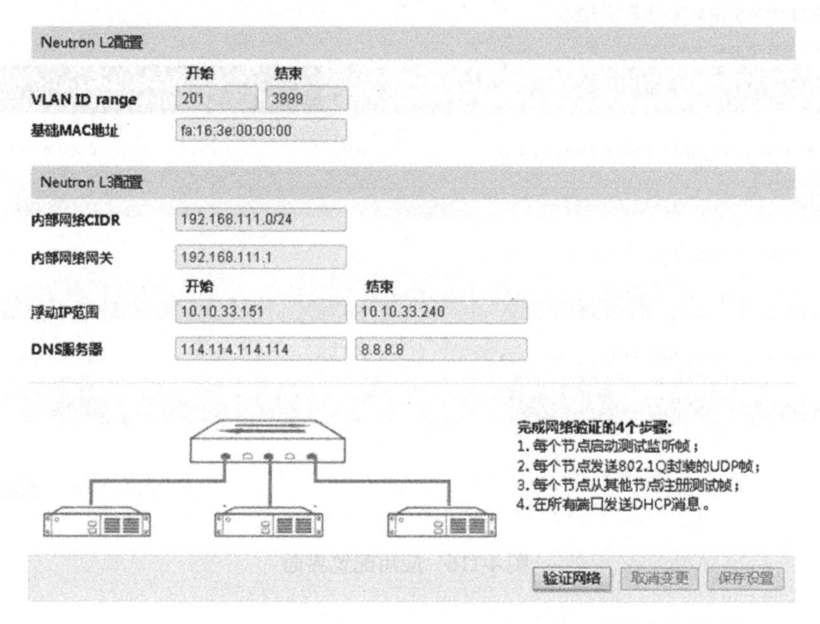

图 4-117　网络配置页面

物理服务器会收到如图 4-118 所示的相关信息。

```
[root@bootstrap ~]# device eth2 entered promiscuous mode
device eth0 entered promiscuous mode
device eth2 left promiscuous mode
device eth0 left promiscuous mode
device eth2 entered promiscuous mode
device eth0 entered promiscuous mode
device eth2 left promiscuous mode
device eth0 left promiscuous mode
e1000: eth2 NIC Link is Down
e1000: eth2 NIC Link is Up 1000 Mbps Full Duplex, Flow Control: None
device eth2 entered promiscuous mode
device eth0 entered promiscuous mode
device eth2 left promiscuous mode
device eth0 left promiscuous mode
device eth2 entered promiscuous mode
device eth0 entered promiscuous mode
device eth2 left promiscuous mode
device eth0 left promiscuous mode
```

图 4-118　物理服务器终端信息

然后，单击“验证网络”。如果网络没有问题则会出现如图 4-119 所示的界面。

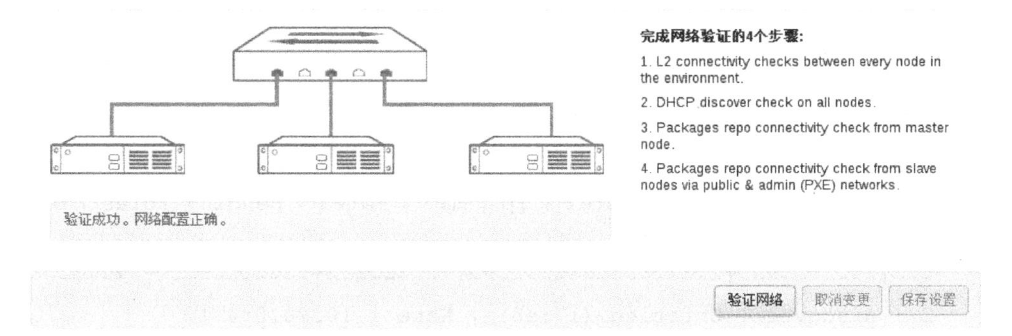

图 4-119　验证网络界面

4.9.5　fuel 的命令行操作

在命令行上也可以执行相应的命令操作，例如，执行 fuel–help 来查询命令的使用情况。下面举一个例子来说明如何在 manager 上添加多角色。

```
    fuel node --list
    fuel env --list
    fuel --env 1 node set --node-id 4[,5,6] --role
    ceph-osd[,compute,controller,mongo]
    #fuel node --list
    id | status | name | cluster | ip | mac | roles | pending_roles | online
| group_id
    ---|----------|------------------|---------|-----------|----------
    2 | discover | Untitled (17:e5) | None | 10.20.0.4 |
  c8:1f:66:f2:17:e5   | | | True | None
    1 | discover | Untitled (a9:77) | None | 10.20.0.3 |
  c8:1f:66:f2:a9:77   | | | True | None
    3 | discover | Untitled (b6:ca) | None | 10.20.0.5 |
  c8:1f:66:f2:b6:ca   | | | True | None

    #fuel env --list
    id | status | name | mode | release_id | changes | pending_release_id
    ---|----------|------------------|---------|-----------|----------
    1 | new| test_OpenStack| ha_compact | 1 | [{u'node_id': None, u'name':
u'attributes'},
    {u'node_id': None, u'name': u'networks'}] | None
```

```
#fuel --env 1 node set --node-id 1 --role ceph-osd,controller,mongo


#fuel node --list
id | status | name | cluster | ip | mac | roles | pending_roles | online
| group_id
---|----------|-----------------|---------|-----------|----------
2 | discover | Untitled (17:e5) | None | 10.20.0.4 |
c8:1f:66:f2:17:e5  | | | True | None
1 | discover | Untitled (a9:77) | 1 | 10.20.0.3 |
c8:1f:66:f2:a9:77  | | ceph-osd, controller, mongo| True | 1
3 | discover | Untitled (b6:ca) | None | 10.20.0.5 |
c8:1f:66:f2:b6:ca  | | | True | None
```

4.9.6 实例导出和导入导出

确保没有正在进行的部署活动，磁盘有 11GB 的空闲空间。

进入 fuel master 命令行，输入命令：

```
#dockerctl backup
```

约 30 分钟后，到/var/backup/fuel 下找到导出的文件，导入。

（1）在新的已经装好的 fuel master 上，确保没有正在进行的部署活动。把文件拷贝过去，确保有 11GB 的空闲空间，确保 PXE 的设置和原来备份时一样。

（2）输入命令：

```
#dockerctl restore /path/to/backup
```

执行结束后就可以导入配置。

导入配置需要一个装好的 fuel master，并且需要安装 fuel master 的时间。算上导入导出本身消耗的时间，应该会很长，还不如直接装一台 kvm 的 fuel master 出来。

4.10 部署云环境

在部署之前一定要核对设置、网络、磁盘等信息，一旦单击“部署变更”，这些信息就不能再更改了，而且部署一次云平台需要 2 小时左右（根据节点多少会有所变化）。在部署过程中，即使你单击“stop deployment”也不会停下来。

现在就可以开始部署了。在“节点”页面单击“部署变更”，即可开始部署。部署控制器首先会安装物理机的操作系统，如图 4-120 所示。

图 4-120　操作系统安装示例

安装完操作系统后，物理服务器会重启，如图 4-121 所示。

```
Stopping crond:                                            [  OK  ]
Shutting down mcollective:                                 [  OK  ]
Shutting down ntpd:                                        [  OK  ]
Stopping block device availability: Deactivating block devices:
  [LVM]: deactivating Volume Group os... done
  [LVM]: deactivating Volume Group image... done
  [LVM]: deactivating Volume Group mongo... done
                                                           [  OK  ]
Shutting down system logger:                               [  OK  ]
Shutting down interface eth0:                              [  OK  ]
Shutting down interface eth1:                              [  OK  ]
Shutting down interface eth2:                              [  OK  ]
Shutting down loopback interface:                          [  OK  ]
Stopping monitoring for VG cinder:                         [  OK  ]
Stopping monitoring for VG image:                          [  OK  ]
Stopping monitoring for VG mongo:                          [  OK  ]
Stopping monitoring for VG os:                             [  OK  ]
Sending all processes the TERM signal...                   [  OK  ]
```

图 4-121　操作系统重启

重启之后会有一个节点编号，本例是 node-1，如图 4-122 所示。

```
CentOS release 6.5 (Final)
Kernel 2.6.32-504.1.3.el6.mos61.x86_64 on an x86_64

node-1 login: _
```

图 4-122　操作系统重启后显示节点编号

接着部署 OpenStack 平台组件，MongoDB、Controller 集群、Ceph 集群，最后部署 Compute 集群。根据物理机的多少和选择的角色多少，总的部署时间可能在 1.5～2 小时，部署过程如图 4-123 所示。

图 4-123　云平台部署过程界面

在部署过程中，可以单击进度条左侧的小文本图标，会有查看日志的提示，如图 4-124 所示。

图 4-124　查看日志提示

单击日志之后，会跳转到日志的选项卡中，实时显示日志信息，如图 4-125 所示。

图 4-125　日志信息示例

如果发生意外情况，部署会发生错误，可以进入“日志”页面查看错误的原因，并登录到对应的物理机上进行人工干预，然后再次单击“部署变更”，就可以继续部署了。附录 D 收录了部署过程的一些常见错误，以供读者参考。

部署成功之后会出现如图 4-126 所示界面。

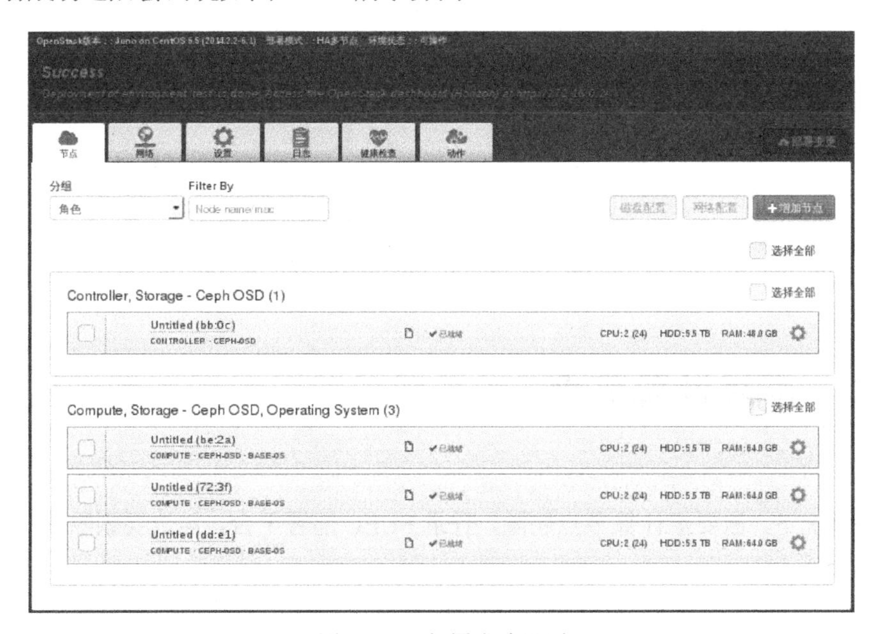

图 4-126　部署成功界面

4.11 登录云平台

在部署成功后，页面上会有提示，登录管理云平的网址，打开浏览器（建议使用火狐），输入部署平台中出现的 IP 地址就会出云平台的登录页面。本例的 IP 地址是 172.16.0.2，云平台的登录界面如图 4-127 所示。

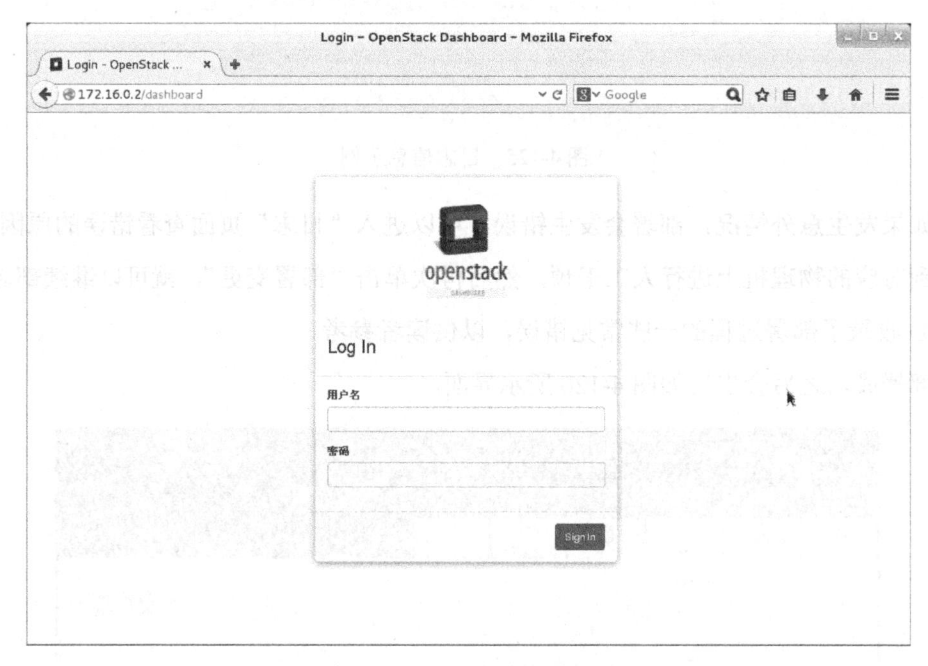

图 4-127　云平台的登录页面

4.12 删除计算节点

某些情况下，需要把计算节点删除，登录 FUEL 部署平台，勾选要删除的计算节点，如图 4-128 所示。

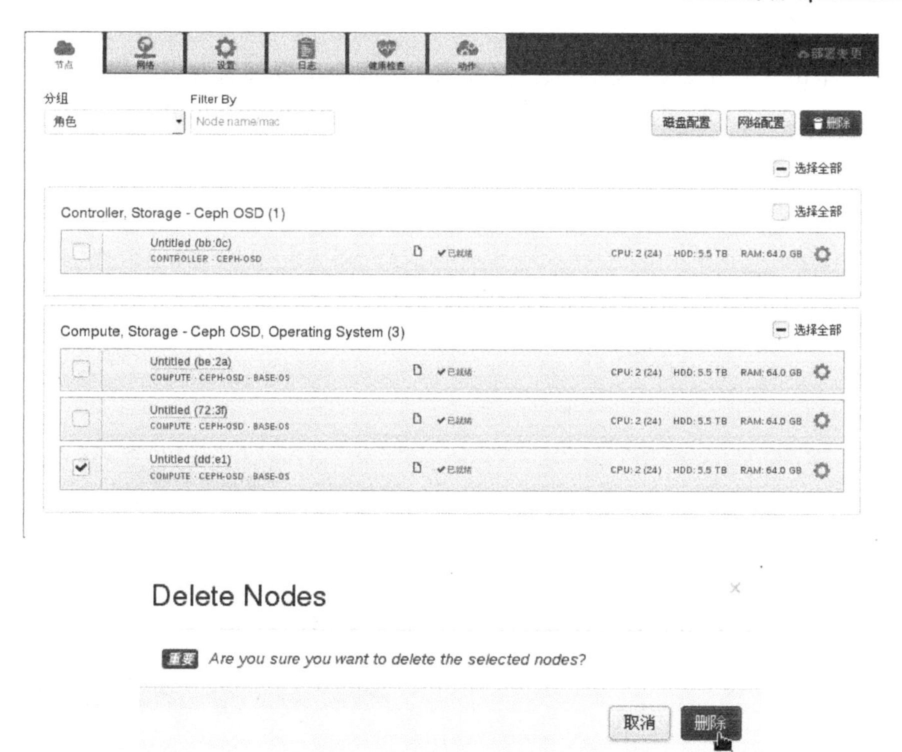

图 4-128　删除计算节点界面

注意，此时系统并没有立即删除该计算节点，只是做了个标记，如图 4-129 所示。

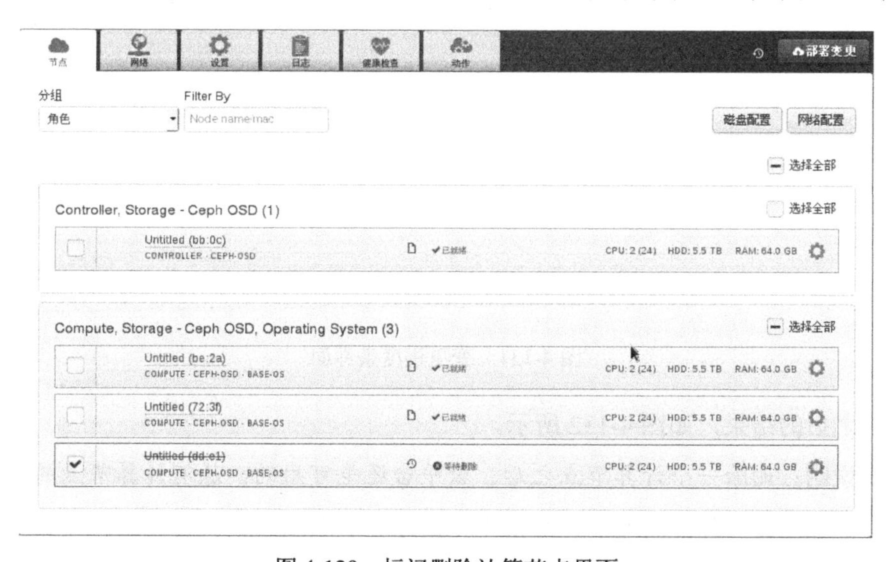

图 4-129　标记删除计算节点界面

然后，单击“部署变更”删除该计算节点，中间会出现部署变更的提示，如图 4-130 所示。

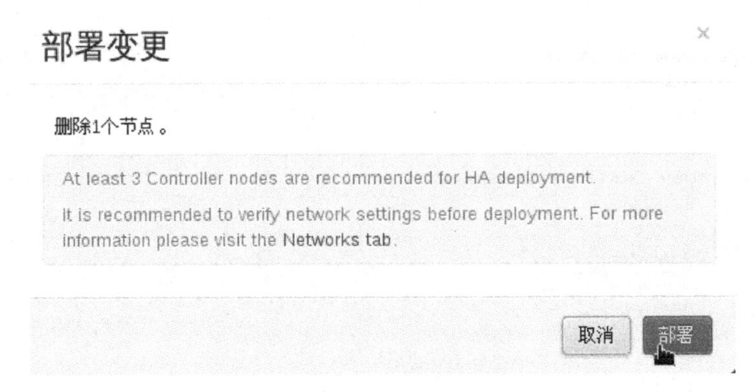

图 4-130　部署变更提示界面

单击“部署”后，会出现变更的进度条，如图 4-131 所示。

图 4-131　变更进度条界面

删除之后的结果，如图 4-132 所示。

重要说明：删除一个计算节点之后，云平台还是可用的，原有计算节点的虚拟机将被删除掉。在删除计算节点之前，建议先把该计算节点上虚拟机迁移走。

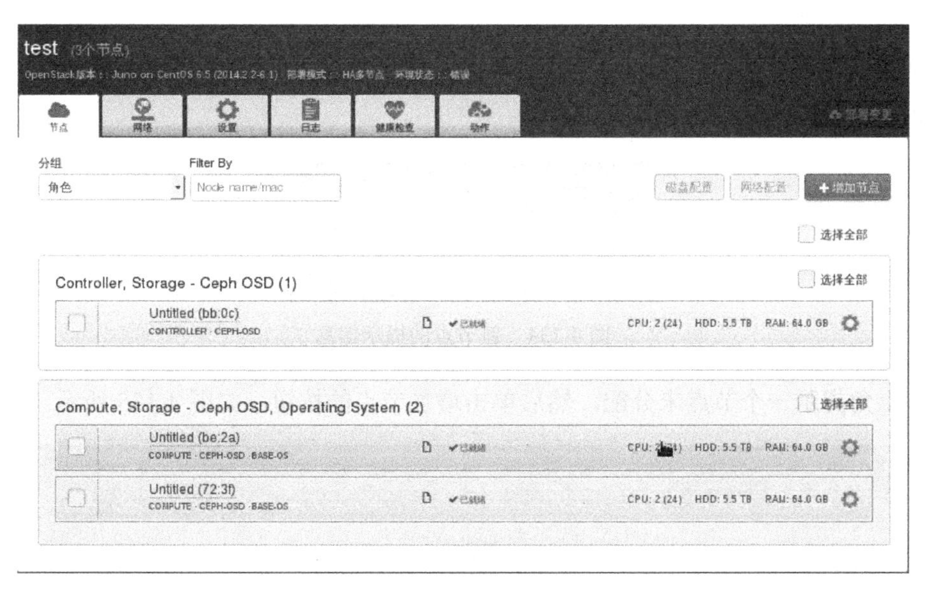

图 4-132　删除后界面

注：在做完删除标记的时候，如果想取消删除，只需要单击“等待删除”左边的小按钮，即可将删除的节点变成正常状态，如图 4-133 所示。

图 4-133　“等待删除”小按钮界面

4.13　添加计算节点

当云平台运行一段时间后，发现云平台的资源不够用了，需要新添加计算节点，做如下操作：

（1）配置交换机的接口；

（2）连接交换机同物理服务器；

（3）物理服务器 PXE 启动

（4）FUEL 部署平台发现该节点，分配角色，然后单击部署变更，新添加的节点就可以部署云平台。

物理服务器通过 PXE 启动后，会在 FUEL 部署节点的 Web 界面右上角有提示信息，如图 4-134 所示。

图 4-134　新节点的提示信息

右上角提示一个节点未分配，然后单击增加节点的按钮，如图 4-135 所示。

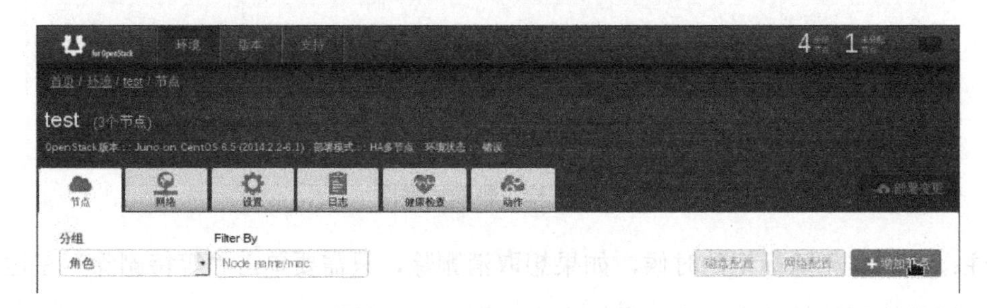

图 4-135　增加新节点后的界面

单击之后出现角色分配页面，如图 4-136 所示。

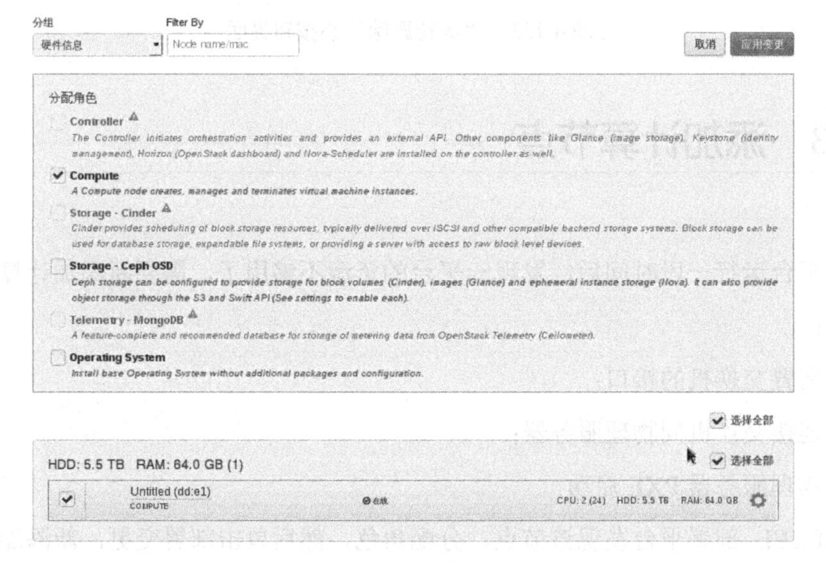

图 4-136　角色分配界面

然后，单击“应用变更”返回到节点列表页面，如图 4-137 所示。

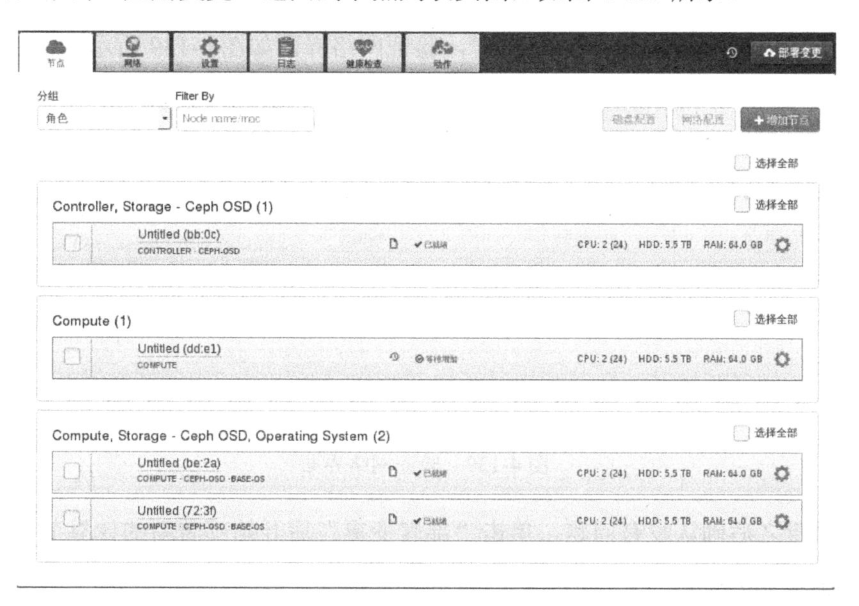

图 4-137　节点列表页面

在部署之前还可以修改节点角色，选中待“增加的节点”，右上角会出现“编辑角色”的按键，可以重新指定角色，如图 4-138 所示。

图 4-138　修改角色后的节点列表

重新对新节点进行磁盘划分，或对网络接口分配，在部署之前还需要验证一下网络，只有网络验证成功才能单击“部署变更”，验证网络界面如图 4-139 所示。

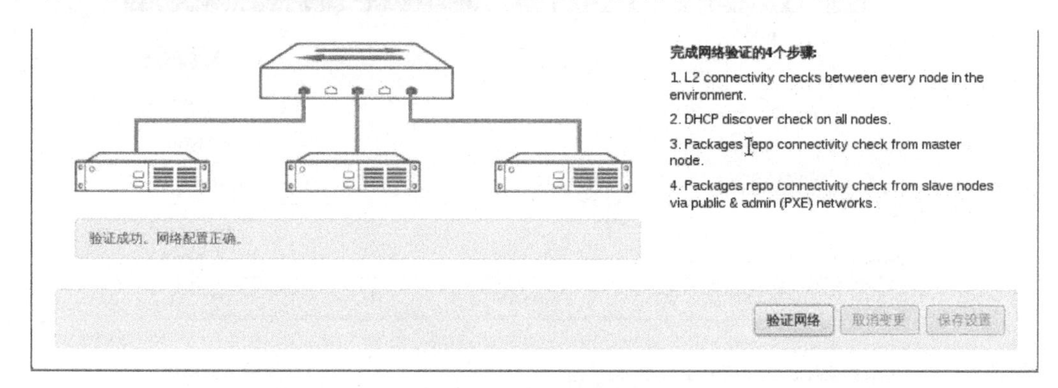

图 4-139　验证网络界面

再次检查之后确认没有问题，单击“部署变更”后开始部署新的计算节点，部署提示界面如图 4-140 所示。

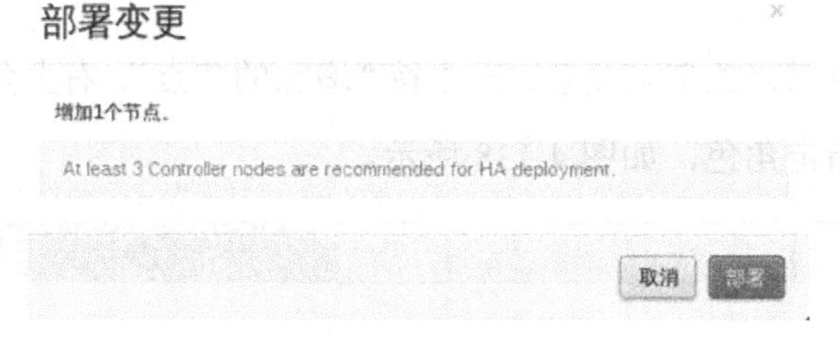

图 4-140　部署提示

部署过程这里不做过多的介绍，可以参考前面的内容。

说明：至少 3 个管理节点才能部署高可用环境。本例为了不浪费计算资源，只部署了 1 个管理节点。

4.14　重置环境

某些情况下需要重置云环境，并需要重新创建云环境，如图 4-141 所示。

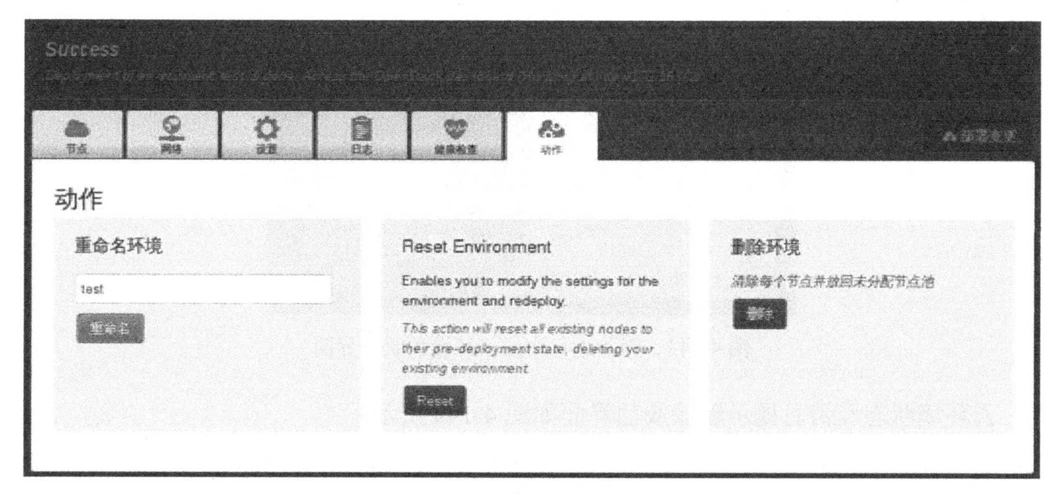

图 4-141　重置云环境动作界面

说明：重置云环境，并不是删除云环境。

4.15　删除环境

某些情况下，需要删除云环境和重新创建云环境。单击“删除”，会出现如图 4-142 所示的提示。

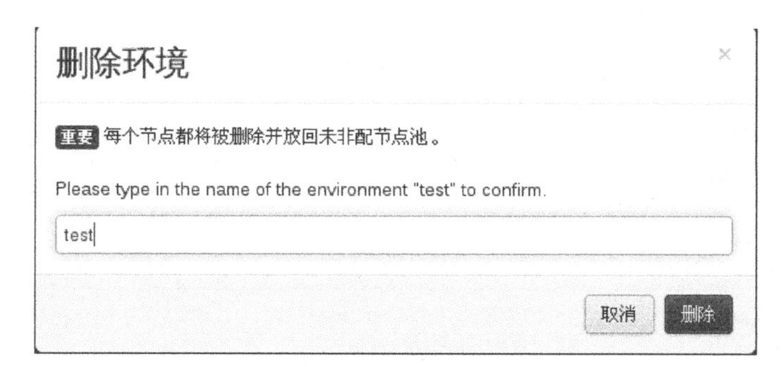

图 4-142　删除提示

删除进行中的云环境的状态，界面如图 4-143 所示。

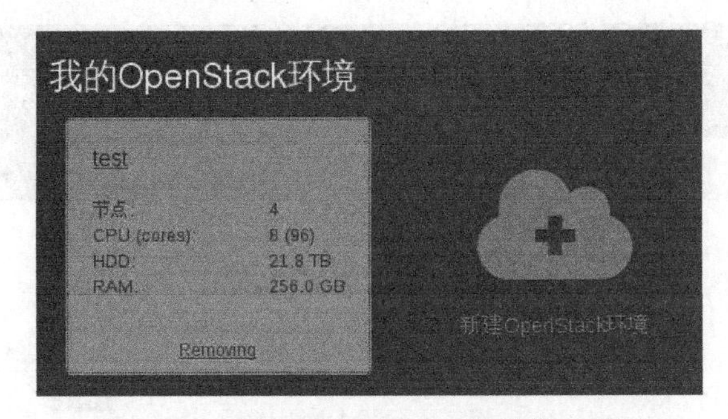

图 4-143　删除进行中的云环境的状态界面

云环境状态及消息提示删除成功界面如图 4-144 所示。

图 4-144　删除成功界面

服务器重启界面如图 4-145 所示。

图 4-145　服务器重启界面

第 5 章

RDO 部署 OpenStack 云平台

在某些情况下，需要快速部署一个 OpenStack 测试平台，使用 FUEL 部署系统比较麻烦，这里介绍另一种部署集成 OpenStack 的方法。

RDO 是红帽 RHEL 系统下 OpenStack 简称，本次部署使用 VMware 的虚拟机来执行。

5.1 CentOS 安装操作系统

在创建虚拟机时，选择 Linux，版本选择“Red Hat Enterprise Linux 7 64 位”，如图 5-1 所示。

图 5-1　创建虚拟机界面

在磁盘选择时，可以选择“将虚拟磁盘存储为单个文件”，这样方便拷贝等操作，如图 5-2 所示。

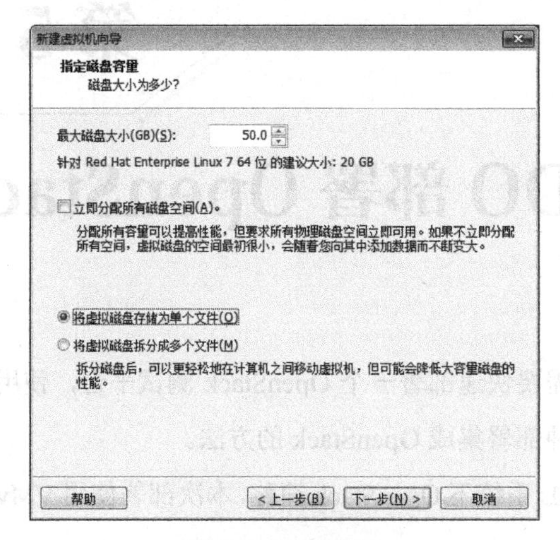

图 5-2　磁盘选择

虚拟机的网络模式为桥接，实际桥接到电脑的有线物理网，还需要指定 ISO 镜像的路径，如图 5-3 所示。

图 5-3　虚拟机设置情况

说明：实验用的镜像版本为 CentOS-7-x86_64-Everything-1503-01。虚拟机的安装启动界面如图 5-4 所示。

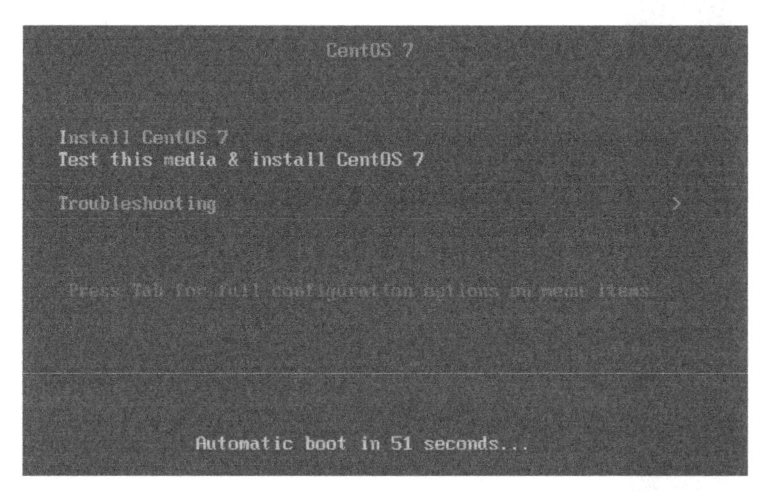

图 5-4　虚拟机的安装启动界面

启动后首先是光盘的检查，按下“ESC”键跳过就可以了，然后进入语言选择界面，如图 5-5 所示。

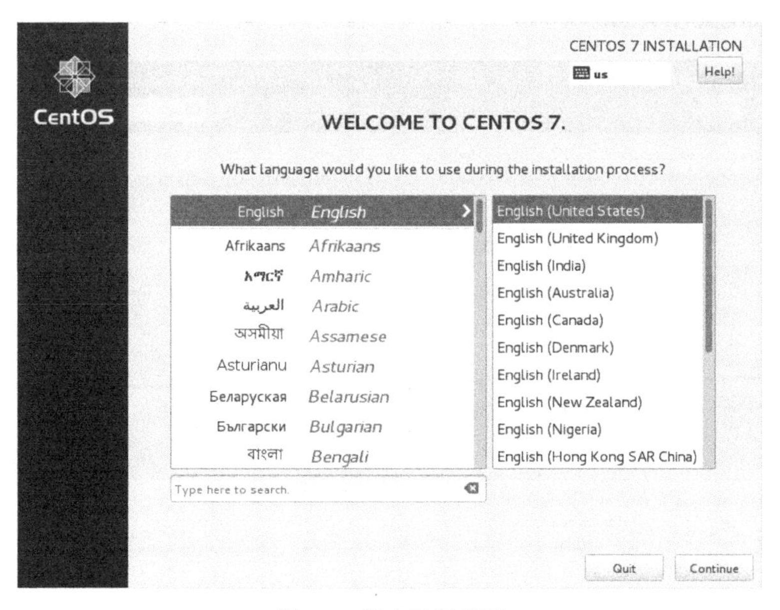

图 5-5　语言选择界面

如果使用默认配置，单击“Continue”继续，进入安装配置项界面，如图 5-6 所示。

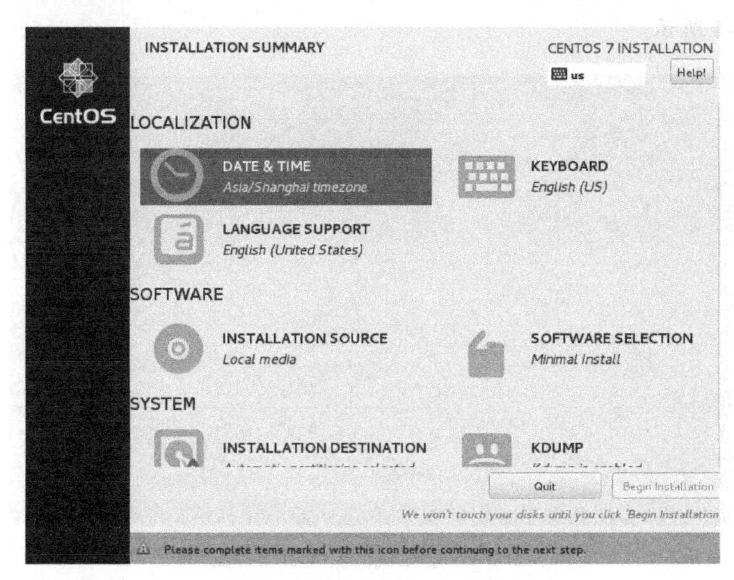

图 5-6　安装配置项界面

单击“DATE&TIME”，进入时间配置项界面，如图 5-7 所示。设置完成后，单击“Done”可以返回安装配置项页面。

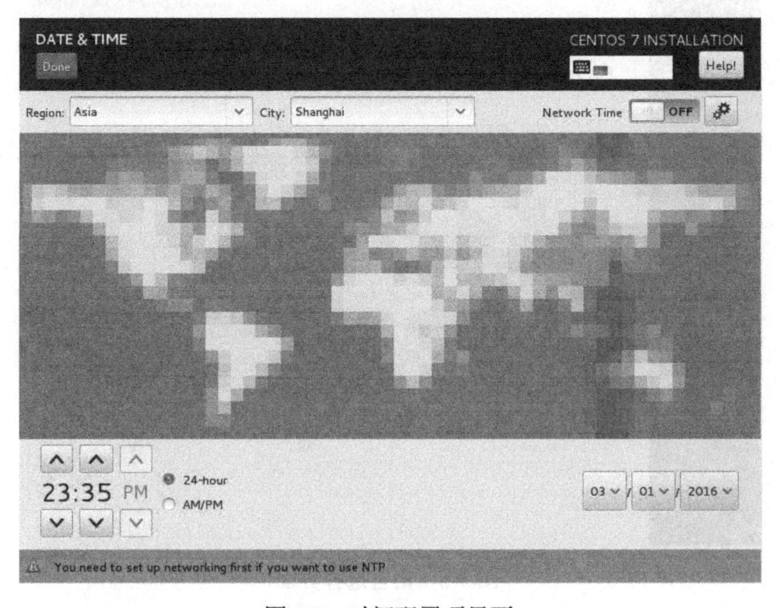

图 5-7　时间配置项界面

单击“INSTALLATION DESTINATION”进入分区配置项界面，可以直接单击“Done”使用默认分区，如图5-8所示。返回安装配置项界面。

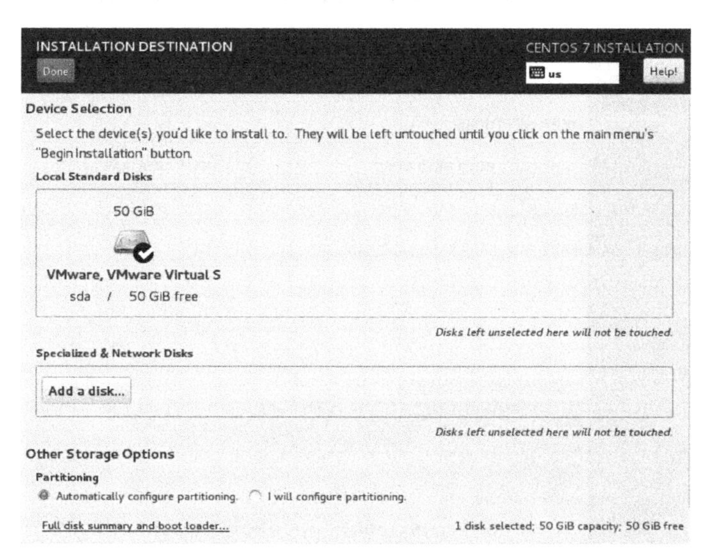

图5-8　分区配置项界面

单击“NETWORK&HOST NAME”进入网络配置项界面，在打开网络后，单击“Done”，如图5-9所示。返回安装配置项界面。

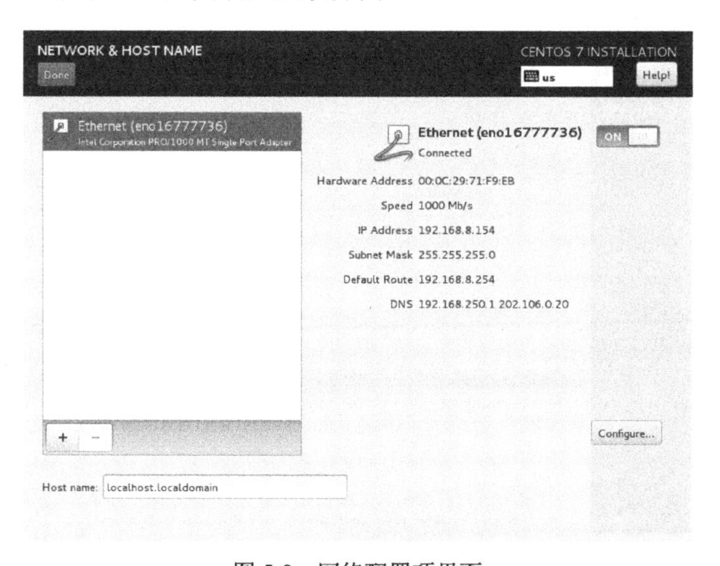

图5-9　网络配置项界面

软件选择使用“Minimal Install”，单击“Begin Installation”开始安装系统。安装过程中需要配置管理密码，如图 5-10 所示。单击“ROOT PASSWORD”即可设置密码。

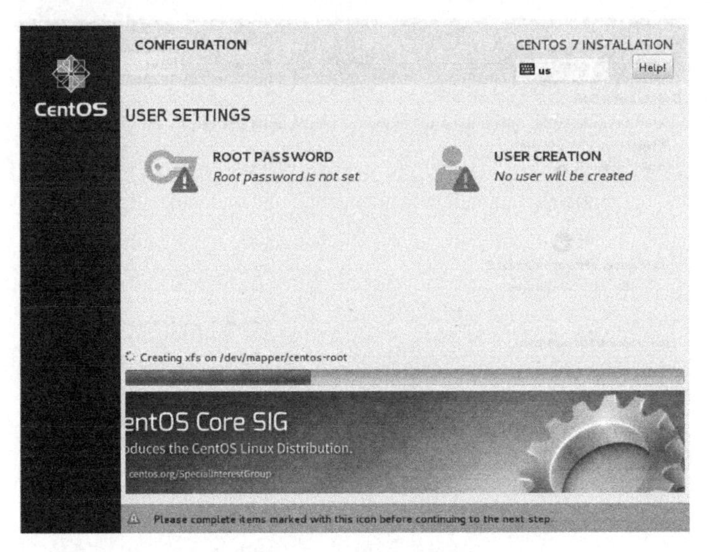

图 5-10　安装过程界面

安装过程所需时间根据配置情况可能会不同，本次实验大概需要 5 分钟，安装完成之后会要求重启系统，如图 5-11 所示。

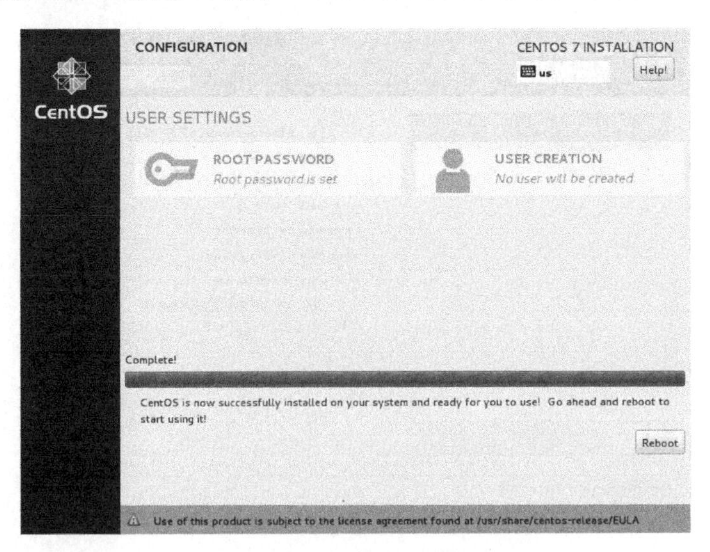

图 5-11　安装完成界面

说明：CentOS 7.1 全面支持 LVM 缓存，可挂载 ceph 方块设备。目前，CentOS 7.2 是最新版本。

5.2 远程登录

登录系统查看 IP 地址，如图 5-12 所示。

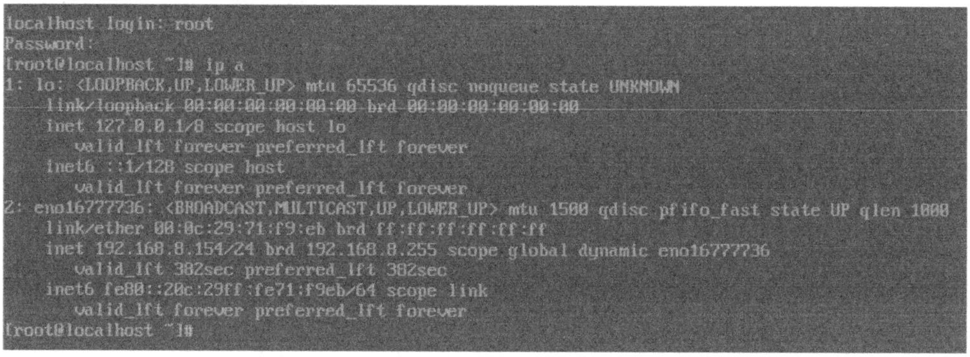

```
localhost login: root
Password:
[root@localhost ~]# ip a
1: lo: <LOOPBACK,UP,LOWER_UP> mtu 65536 qdisc noqueue state UNKNOWN
    link/loopback 00:00:00:00:00:00 brd 00:00:00:00:00:00
    inet 127.0.0.1/8 scope host lo
       valid_lft forever preferred_lft forever
    inet6 ::1/128 scope host
       valid_lft forever preferred_lft forever
2: eno16777736: <BROADCAST,MULTICAST,UP,LOWER_UP> mtu 1500 qdisc pfifo_fast state UP qlen 1000
    link/ether 00:0c:29:71:f9:eb brd ff:ff:ff:ff:ff:ff
    inet 192.168.8.154/24 brd 192.168.8.255 scope global dynamic eno16777736
       valid_lft 382sec preferred_lft 382sec
    inet6 fe80::20c:29ff:fe71:f9eb/64 scope link
       valid_lft forever preferred_lft forever
[root@localhost ~]#
```

图 5-12　查看 IP 地址

本案例使用 SecureCRT 作为远程连接工具，启动该软件后，单击“Quick Connect”，填入 IP 地址和用户名，如图 5-13 所示。

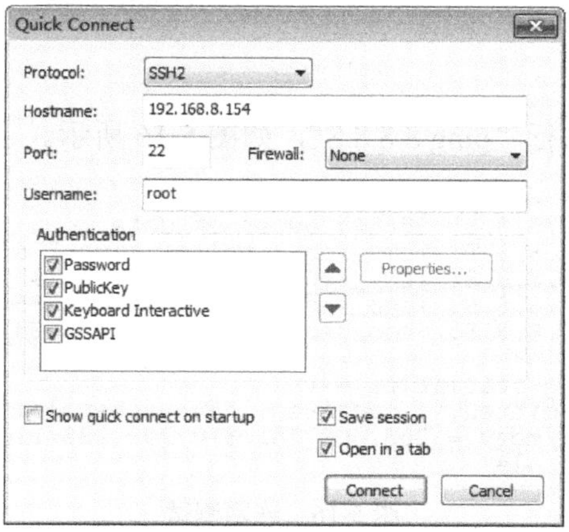

Quick Connect
Protocol: SSH2
Hostname: 192.168.8.154
Port: 22　Firewall: None
Username: root
Authentication
☑ Password
☑ PublicKey
☑ Keyboard Interactive
☑ GSSAPI
Properties...
☐ Show quick connect on startup　☑ Save session
☑ Open in a tab
Connect　Cancel

图 5-13　填写登录信息

单击“Connect”后会有 Key 提示，如图 5-14 所示，单击“Accept & Save”。

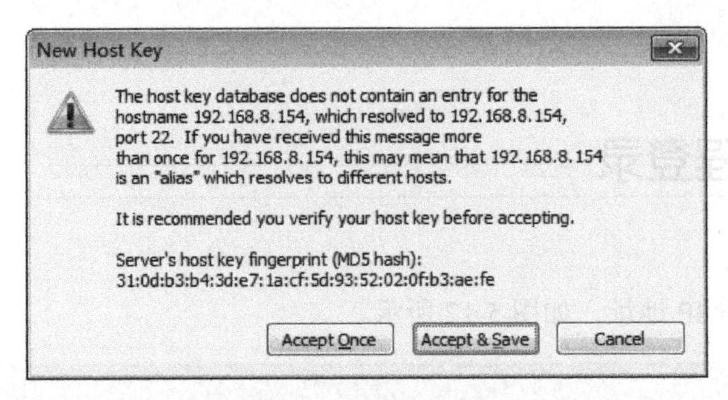

图 5-14　Key 的提示

接下来，会提示需要输入密码。输入密码后，单击“OK”，如图 5-15 所示，即可登录系统。

Enter Secure Shell Password

root@192.168.8.154 requires a password. Please enter a password now.

OK

Cancel

Username: root

Password: ••••••

Save password

Skip

图 5-15　密码输入提示

说明：也可以使用其他远程连接工具，例如 Xshell、SSH Secure Shell Client 等，配置也相似。

连网测试时，可以执行“ping 8.8.8.8”，如图 5-16 所示。

```
[root@localhost ~]# ping 8.8.8.8
PING 8.8.8.8 (8.8.8.8) 56(84) bytes of data.
64 bytes from 8.8.8.8: icmp_seq=3 ttl=41 time=276 ms
64 bytes from 8.8.8.8: icmp_seq=6 ttl=41 time=297 ms
64 bytes from 8.8.8.8: icmp_seq=7 ttl=41 time=285 ms
64 bytes from 8.8.8.8: icmp_seq=8 ttl=41 time=266 ms
^C
--- 8.8.8.8 ping statistics ---
9 packets transmitted, 4 received, 55% packet loss, time 8004ms
rtt min/avg/max/mdev = 266.609/281.510/297.228/11.265 ms
[root@localhost ~]#
```

图 5-16　连网测试

5.3 YUM 的准备

制作连接本地光驱，光驱右下角有一个小点，如图 5-17 所示。

图 5-17 连接光驱图标

把光驱 mount 到/mnt 目录，代码如图 5-18 所示。

```
[root@localhost ~]# mount /dev/cdrom /mnt
mount: /dev/sr0 is write-protected, mounting read-only
[root@localhost ~]#
```

图 5-18 mount 光驱代码

备份现有的 yum 配置文件。先创建一个目录 back，然后把现有的配置文件移动到 back 目录，如图 5-19 所示。

```
[root@localhost ~]# cd /etc/yum.repos.d/
[root@localhost yum.repos.d]# ls
CentOS-Base.repo  CentOS-CR.repo  CentOS-Debuginfo.repo  CentOS-fasttrack.repo  CentOS-Sources.repo  CentOS-Vault.repo
[root@localhost yum.repos.d]# mkdir back
[root@localhost yum.repos.d]# mv *.repo back
[root@localhost yum.repos.d]#
```

图 5-19 备份 yum 的配置文件

编辑本地 yum 的配置文件，保存退出，如图 5-20 所示。

```
[root@localhost yum.repos.d]# vi local.repo
[local]
name=local
baseurl=file:///mnt
enabled=1
gpgcheck=0
~
```

图 5-20 编辑本地 yum 配置文件代码

清除本地缓存，生成新的缓存，输入“yum clean all”和“yum makecache”，如图 5-21 所示。

```
[root@localhost yum.repos.d]# yum clean all
Loaded plugins: fastestmirror
Cleaning repos: local
Cleaning up everything
[root@localhost yum.repos.d]# yum makecache
Loaded plugins: fastestmirror
local
(1/4): local/group_gz
(2/4): local/primary_db
(3/4): local/other_db
(4/4): local/filelists_db
Determining fastest mirrors
Metadata Cache Created
[root@localhost yum.repos.d]#
```

图 5-21 生成新的缓存代码

编辑“/etc/fstab”文件，把光驱做成自动挂载，每次开机就不用手工挂载了，如图 5-22 所示。

```
[root@localhost yum.repos.d]# vi /etc/fstab

#
# /etc/fstab
# Created by anaconda on Tue Mar  1 23:42:53 2016
#
# Accessible filesystems, by reference, are maintained under '/dev/disk'
# See man pages fstab(5), findfs(8), mount(8) and/or blkid(8) for more info
#
/dev/mapper/centos-root /                       xfs     defaults        0 0
UUID=1b20bd6f-d175-47cc-bbca-b3c6cbf1b67f /boot                   xfs     defaults        0 0
/dev/mapper/centos-swap swap                    swap    defaults        0 0
/dev/cdrom /mnt                     iso9660    defaults        0 0
~
```

图 5-22　自动挂载的配置代码

说明：保存退出之后可以输入 mount –a 测试一下 fstab 文件是否正确。

安装 epel 和 rdo 的 yum，如图 5-23 所示。

```
[root@localhost yum.repos.d]# rpm -ivh https://dl.fedoraproject.org/pub/epel/epel-release-latest-7.noarch.rpm
Retrieving https://dl.fedoraproject.org/pub/epel/epel-release-latest-7.noarch.rpm
warning: /var/tmp/rpm-tmp.XFThBN: Header V3 RSA/SHA256 Signature, key ID 352c64e5: NOKEY
Preparing...                          ################################# [100%]
        package epel-release-7-5.noarch is already installed
[root@localhost yum.repos.d]# rpm -ivh https://repos.fedorapeople.org/repos/openstack/openstack-kilo/rdo-release-kilo.rpm
Retrieving https://repos.fedorapeople.org/repos/openstack/openstack-kilo/rdo-release-kilo.rpm
warning: /var/tmp/rpm-tmp.cNjpVv: Header V4 RSA/SHA1 Signature, key ID 7d10ce81: NOKEY
Preparing...                          ################################# [100%]
        package rdo-release-kilo-1.noarch is already installed
[root@localhost yum.repos.d]# ls
back  epel.repo  epel-testing.repo  local.repo  rdo-release.repo  rdo-testing.repo
[root@localhost yum.repos.d]#
```

图 5-23　yum 的安装代码

安装命令如下：

```
    rpm -ivh https: //dl.fedoraproject.org/pub/epel/epel-release-latest-7.
noarch.r pm
    rpm -ivh https://repos.fedorapeople.org/repos/OpenStack/
OpenStack-kilo/rdo-release-kilo.rpm
```

也可以到如下网站下载相关的文件去手工安装：

http://fedoraproject.org/wiki/EPEL

在安装上述两个 yum 后，在/etc/yum.repos.d 目录会多出几个配置文件，查看配置文件代码如图 5-24 所示。

```
[root@localhost yum.repos.d]# ls
back  epel.repo  epel-testing.repo  local.repo  rdo-release.repo  rdo-testing.repo
[root@localhost yum.repos.d]#
```

图 5-24　查看配置文件代码

5.4 安装 packstack

首先，安装 packstack 软件包，输入“yum install -y OpenStack-packstack”命令安装，安装结果如图 5-25 所示。

```
Installed:
  openstack-packstack.noarch 0:2015.1-0.14.dev1616.g5526c38.el7

Dependency Installed:
  PyYAML.x86_64 0:3.10-11.el7                                   jbigkit-libs.x86_64 0:2.0-11.el7                          libjpeg-turbo.x86_64 0:1.2.90-5.el7
  libtiff.x86_64 0:4.0.3-14.el7                                 libwebp.x86_64 0:0.3.0-3.el7                              libyaml.x86_64 0:0.1.4-11.el7_0
  openstack-packstack-puppet.noarch 0:2015.1-0.14.dev1616.g5526c38.el7   openstack-puppet-modules.noarch 0:2015.1.12-6.el7   pyOpenSSL.x86_64 0:0.13.1-3.el7
  python-docutils.noarch 0:0.11-0.2.20130715svn7687.el7         python-ldap.x86_64 0:2.4.15-2.el7                         python-netaddr.noarch 0:0.7.12-1.el7
  python-pillow.x86_64 0:2.0.0-17.gitd1c6db8.el7                ruby.x86_64 0:2.0.0.598-24.el7                            ruby-irb.noarch 0:2.0.0.598-24.el7
  ruby-libs.x86_64 0:2.0.0.598-24.el7                           rubygem-bigdecimal.x86_64 0:1.2.0-24.el7                  rubygem-io-console.x86_64 0:0.4.2-24.el7
  rubygem-json.x86_64 0:1.7.7-24.el7                            rubygem-psych.x86_64 0:2.0.0-24.el7                       rubygem-rdoc.noarch 0:4.0.0-24.el7
  rubygems.noarch 0:2.0.14-24.el7

Complete!
[root@localhost yum.repos.d]#
```

图 5-25　安装 packstack 软件包

然后，通过 packstack 命令生成 answer 文件，如图 5-26 所示。

```
[root@localhost ~]# packstack --gen-answer-file rdo_answers.txt
[root@localhost ~]# ls
anaconda-ks.cfg  rdo_answers.txt
[root@localhost ~]#
```

图 5-26　通过 packstack 命令生成 answer 文件

5.5 编辑 answer 文件

根据需要部署的组件和环境来编辑生成的 answer 文件，可以根据实际情况进行修改，过滤空行及注释行内容，这里就不一一说明每个参数的含义了。可以通过查看关键配置参数了解其含义。

```
[general]
CONFIG_SSH_KEY=/root/.ssh/id_rsa.pub
CONFIG_DEFAULT_PASSWORD=
CONFIG_MARIADB_INSTALL=y
CONFIG_GLANCE_INSTALL=y
CONFIG_CINDER_INSTALL=y
CONFIG_MANILA_INSTALL=n
CONFIG_NOVA_INSTALL=y
CONFIG_NEUTRON_INSTALL=y
```

```
CONFIG_HORIZON_INSTALL=y
CONFIG_SWIFT_INSTALL=y
CONFIG_CEILOMETER_INSTALL=y
CONFIG_HEAT_INSTALL=n
CONFIG_SAHARA_INSTALL=n
CONFIG_TROVE_INSTALL=n
CONFIG_IRONIC_INSTALL=n
CONFIG_CLIENT_INSTALL=y
CONFIG_NTP_SERVERS=
CONFIG_NAGIOS_INSTALL=n
EXCLUDE_SERVERS=
CONFIG_DEBUG_MODE=n
CONFIG_CONTROLLER_HOST=192.168.8.154
CONFIG_COMPUTE_HOSTS=192.168.8.154
CONFIG_NETWORK_HOSTS=192.168.8.154
CONFIG_VMWARE_BACKEND=n
CONFIG_UNSUPPORTED=n
CONFIG_USE_SUBNETS=n
CONFIG_VCENTER_HOST=
CONFIG_VCENTER_USER=
CONFIG_VCENTER_PASSWORD=
CONFIG_VCENTER_CLUSTER_NAME=
CONFIG_STORAGE_HOST=192.168.8.154
CONFIG_SAHARA_HOST=192.168.8.154
CONFIG_USE_EPEL=y
CONFIG_REPO=
CONFIG_ENABLE_RDO_TESTING=n
CONFIG_RH_USER=
CONFIG_SATELLITE_URL=
CONFIG_RH_PW=
CONFIG_RH_OPTIONAL=y
CONFIG_RH_PROXY=
CONFIG_RH_PROXY_PORT=
CONFIG_RH_PROXY_USER=
CONFIG_RH_PROXY_PW=
CONFIG_SATELLITE_USER=
CONFIG_SATELLITE_PW=
CONFIG_SATELLITE_AKEY=
```

```
CONFIG_SATELLITE_CACERT=
CONFIG_SATELLITE_PROFILE=
CONFIG_SATELLITE_FLAGS=
CONFIG_SATELLITE_PROXY=
CONFIG_SATELLITE_PROXY_USER=
CONFIG_SATELLITE_PROXY_PW=
CONFIG_SSL_CACERT_FILE=/etc/pki/tls/certs/selfcert.crt
CONFIG_SSL_CACERT_KEY_FILE=/etc/pki/tls/private/selfkey.key
CONFIG_SSL_CERT_DIR=~/packstackca/
CONFIG_SSL_CACERT_SELFSIGN=y
CONFIG_SELFSIGN_CACERT_SUBJECT_C=
CONFIG_SELFSIGN_CACERT_SUBJECT_ST=State
CONFIG_SELFSIGN_CACERT_SUBJECT_L=City
CONFIG_SELFSIGN_CACERT_SUBJECT_O=OpenStack
CONFIG_SELFSIGN_CACERT_SUBJECT_OU=packstack
CONFIG_SELFSIGN_CACERT_SUBJECT_CN=rdo-test
CONFIG_SELFSIGN_CACERT_SUBJECT_MAIL=admin@rdo-test
CONFIG_AMQP_BACKEND=rabbitmq
CONFIG_AMQP_HOST=192.168.8.154
CONFIG_AMQP_ENABLE_SSL=n
CONFIG_AMQP_ENABLE_AUTH=n
CONFIG_AMQP_NSS_CERTDB_PW=PW_PLACEHOLDER
CONFIG_AMQP_AUTH_USER=amqp_user
CONFIG_AMQP_AUTH_PASSWORD=PW_PLACEHOLDER
CONFIG_MARIADB_HOST=192.168.8.154
CONFIG_MARIADB_USER=root
CONFIG_MARIADB_PW=385f9a8ef67246ff
CONFIG_KEYSTONE_DB_PW=693476ddc8f74633
CONFIG_KEYSTONE_REGION=RegionOne
CONFIG_KEYSTONE_ADMIN_TOKEN=2e7c8277e71e4887a5565cdb3b91ddcd
CONFIG_KEYSTONE_ADMIN_EMAIL=root@localhost
CONFIG_KEYSTONE_ADMIN_USERNAME=admin
CONFIG_KEYSTONE_ADMIN_PW=8134a52937e14e38
CONFIG_KEYSTONE_DEMO_PW=5591d9b43df546f4
CONFIG_KEYSTONE_API_VERSION=v2.0 CONFIG
_KEYSTONE_TOKEN_FORMAT=UUID CONFIG
_KEYSTONE_SERVICE_NAME=keystone
CONFIG_KEYSTONE_IDENTITY_BACKEND=sql
```

```
CONFIG_KEYSTONE_LDAP_URL=ldap://192.168.8.154
CONFIG_KEYSTONE_LDAP_USER_DN=
CONFIG_KEYSTONE_LDAP_USER_PASSWORD=
CONFIG_KEYSTONE_LDAP_SUFFIX=
CONFIG_KEYSTONE_LDAP_QUERY_SCOPE=one
CONFIG_KEYSTONE_LDAP_PAGE_SIZE=-1
CONFIG_KEYSTONE_LDAP_USER_SUBTREE=
CONFIG_KEYSTONE_LDAP_USER_FILTER=
CONFIG_KEYSTONE_LDAP_USER_OBJECTCLASS=
CONFIG_KEYSTONE_LDAP_USER_ID_ATTRIBUTE=
CONFIG_KEYSTONE_LDAP_USER_NAME_ATTRIBUTE=
CONFIG_KEYSTONE_LDAP_USER_MAIL_ATTRIBUTE=
CONFIG_KEYSTONE_LDAP_USER_ENABLED_ATTRIBUTE=
CONFIG_KEYSTONE_LDAP_USER_ENABLED_MASK=-1
CONFIG_KEYSTONE_LDAP_USER_ENABLED_DEFAULT=TRUE
CONFIG_KEYSTONE_LDAP_USER_ENABLED_INVERT=n
CONFIG_KEYSTONE_LDAP_USER_ATTRIBUTE_IGNORE=
CONFIG_KEYSTONE_LDAP_USER_DEFAULT_PROJECT_ID_ATTRIBUTE=
CONFIG_KEYSTONE_LDAP_USER_ALLOW_CREATE=n
CONFIG_KEYSTONE_LDAP_USER_ALLOW_UPDATE=n
CONFIG_KEYSTONE_LDAP_USER_ALLOW_DELETE=n
CONFIG_KEYSTONE_LDAP_USER_PASS_ATTRIBUTE=
CONFIG_KEYSTONE_LDAP_USER_ENABLED_EMULATION_DN=
CONFIG_KEYSTONE_LDAP_USER_ADDITIONAL_ATTRIBUTE_MAPPING=
CONFIG_KEYSTONE_LDAP_GROUP_SUBTREE=
CONFIG_KEYSTONE_LDAP_GROUP_FILTER=
CONFIG_KEYSTONE_LDAP_GROUP_OBJECTCLASS=
CONFIG_KEYSTONE_LDAP_GROUP_ID_ATTRIBUTE=
CONFIG_KEYSTONE_LDAP_GROUP_NAME_ATTRIBUTE=
CONFIG_KEYSTONE_LDAP_GROUP_MEMBER_ATTRIBUTE=
CONFIG_KEYSTONE_LDAP_GROUP_DESC_ATTRIBUTE=
CONFIG_KEYSTONE_LDAP_GROUP_ATTRIBUTE_IGNORE=
CONFIG_KEYSTONE_LDAP_GROUP_ALLOW_CREATE=n
CONFIG_KEYSTONE_LDAP_GROUP_ALLOW_UPDATE=n
CONFIG_KEYSTONE_LDAP_GROUP_ALLOW_DELETE=n
CONFIG_KEYSTONE_LDAP_GROUP_ADDITIONAL_ATTRIBUTE_MAPPING=
CONFIG_KEYSTONE_LDAP_USE_TLS=n
```

```
CONFIG_KEYSTONE_LDAP_TLS_CACERTDIR=
CONFIG_KEYSTONE_LDAP_TLS_CACERTFILE=
CONFIG_KEYSTONE_LDAP_TLS_REQ_CERT=demand
CONFIG_GLANCE_DB_PW=56bbfa1be09c413f
CONFIG_GLANCE_KS_PW=949ac5c3e0564927
CONFIG_GLANCE_BACKEND=file
CONFIG_CINDER_DB_PW=1ddbd099a53d43a7
CONFIG_CINDER_KS_PW=f5dec1f51ecf4355
CONFIG_CINDER_BACKEND=lvm
CONFIG_CINDER_VOLUMES_CREATE=y
CONFIG_CINDER_VOLUMES_SIZE=20G
CONFIG_CINDER_GLUSTER_MOUNTS=
CONFIG_CINDER_NFS_MOUNTS=
CONFIG_CINDER_NETAPP_LOGIN=
CONFIG_CINDER_NETAPP_PASSWORD=
CONFIG_CINDER_NETAPP_HOSTNAME=
CONFIG_CINDER_NETAPP_SERVER_PORT=80
CONFIG_CINDER_NETAPP_STORAGE_FAMILY=ontap_cluster
CONFIG_CINDER_NETAPP_TRANSPORT_TYPE=http
CONFIG_CINDER_NETAPP_STORAGE_PROTOCOL=nfs
CONFIG_CINDER_NETAPP_SIZE_MULTIPLIER=1.0
CONFIG_CINDER_NETAPP_EXPIRY_THRES_MINUTES=720
CONFIG_CINDER_NETAPP_THRES_AVL_SIZE_PERC_START=20
CONFIG_CINDER_NETAPP_THRES_AVL_SIZE_PERC_STOP=60
CONFIG_CINDER_NETAPP_NFS_SHARES=
CONFIG_CINDER_NETAPP_NFS_SHARES_
CONFIG=/etc/cinder/shares.conf
CONFIG_CINDER_NETAPP_VOLUME_LIST=
CONFIG_CINDER_NETAPP_VFILER=
CONFIG_CINDER_NETAPP_PARTNER_BACKEND_NAME=
CONFIG_CINDER_NETAPP_VSERVER=
CONFIG_CINDER_NETAPP_CONTROLLER_IPS=
CONFIG_CINDER_NETAPP_SA_PASSWORD=
CONFIG_CINDER_NETAPP_ESERIES_HOST_TYPE=Linux_dm_mp
CONFIG_CINDER_NETAPP_WEBSERVICE_PATH=/devmgr/v2
CONFIG_CINDER_NETAPP_STORAGE_POOLS=
CONFIG_MANILA_DB_PW=PW_PLACEHOLDER
CONFIG_MANILA_KS_PW=PW_PLACEHOLDER
```

```
CONFIG_MANILA_BACKEND=generic
CONFIG_MANILA_NETAPP_DRV_HANDLES_SHARE_SERVERS=false
CONFIG_MANILA_NETAPP_TRANSPORT_TYPE=https
CONFIG_MANILA_NETAPP_LOGIN=admin
CONFIG_MANILA_NETAPP_PASSWORD=
CONFIG_MANILA_NETAPP_SERVER_HOSTNAME=
CONFIG_MANILA_NETAPP_STORAGE_FAMILY=ontap_cluster
CONFIG_MANILA_NETAPP_SERVER_PORT=443
CONFIG_MANILA_NETAPP_AGGREGATE_NAME_SEARCH_PATTERN=(.*)
CONFIG_MANILA_NETAPP_ROOT_VOLUME_AGGREGATE=
CONFIG_MANILA_NETAPP_ROOT_VOLUME_NAME=root
CONFIG_MANILA_NETAPP_VSERVER=
CONFIG_MANILA_GENERIC_DRV_HANDLES_SHARE_SERVERS=true
CONFIG_MANILA_GENERIC_VOLUME_NAME_TEMPLATE=manila-share-%s
CONFIG_MANILA_GENERIC_SHARE_MOUNT_PATH=/shares
CONFIG_MANILA_SERVICE_IMAGE_LOCATION=https://www.dropbox.com/s/
vi5oehl0q 1qkckh/ubuntu_1204_nfs_cifs.qcow2
CONFIG_MANILA_SERVICE_INSTANCE_USER=ubuntu
CONFIG_MANILA_SERVICE_INSTANCE_PASSWORD=ubuntu
CONFIG_MANILA_NETWORK_TYPE=neutron
CONFIG_MANILA_NETWORK_STANDALONE_GATEWAY=
CONFIG_MANILA_NETWORK_STANDALONE_NETMASK=
CONFIG_MANILA_NETWORK_STANDALONE_SEG_ID=
CONFIG_MANILA_NETWORK_STANDALONE_IP_RANGE=
CONFIG_MANILA_NETWORK_STANDALONE_IP_VERSION=4
CONFIG_IRONIC_DB_PW=PW_PLACEHOLDER
CONFIG_IRONIC_KS_PW=PW_PLACEHOLDER
CONFIG_NOVA_DB_PW=497f30149e3b4dd5
CONFIG_NOVA_KS_PW=d1821fd9ff7845d8
CONFIG_NOVA_SCHED_CPU_ALLOC_RATIO=16.0
CONFIG_NOVA_SCHED_RAM_ALLOC_RATIO=1.5
CONFIG_NOVA_COMPUTE_MIGRATE_PROTOCOL=tcp
CONFIG_NOVA_COMPUTE_MANAGER=nova.compute.manager.ComputeManager
CONFIG_VNC_SSL_CERT=
CONFIG_VNC_SSL_KEY=
CONFIG_NOVA_COMPUTE_PRIVIF=eth1
CONFIG_NOVA_NETWORK_MANAGER=nova.network.manager.FlatDHCPManager
CONFIG_NOVA_NETWORK_PUBIF=eth0
```

```
CONFIG_NOVA_NETWORK_PRIVIF=eth1
CONFIG_NOVA_NETWORK_FIXEDRANGE=192.168.32.0/22
CONFIG_NOVA_NETWORK_FLOATRANGE=10.3.4.0/22
CONFIG_NOVA_NETWORK_AUTOASSIGNFLOATINGIP=n
CONFIG_NOVA_NETWORK_VLAN_START=100
CONFIG_NOVA_NETWORK_NUMBER=1
CONFIG_NOVA_NETWORK_SIZE=255
CONFIG_NEUTRON_KS_PW=cfd3efa81a8d45ca
CONFIG_NEUTRON_DB_PW=c9e3d86218fe4fd4
CONFIG_NEUTRON_L3_EXT_BRIDGE=br-ex
CONFIG_NEUTRON_METADATA_PW=8fc918d9ce58498f
CONFIG_LBAAS_INSTALL=n
CONFIG_NEUTRON_METERING_AGENT_INSTALL=n
CONFIG_NEUTRON_FWAAS=n
CONFIG_NEUTRON_ML2_TYPE_DRIVERS=VXLAN
CONFIG_NEUTRON_ML2_TENANT_NETWORK_TYPES=VXLAN
CONFIG_NEUTRON_ML2_MECHANISM_DRIVERS=openvswitch
CONFIG_NEUTRON_ML2_FLAT_NETWORKS=*
CONFIG_NEUTRON_ML2_VLAN_RANGES=
CONFIG_NEUTRON_ML2_TUNNEL_ID_RANGES=
CONFIG_NEUTRON_ML2_VXLAN_GROUP=
CONFIG_NEUTRON_ML2_VNI_RANGES=10:100
CONFIG_NEUTRON_L2_AGENT=openvswitch
CONFIG_NEUTRON_LB_INTERFACE_MAPPINGS=
CONFIG_NEUTRON_OVS_BRIDGE_MAPPINGS=
CONFIG_NEUTRON_OVS_BRIDGE_IFACES=
CONFIG_NEUTRON_OVS_TUNNEL_IF=
CONFIG_NEUTRON_OVS_VXLAN_UDP_PORT=4789
CONFIG_HORIZON_SSL=n
CONFIG_HORIZON_SECRET_KEY=546cd5555ea34d4d984d7dd3ba093026
CONFIG_HORIZON_SSL_CERT=
CONFIG_HORIZON_SSL_KEY=
CONFIG_HORIZON_SSL_CACERT=
CONFIG_SWIFT_KS_PW=4635b24b1769433e
CONFIG_SWIFT_STORAGES=
CONFIG_SWIFT_STORAGE_ZONES=1
CONFIG_SWIFT_STORAGE_REPLICAS=1
CONFIG_SWIFT_STORAGE_FSTYPE=ext4
```

```
CONFIG_SWIFT_HASH=06d0ecb7c2b14a95
CONFIG_SWIFT_STORAGE_SIZE=2G
CONFIG_HEAT_DB_PW=PW_PLACEHOLDER
CONFIG_HEAT_AUTH_ENC_KEY=39092309f3fb4e1d
CONFIG_HEAT_KS_PW=PW_PLACEHOLDER
CONFIG_HEAT_CLOUDWATCH_INSTALL=n
CONFIG_HEAT_CFN_INSTALL=n
CONFIG_HEAT_DOMAIN=heat
CONFIG_HEAT_DOMAIN_ADMIN=heat_admin
CONFIG_HEAT_DOMAIN_PASSWORD=PW_PLACEHOLDER
CONFIG_PROVISION_DEMO=y
CONFIG_PROVISION_TEMPEST=n
CONFIG_PROVISION_DEMO_FLOATRANGE=172.24.4.224/28
CONFIG_PROVISION_IMAGE_NAME=cirros
CONFIG_PROVISION_IMAGE_URL=http://download.cirros-cloud.net/0.3.3/
cirros
-0.3.3-x86_64-disk.img
CONFIG_PROVISION_IMAGE_FORMAT=qcow2
CONFIG_PROVISION_IMAGE_SSH_USER=cirros
CONFIG_PROVISION_TEMPEST_USER=
CONFIG_PROVISION_TEMPEST_USER_PW=PW_PLACEHOLDER
CONFIG_PROVISION_TEMPEST_FLOATRANGE=172.24.4.224/28
CONFIG_PROVISION_TEMPEST_REPO_URI=https://github.com/OpenStack/
tempest.git
CONFIG_PROVISION_TEMPEST_REPO_REVISION=master
CONFIG_PROVISION_ALL_IN_ONE_OVS_BRIDGE=n
CONFIG_CEILOMETER_SECRET=c0dab07b950d48d4
CONFIG_CEILOMETER_KS_PW=25b3969c7691489c
CONFIG_CEILOMETER_COORDINATION_BACKEND=redis
CONFIG_MONGODB_HOST=192.168.8.154
CONFIG_REDIS_MASTER_HOST=192.168.8.154
CONFIG_REDIS_PORT=6379
CONFIG_REDIS_HA=n
CONFIG_REDIS_SLAVE_HOSTS=
CONFIG_REDIS_SENTINEL_HOSTS=
CONFIG_REDIS_SENTINEL_CONTACT_HOST=
CONFIG_REDIS_SENTINEL_PORT=26379
CONFIG_REDIS_SENTINEL_QUORUM=2
```

```
CONFIG_REDIS_MASTER_NAME=mymaster
CONFIG_SAHARA_DB_PW=PW_PLACEHOLDER
CONFIG_SAHARA_KS_PW=PW_PLACEHOLDER
CONFIG_TROVE_DB_PW=PW_PLACEHOLDER
CONFIG_TROVE_KS_PW=PW_PLACEHOLDER
CONFIG_TROVE_NOVA_USER=trove
CONFIG_TROVE_NOVA_TENANT=services
CONFIG_TROVE_NOVA_PW=PW_PLACEHOLDER
CONFIG_NAGIOS_PW=fdde737c2c2b4df3 9.6
```

5.6 自动化部署 OpenStack

在修改完成之后可以直接执行命令"packstack--answer-file=rdo_answers.txt"来部署 OpenStack，部署过程如图 5-27 所示。

```
[root@localhost ~]# packstack --answer-file=rdo_answers.txt
Welcome to the Packstack setup utility

The installation log file is available at: /var/tmp/packstack/20160302-235459-bbs5G0/openstack-setup.log

Installing:
Clean Up                                             [ DONE ]
Discovering ip protocol version                      [ DONE ]
Setting up ssh keys                                  [ DONE ]
Preparing servers                                    [ DONE ]
Pre installing Puppet and discovering hosts' details [ DONE ]
Adding pre install manifest entries                  [ DONE ]
Setting up CACERT                                    [ DONE ]
Adding AMQP manifest entries                         [ DONE ]
Adding MariaDB manifest entries                      [ DONE ]
Fixing Keystone LDAP config parameters to be undef if empty[ DONE ]
Adding Keystone manifest entries                     [ DONE ]
Adding Glance Keystone manifest entries              [ DONE ]
Adding Glance manifest entries                       [ DONE ]
Adding Cinder Keystone manifest entries              [ DONE ]
Checking if the Cinder server has a cinder-volumes vg[ DONE ]
Adding Cinder manifest entries                       [ DONE ]
Adding Nova API manifest entries                     [ DONE ]
Adding Nova Keystone manifest entries                [ DONE ]
Adding Nova Cert manifest entries                    [ DONE ]
Adding Nova Conductor manifest entries               [ DONE ]
Creating ssh keys for Nova migration                 [ DONE ]
Gathering ssh host keys for Nova migration           [ DONE ]
Adding Nova Compute manifest entries                 [ DONE ]
Adding Nova Scheduler manifest entries               [ DONE ]
Adding Nova VNC Proxy manifest entries               [ DONE ]
Adding OpenStack Network-related Nova manifest entries[ DONE ]
Adding Nova Common manifest entries                  [ DONE ]
Adding Neutron FWaaS Agent manifest entries          [ DONE ]
Adding Neutron LBaaS Agent manifest entries          [ DONE ]
Adding Neutron API manifest entries                  [ DONE ]
```

图 5-27　部署过程

```
Applying 192.168.8.154_controller.pp
Testing if puppet apply is finished: 192.168.8.154_controller.pp  [ - ]
192.168.8.154_controller.pp:                          [ DONE ]
Applying 192.168.8.154_network.pp
192.168.8.154_network.pp:                             [ DONE ]
Applying 192.168.8.154_compute.pp
192.168.8.154_compute.pp:                             [ DONE ]
Applying Puppet manifests                              [ DONE ]
Finalizing                                             [ DONE ]

Installation completed successfully **

Additional information:

 * Parameter CONFIG NEUTRON L2 AGENT: You have choosen OVN neutron backend. Note that this backend does not support LBaaS,
   VPNaaS or FWaaS services. Geneve will be used as encapsulation method for tenant networks
 * A new answerfile was created in: /root/packstack-answers-20200102-115042.txt
 * Time synchronization installation was skipped. Please note that unsynchronized time on server instances might be problem for some OpenStack components.
 * File /root/keystonerc_admin has been created on OpenStack client host 192.168.8.154. To use the command line tools you need to source the file.
 * To access the OpenStack Dashboard browse to http://192.168.8.154/dashboard .

Please, find your login credentials stored in the keystonerc_admin in your home directory.
 * The installation log file is available at: /var/tmp/packstack/20200102-115042-h_xYXR/openstack-setup.log
 * The generated manifests are available at: /var/tmp/packstack/20200102-115042-h_xYXR/manifests
```

图 5-27　部署过程（续）

5.7　配置网络

首先，查看一下网络配置信息，如图 5-28 所示。

```
[root@localhost network-scripts]# vi ifcfg-eno16777736
TYPE="Ethernet"
BOOTPROTO="dhcp"
DEFROUTE="yes"
PEERDNS="yes"
PEERROUTES="yes"
IPV4_FAILURE_FATAL="no"
IPV6INIT="yes"
IPV6_AUTOCONF="yes"
IPV6_DEFROUTE="yes"
IPV6_PEERDNS="yes"
IPV6_PEERROUTES="yes"
IPV6_FAILURE_FATAL="no"
NAME="eno16777736"
UUID="4f13eea7-798e-46a0-9ce3-1fd4b7f6b6af"
DEVICE="eno16777736"
ONBOOT="yes"
~
```

图 5-28　查看网络配置信息代码

需要修改的参数包括 TYPE=OVSPort、DEVICETYPE=ovs、OVS_BRIDGE=br-ex，修改后的网络配置信息如图 5-29 所示。

```
[root@localhost network-scripts]# vi ifcfg-eno16777736
TYPE="OVSPort"
DEVICETYPE="ovs"
OVS_BRIDGE="br-ex"
NAME="eno16777736"
UUID="4f13eea7-798e-46a0-9ce3-1fd4b7f6b6af"
DEVICE="eno16777736"
ONBOOT="yes"
~
```

图 5-29　查看修改后的网络配置信息

然后，新建一个 br-ex 网络配置文件，如图 5-30 所示。

```
[root@localhost network-scripts]# vi ifcfg-br-ex
DEVICE=br-ex
TYPE=OVSBridge
DEVICETYPE=ovs
BOOTPROTO=static
IPADDR=192.168.8.154
NETMASK=255.255.255.0
GATEWAY=192.168.8.254
~
~
```

图 5-30 新建 br-ex 网络配置文件

最后，重启网络使修改的 br-er 网络配置生效，如图 5-31 所示。

```
[root@localhost network-scripts]# ovs-vsctl add-port br-ex eno16777736;systemctl restart network
[root@localhost network-scripts]#
```

图 5-31 使修改的 br-er 网络配置生效

说明：ovs-vsctl 是 OpenvSwitch 的管理命令。第一条命令是把 eno16777736 的物理网卡加入 br-ex 的 ovs 网桥当中；第二条命令是网络重启命令。合在一起是不中断添加网络，并重启网络。

5.8 登录云平台

现在，终于可以登录云平台了。在浏览器输入“192.168.8.164”就会出现云平台登录界面，如图 5-32 所示。

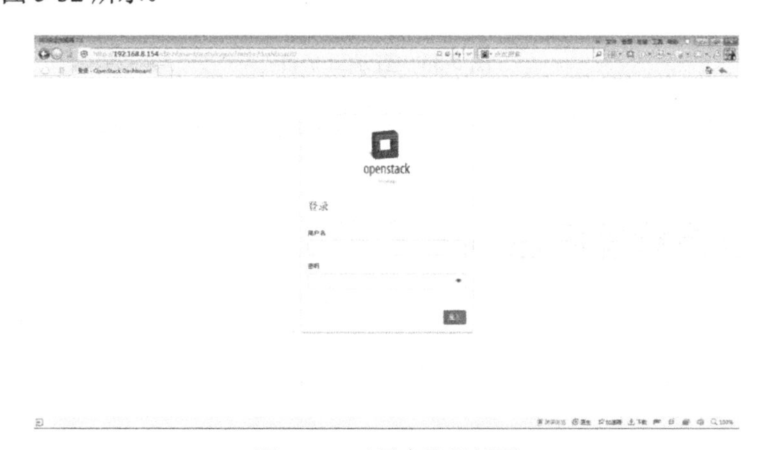

图 5-32 云平台登录界面

登录的用户名和密码写在 answer 文件中，在 300 行左右，如图 5-33 所示。

```
298 # User name for the Identity service 'admin' user.  Defaults to
299 # 'admin'.
300 CONFIG_KEYSTONE_ADMIN_USERNAME=admin
301
302 # Password to use for the Identity service 'admin' user.
303 CONFIG_KEYSTONE_ADMIN_PW=8134a52937e14e38
304
305 # Password to use for the Identity service 'demo' user.
306 CONFIG_KEYSTONE_DEMO_PW=5591d9b43df546f4
307
```

图 5-33　answer 文件示例

输入“admin”和“8134a52937e14e38”，登录云平台，如图 5-34 所示。

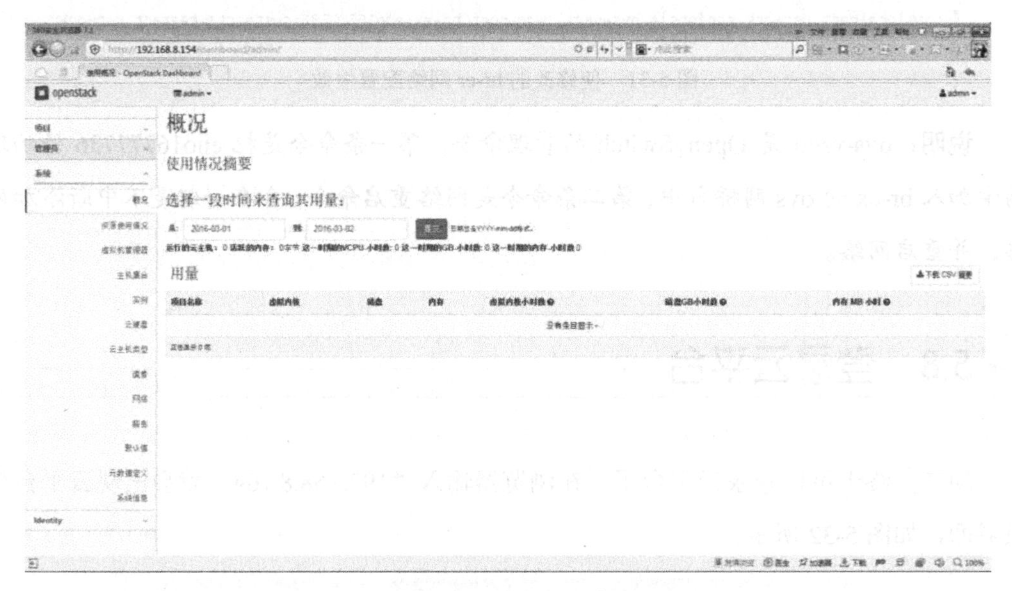

图 5-34　登录云平台

云平台的使用在此就不详述了，可以参考本书相关章节的内容。

5.9　登录管理后台

在成功部署之后会有如图 5-35 所示的提示信息。

```
Additional information:
 * Time synchronization installation was skipped. Please note that unsynchronized time on server instances migh
 * Warning: NetworkManager is active on 192.168.8.154. OpenStack networking currently does not work on systems
 * File /root/keystonerc_admin has been created on OpenStack client host 192.168.8.154. To use the command line
 * To access the OpenStack Dashboard browse to http://192.168.8.154/dashboard .
Please, find your login credentials stored in the keystonerc_admin in your home directory.
 * The installation log file is available at: /var/tmp/packstack/20160302-235459-bbs5G0/openstack-setup.log
 * The generated manifests are available at: /var/tmp/packstack/20160302-235459-bbs5G0/manifests
```

图 5-35　成功部署之后的提示信息

在“keystoner c_admin”文件中会提示登录的信息，如图 5-36 所示。

```
[root@localhost ~]# vi keystonerc_admin
unset OS_SERVICE_TOKEN
export OS_USERNAME=admin
export OS_PASSWORD=8134a52937e14e38
export OS_AUTH_URL=http://192.168.8.154:5000/v2.0
export PS1='[\u@\h \W(keystone_admin)]\$ '

export OS_TENANT_NAME=admin
export OS_REGION_NAME=RegionOne
```

图 5-36　“keystoner c_admin”文件示例

说明：这里也提供了登录的用户名和密码，RDO 部署同 FUEL 部署的管理员文件名不一样。

输入“source keystoner c_admin”，登录管理后台，如图 5-37 所示。

```
[root@localhost ~]# source keystonerc_admin
[root@localhost ~(keystone_admin)]#
```

图 5-37　登录管理后台代码

第 6 章

OpenStack 云平台的使用

6.1 管理员平台

6.1.1 登录

搭建好 OpenStack 云平台后，访问 http://control_IP/horizon 就可以看到云平台的管理界面。本次的 control_IP 为 http://172.16.0.2。因此，访问 http://172.16.0.2/，会显示如图 6-1 所示的界面。

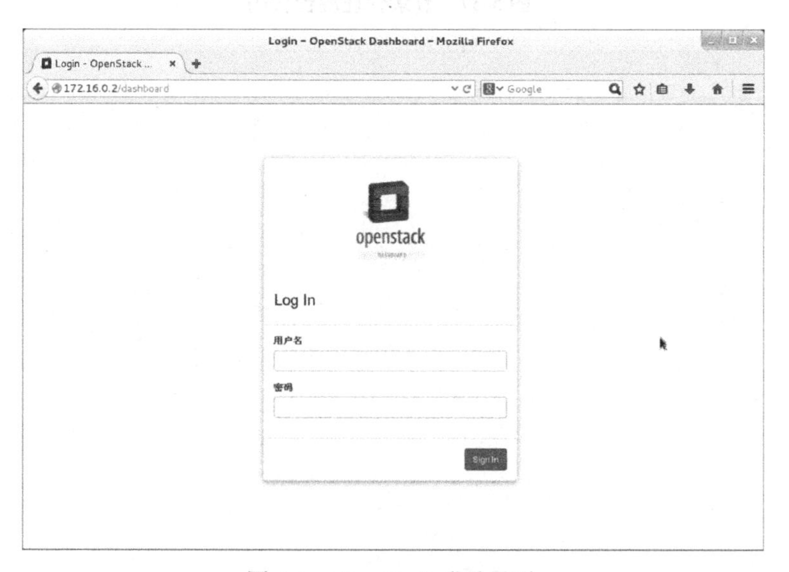

图 6-1 OpenStack 登录界面

输入用户名和密码，本使用手册中的用户名为 admin，密码是 admin，登录成功后进入主界面，如图 6-2 所示。

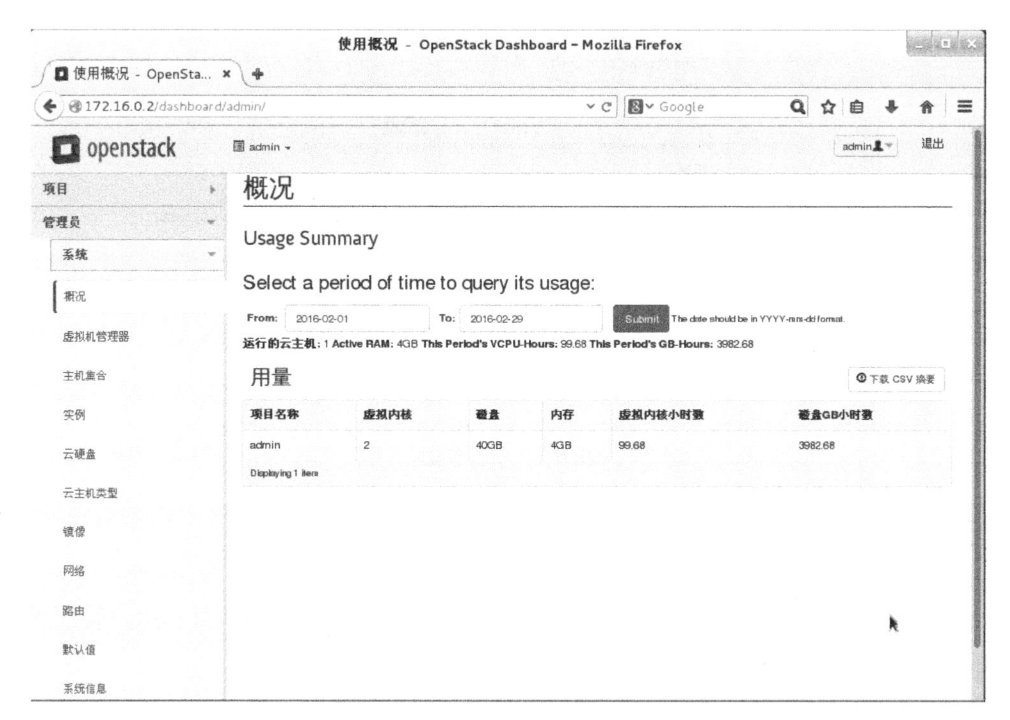

图 6-2　登录后的主界面

如图 6-2 所示，左侧主要有项目、管理员和 Identity 模块。这里只对常用模块进行讲解。

因为 admin 具有管理员权限，所以登录成功后会进入“管理员”界面。如果是普通用户，则会直接进入“项目”界面。如果进入的是“管理员”界面，单击“项目”即可进入项目界面，如图 6-3 所示。

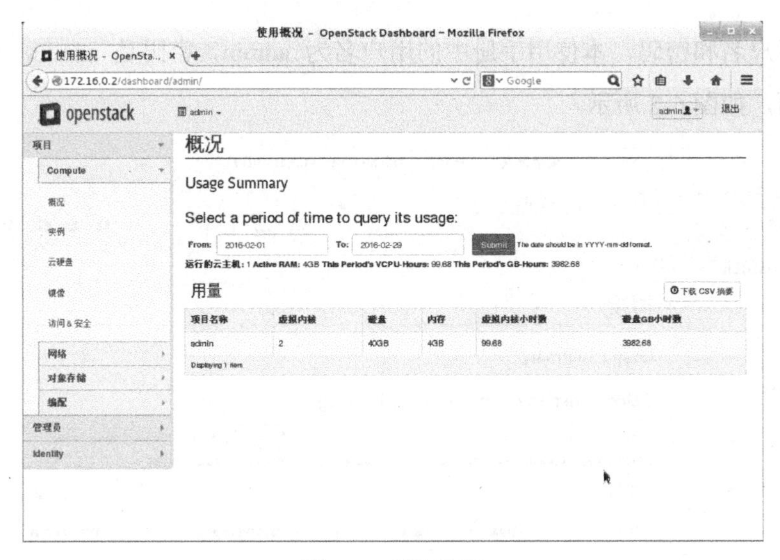

图 6-3　项目界面

6.1.2　用户的管理

进入管理员管理界面，单击左列的"Identity"选项，即可进入项目和用户管理界面，如图 6-4 所示。

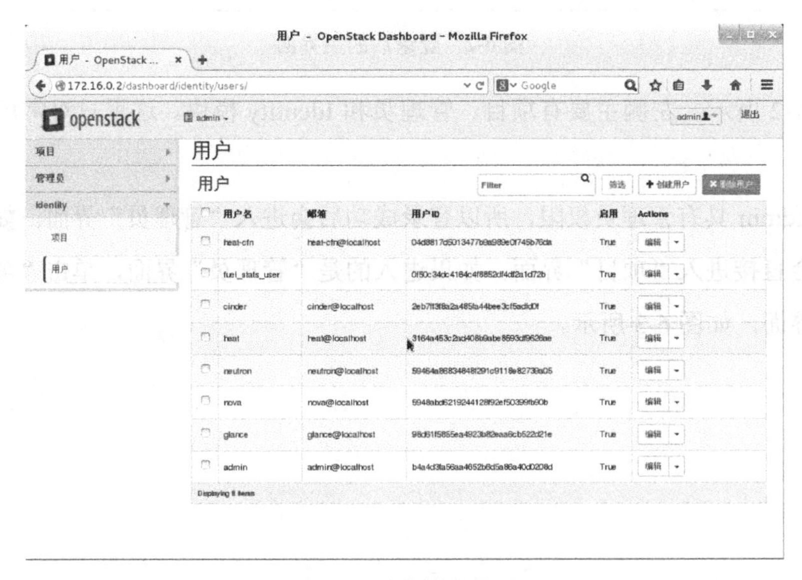

图 6-4　用户管理界面

单击右上方的“创建”按钮，界面如图6-5所示。

图6-5　创建用户界面

填写完用户名、邮箱、密码，选择好项目组及角色，就可以单击右下方的“创建用户”按钮，完成用户的创建。在用户管理界面，单击某个用户后面的“Edit”按钮，即可进入更改用户资料界面，如图6-6所示。

图6-6　用户更新界面

填写完资料后，单击右下方的“更新用户”按钮，即可更改用户资料。

在用户管理界面，单击某个用户后面的“编辑”右面的小箭头按钮，进而选择“删除用户”，即可删除该用户。或者，可以勾选每个用户左侧的复选框，然后再单击右上方的“删除用户”按钮，即可批量删除用户，如图 6-7 所示。

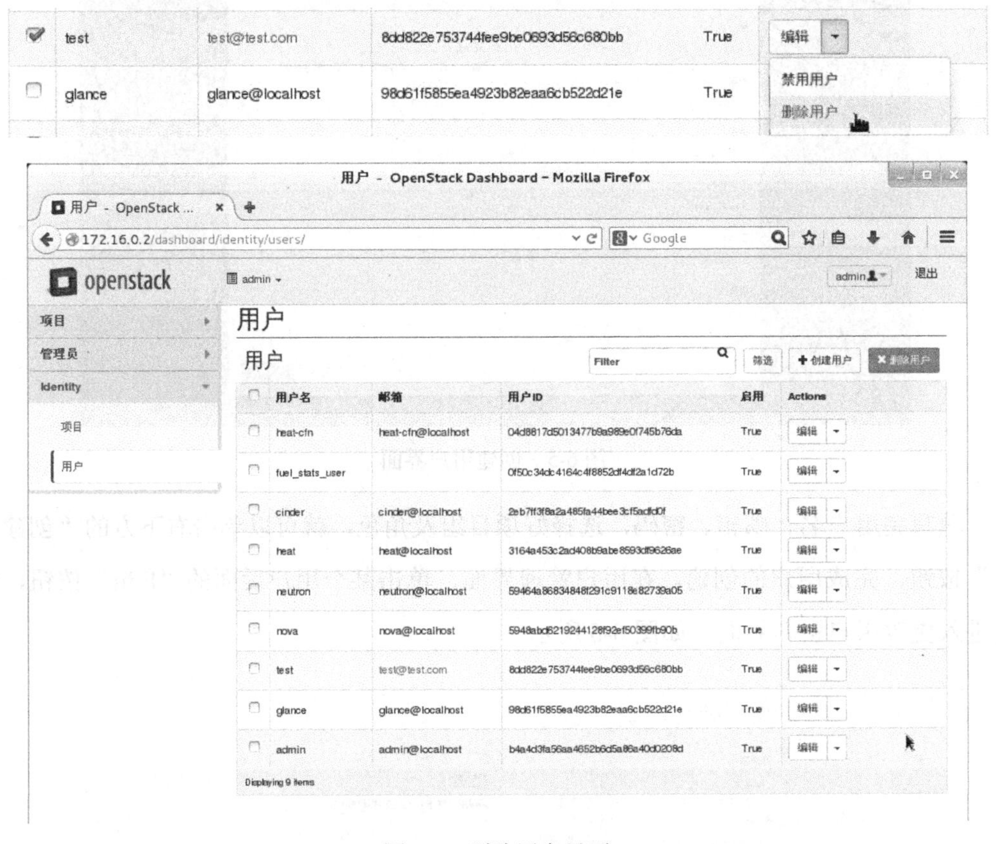

图 6-7　删除用户界面

6.1.3　云主机类型的管理

进入管理员界面，单击左列的“云主机类型”按钮，即可进入云主机类型的管理界面，如图 6-8 所示。

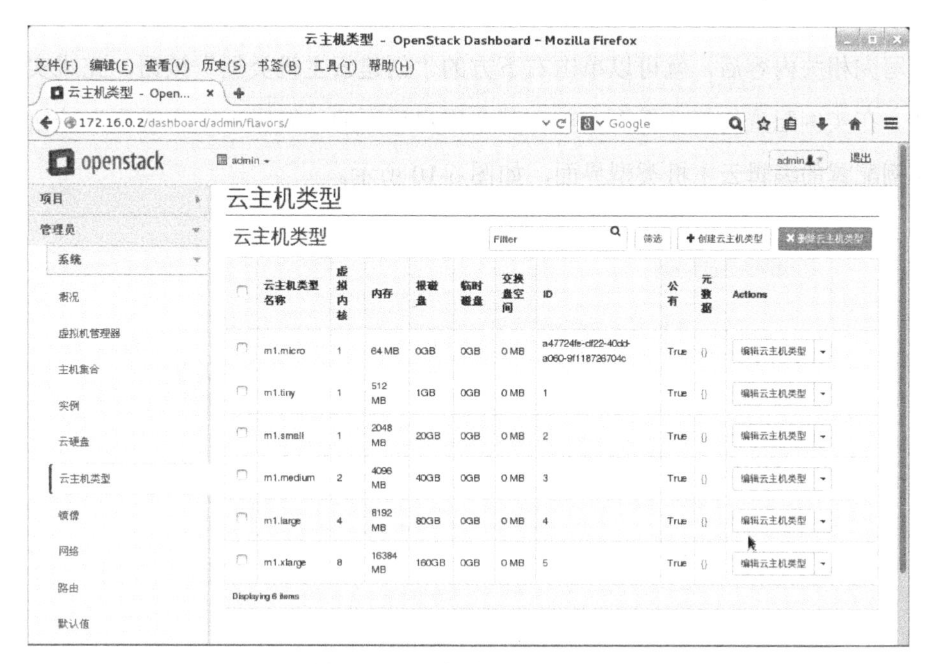

图 6-8 云主机类型的管理界面

单击右上方的“创建云主机类型”按钮，界面如图 6-9 所示。

图 6-9 “创建云主机类型”界面

填写完相关内容后，就可以单击右下方的“创建云主机类型”按钮，完成实例配置的创建。在实例配置的管理界面，单击某个用户后面的“编辑云主机类型”按钮，即可进入实例配置的编辑云主机类型界面，如图 6-10 所示。

编辑云主机类型

主机类型信息 * 云主机类型访问

名称 *
m1.micro

虚拟内核 *
1

内存 (MB) *
64

根磁盘(GB) *
0

临时磁盘(GB) *
0

Swap磁盘(MB) *
0

编辑云主机类型的详细信息。云主机类型定义RAM和磁盘的大小、核数，以及其他资源，在用户部署实例的时候使用。

取消 保存

图 6-10 编辑云主机类型页面

填写完资料后，单击右下方的“保存”按钮，即可更改实例的配置。

在实例配置的管理界面，单击某个用户后面的“More”按钮，进而选择“删除云主机类型”，即可删除该配置。或者可以勾选每个配置左侧的复选框，然后再单击右上方的“删除云主机类型”按钮，即可批量删除配置，如图 6-11 所示。

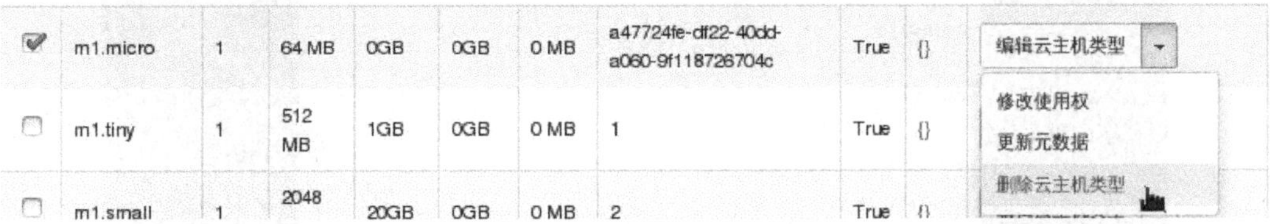

☑	m1.micro	1	64 MB	0GB	0GB	0 MB	a47724fe-df22-40dd-a060-9f118726704c	True	{}	编辑云主机类型
☐	m1.tiny	1	512 MB	1GB	0GB	0 MB	1	True	{}	修改使用权 更新元数据
☐	m1.small	1	2048	20GB	0GB	0 MB	2	True	{}	删除云主机类型

图 6-11 删除云主机类型页面

6.1.4 镜像的获取

（1）CentOS 镜像

进 CentOS 镜像，可以从下面的地址下载：

CentOS6 的镜像(http://cloud.centos.org/centos/6/images/)。

CentOS7 的镜像(http://cloud.centos.org/centos/7/images/)。

说明：CentOS 镜像的用户是 centos。

（2）CirrOS（test）镜像

CirrOS 是最小的一个 Linux 镜像，经常被用来测试云平台。最新的 64 位版本是 cirros-0.3.4-x86_64-disk.img，可以从下面的地址下载：

https://download.cirros-cloud.net/。

说明：CirrOS 镜像的用户是 cirros，密码是 cubswin:)。

（3）Official Ubuntu 镜像

最新的 Ubuntu 14.04 镜像(http://cloud-images.ubuntu.com/trusty/current/)。

最新的 64-bit QCOW2 格式的 Ubuntu 14.04 下载地址：

http://uec-images.ubuntu.com/trusty/current/trusty-server-cloudimg-amd64-disk1.img。

说明：镜像的用户是 ubuntu。

（4）Official Red Hat Enterprise Linux 镜像

下载地址：https://access.redhat.com/downloads/content/69/ver=/rhel---7/7.0/x 86_64/product-downloads。

（5）Red Hat Enterprise Linux 6 KVM Guest 镜像

下载地址：https://rhn.redhat.com/rhn/software/channel/downloads/Download.do?cid=16952。

说明：镜像的用户是 cloud-user，在下载时需要红帽账号登录该网站。

（6）Official Fedora 镜像

下载地址：https://getfedora.org/en/cloud/download/。

说明：镜像的用户是 fedora。

（7）Microsoft Windows 镜像

OpenStack Windows Server 2012 Standard Evaluation 镜像。

下载地址：https://cloudbase.it/windows-cloud-images/。

6.1.5 镜像的管理

进入管理员管理界面，单击左列的“镜像”选项，即可进入镜像的管理界面，如图 6-12 所示。

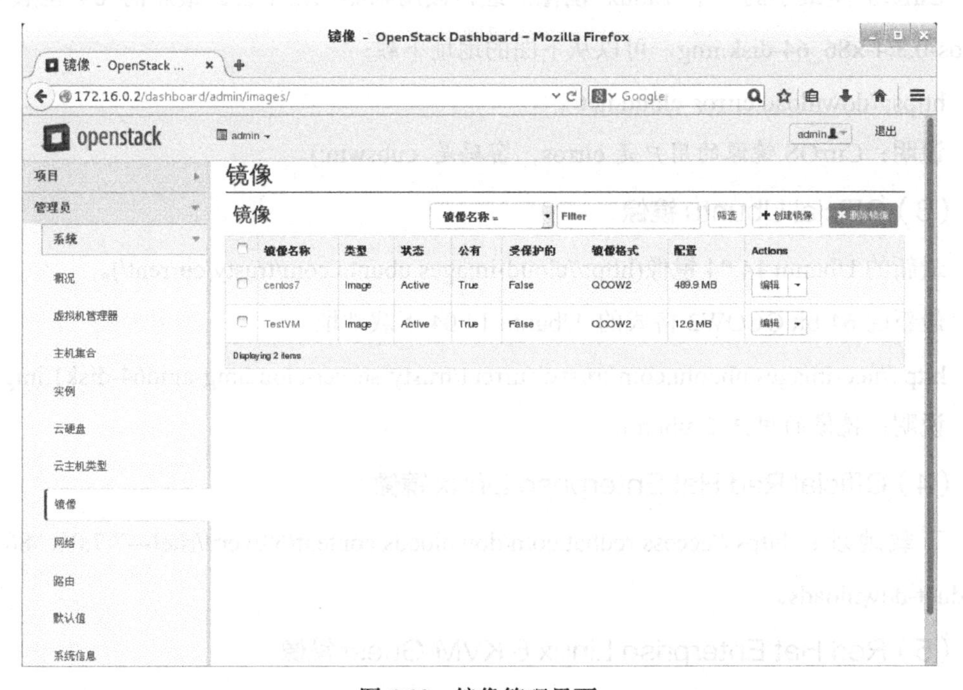

图 6-12 镜像管理界面

要创建新的镜像可以单击“创建镜像”，如图 6-13 所示。

单击“创建镜像”会出现如图 6-14 所示的页面，填入名称、描述、镜像源、镜像地址（本例是 http 地址）、镜像格式、构架、最小磁盘、最低内存、是否公有就可以创建镜像了，如图 6-14 所示。

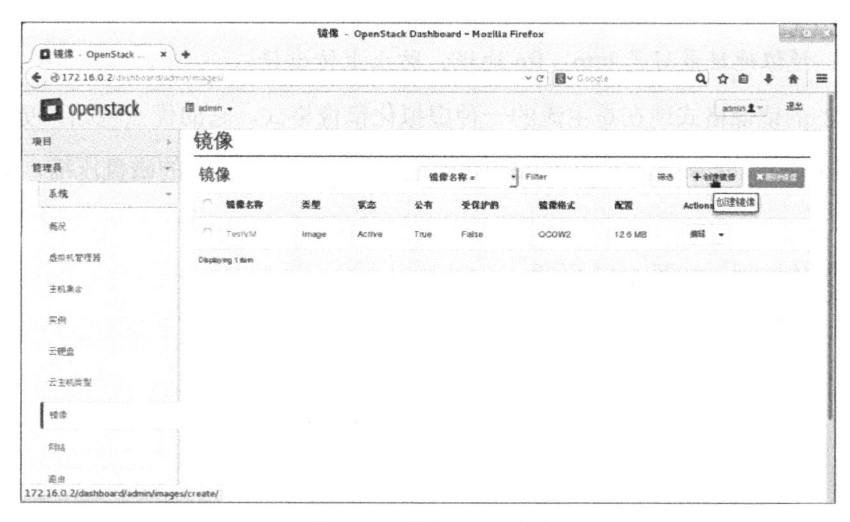

图 6-13　镜像显示页面

图 6-14　镜像内容页面

说明：镜像地址最好是 http、ftp 地址，防止上传出错。

qcow2 的镜像格式现在是主流的一种虚拟化镜像格式。它的优点包括：更小的存储空间，支持多个 snapshot，对历史 snapshot 进行管理支持，zlib 的磁盘压缩，支持 AES 的加密等。

镜像上传过程，如图 6-15 所示。

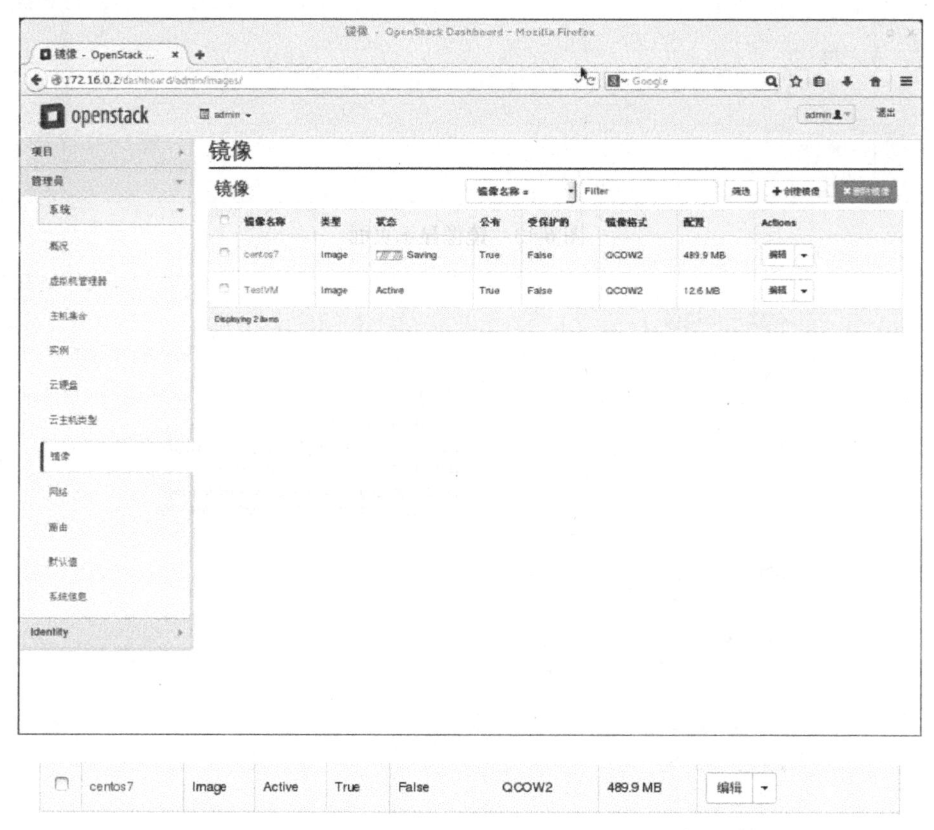

图 6-15　镜像上传

在镜像的管理界面，单击某个用户后面的“编辑”按钮，即可进入镜像的更改界面，如图 6-16 所示。

填写完资料后，单击右下方的“上传镜像”按钮，即可更新镜像。在镜像的管理界面，单击某个镜像后面的小箭头按钮，选择“删除镜像”，即可删除该镜像，或者，可以勾选每个镜像左侧的复选框，然后再单击右上方的“删除镜像”按钮，即可批量删除镜像，如图 6-17 所示。

名称 *

centos7

描述

centos7.0

内核ID

内存盘ID

构架

x86_64

镜像格式 *

QCOW2 - QEMU 模拟器

最小磁盘（GB）

34

最低内存(MB)

1

公有

受保护的

描述:

编辑镜像详情

取消　上传镜像

图 6-16　更新镜像信息界面

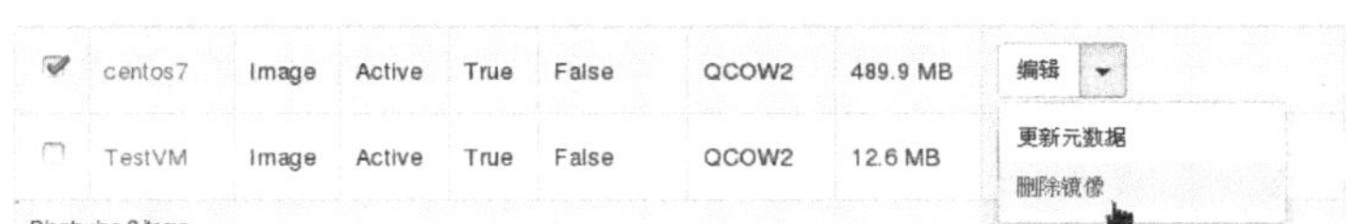

图 6-17　删除镜像

6.1.6　查看网络

系统部署成功之后，会自动创建一个外部网络（net04_ext）和一个租户网（net04），这些地址也是我们在 FUEL 部署节点的网络配置项中配置的。路由情况如图 6-18 所示。

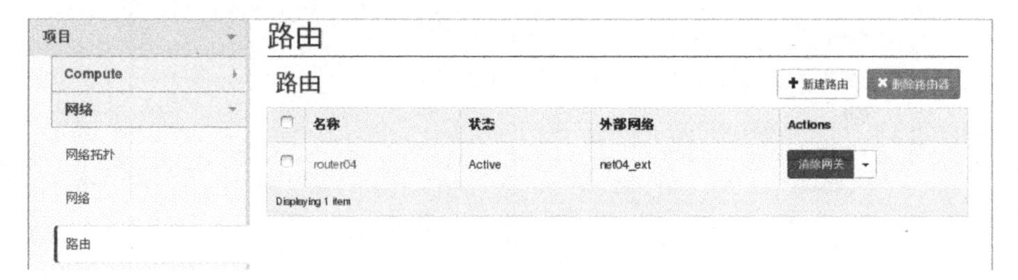

图 6-18　路由显示

云平台的网络情况如图 6-19 所示。

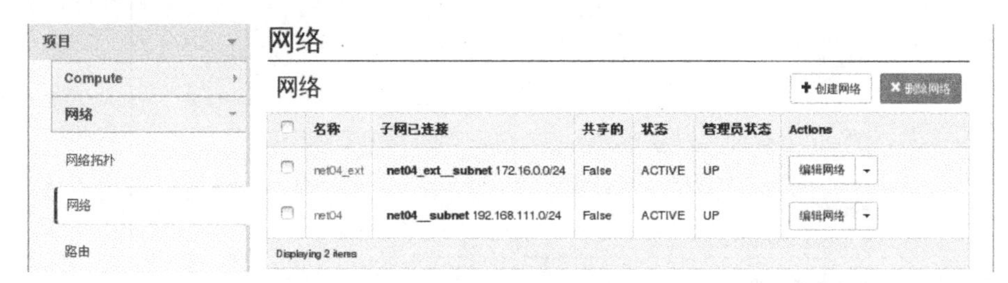

图 6-19　网络列表

云平台的网络拓扑如图 6-20 所示。

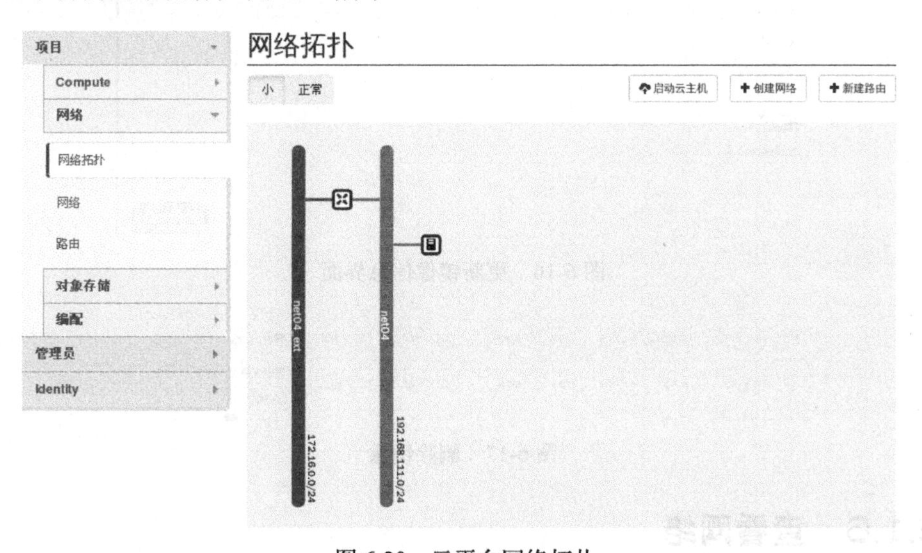

图 6-20　云平台网络拓扑

6.1.7 实例的创建和登录

到这里，我们终于可以创建需要的实例了，点开“项目”会看到“实例”等内容，接着点实例会看到实例的列表，如图 6-21 所示。

图 6-21　实例列表

单击“启动云主机”，在可用域选择 nova，云主机名输入 centos7，云主机类型选择 m1.medium，数量输入 1，启动源选择从镜像启动，镜像名称选择输入导入的镜像。云主机详情页面如图 6-22 所示。

单击“访问&安全”，选择安全组为 default，如图 6-23 所示。

图 6-22　云主机详情页面

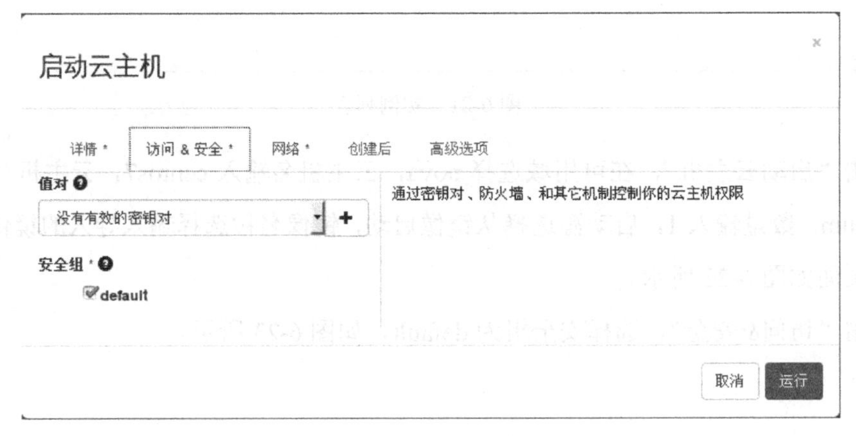

图 6-23　安全组页面

单击“网络”。把 net04 的网络拖到已选择的网络，然后单击“运行”启动实例，如图 6-24 所示。

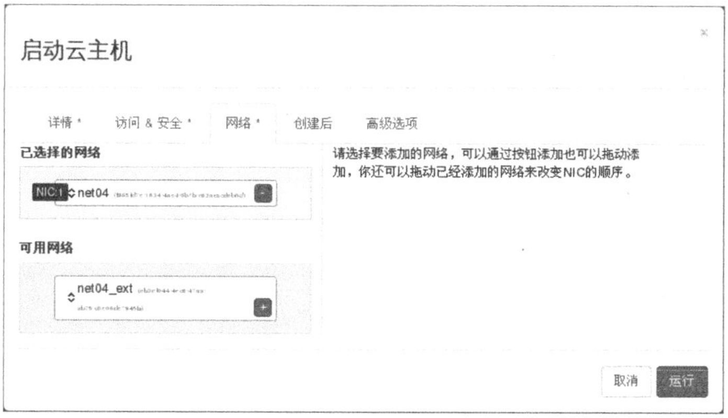

图 6-24　安全组页面

说明：*net04_ext 是公网，net04 是租户网。*

单击“运行”后会回到实例列表页，实例的状态变为孵化中，如图 6-25 所示。

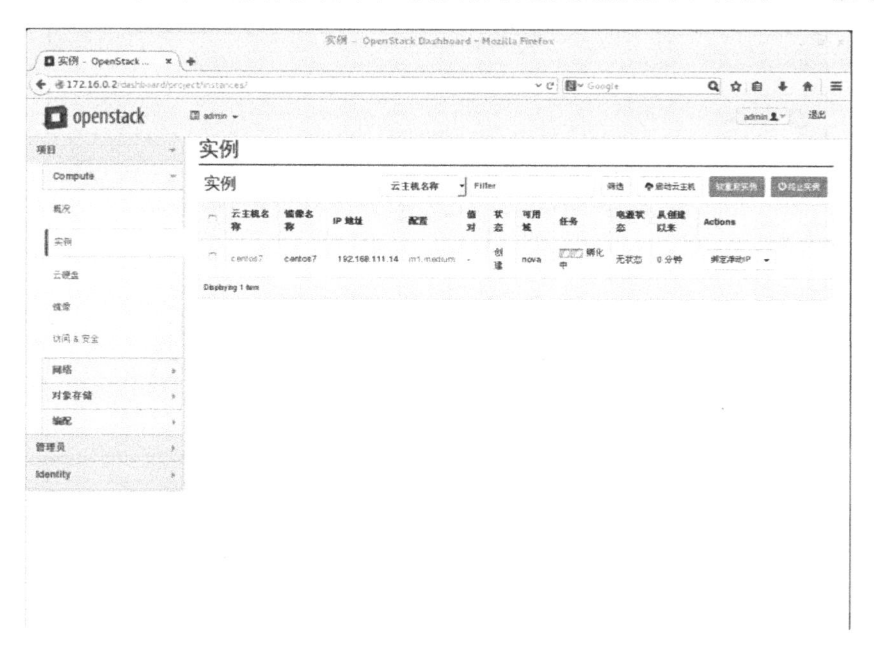

图 6-25　实例孵化中界面

实例孵化完成后状态变成运行中，如图 6-26 所示。

图 6-26　实例运行中

单击右侧列表的控制台就可以登录实例了，控制台如图 6-27 所示。

（a）

图 6-27　控制台

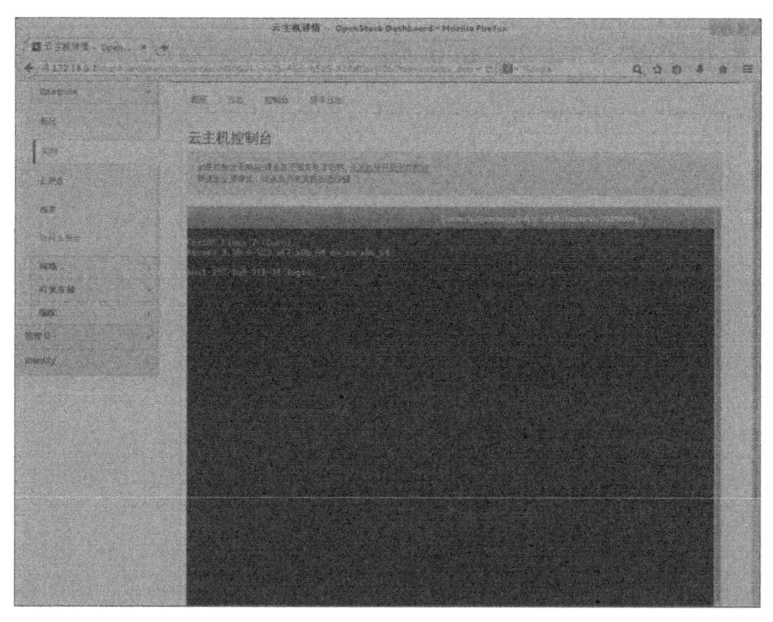

（b）

图 6-27　控制台（续）

6.1.8　外部网络的管理

进入项目界面，单击左侧列表中的“访问&案例”，再选择“浮动 IP”，即可进入浮动 IP 的管理界面，如图 6-28 所示。

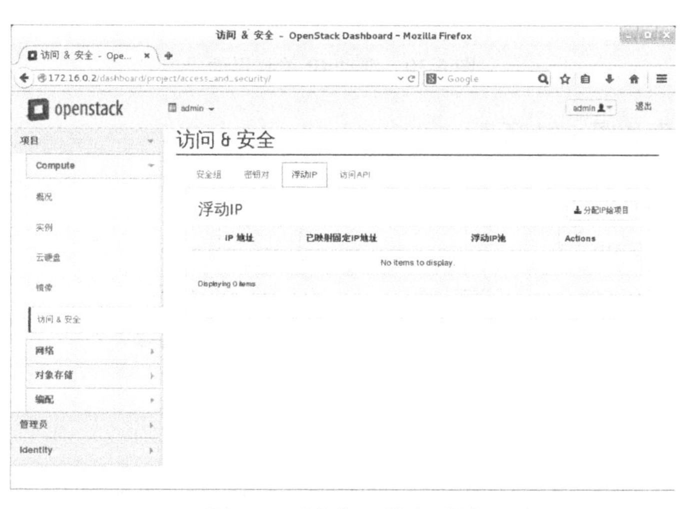

图 6-28　浮动 IP 管理页面

单击“分配 IP 给项目”，出现浮动 IP 分配页面，单击“分配 IP”，即可获取浮动 IP，如图 6-29 所示。

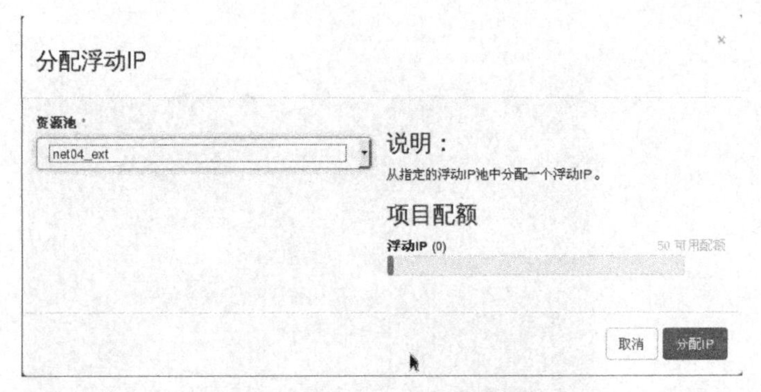

图 6-29　浮动 IP 分配页面

单击 172.16.0.12 后的“关联”，将 172.16.0.12 分配给 centos7，如图 6-30 所示。

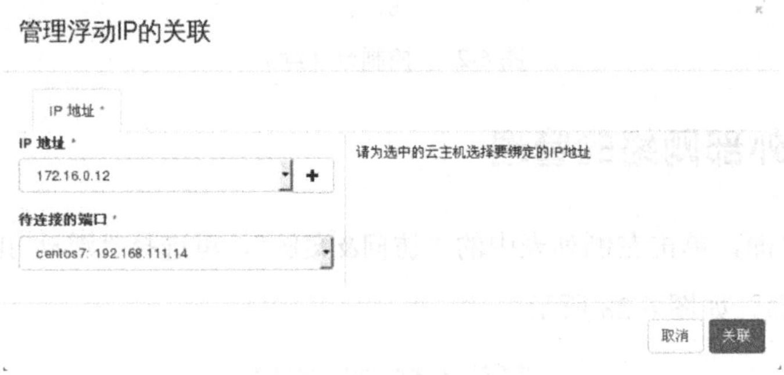

图 6-30　浮动 IP 关联页面

关联后的页面如图 6-31 所示。

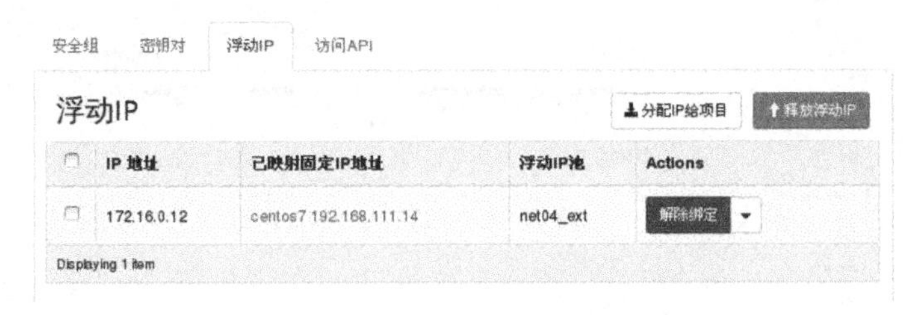

图 6-31　浮动 IP 关联后的页面

删除外网 IP，可以通过选择某 IP 后面下拉项中的“释放浮动 IP”来删除，也可以勾选要删除的 IP 左边的复选框，然后单击右上方的“释放浮动 IPs”来批量地删除 IP，如图 6-32 所示。

图 6-32　浮动 IP 解除绑定及释放浮动 IP

这里申请的浮动 IP 是在 FUEL 部署时我们在网络配置中填写的，可以参考 5.2.2 节内容。实例有了浮动 IP，就可以在实例里启动 Web 等应用服务，就可对外工作了。

6.1.9　实例远程的管理

在某些情况下，我们需要通过公网访问实例，这个时候即使绑定了浮动 IP，也是不能直接访问的，前面 centos7 实例绑定的浮动 IP 为 172.16.0.12，需要先做一个 ping 测试，如图 6-33 所示。

```
[root@aw Desktop]# ping 172.16.0.2
PING 172.16.0.2 (172.16.0.2) 56(84) bytes of data.
64 bytes from 172.16.0.2: icmp_seq=1 ttl=64 time=0.656 ms
64 bytes from 172.16.0.2: icmp_seq=2 ttl=64 time=0.125 ms
64 bytes from 172.16.0.2: icmp_seq=3 ttl=64 time=0.175 ms
64 bytes from 172.16.0.2: icmp_seq=4 ttl=64 time=0.154 ms
^C
--- 172.16.0.2 ping statistics ---
4 packets transmitted, 4 received, 0% packet loss, time 3003ms
rtt min/avg/max/mdev = 0.125/0.277/0.656/0.219 ms
[root@aw Desktop]# ping 172.16.0.12
PING 172.16.0.12 (172.16.0.12) 56(84) bytes of data.
```

图 6-33　ping 测试

同一网段的.2 可以 ping 通，.12 ping 不通，也谈不上远程管理。这需要配置一下网络安全组，如图 6-34 所示。

项目
Compute
概况
实例
云硬盘
镜像
访问 & 安全
安全组
密钥对
浮动IP
访问API
安全组
创建安全组
删除安全组
名称
描述
Actions
default
default
管理规则
Displaying 1 item

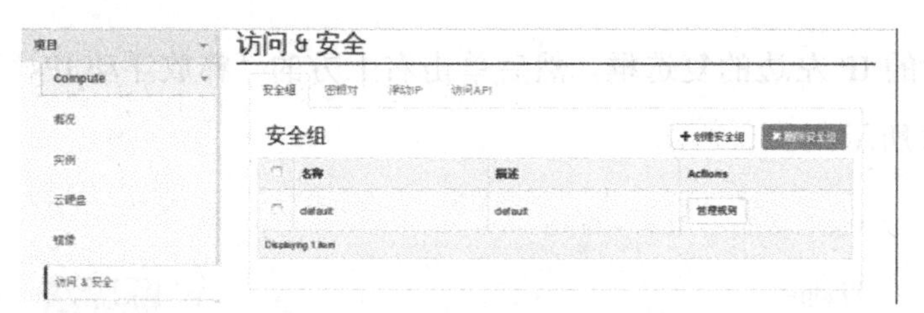

图 6-34　安全组

单击“管理规则”，默认的有 4 条规则，如图 6-35 所示。

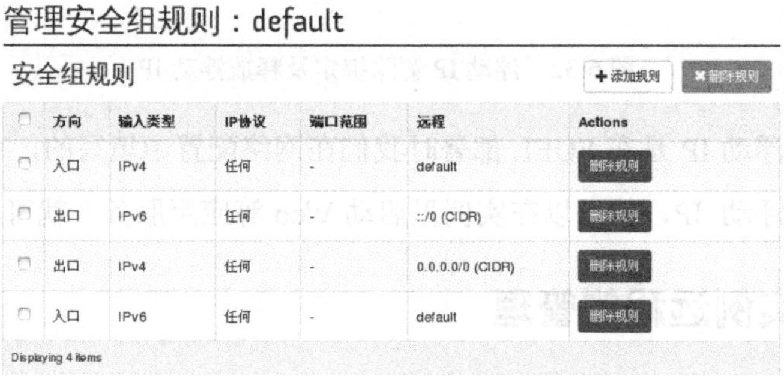

管理安全组规则：default
安全组规则
添加规则
删除规则
方向
输入类型
IP协议
端口范围
远程
Actions
入口
IPv4
任何
-
default
删除规则
出口
IPv6
任何
-
::/0 (CIDR)
删除规则
出口
IPv4
任何
-
0.0.0.0/0 (CIDR)
删除规则
入口
IPv6
任何
-
default
删除规则
Displaying 4 items

图 6-35　安全组规则列表

单击“添加规则”，分别添加“ALL ICMP”“SSH”两条规则。添加规则如图 6-36 所示。

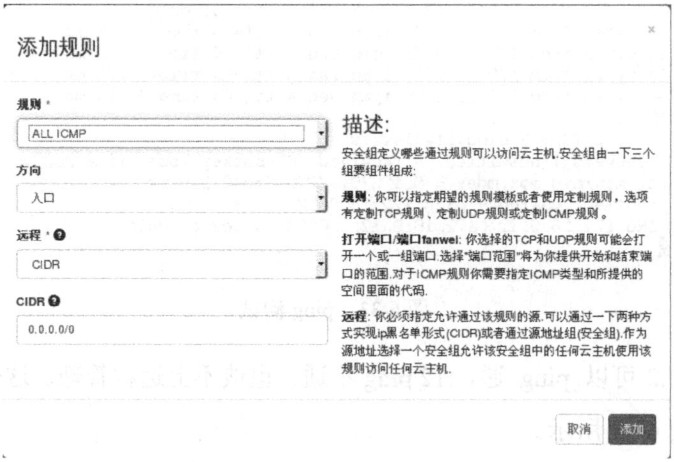

添加规则
规则 *
ALL ICMP
方向
入口
远程 *
CIDR
CIDR
0.0.0.0/0
描述:
安全组定义哪些通过规则可以访问云主机.安全组由一下三个组要组件组成:
规则: 你可以指定期望的规则模板或者使用定制规则，选项有定制TCP规则、定制UDP规则或定制ICMP规则。
打开端口/端口fanwei: 你选择的TCP和UDP规则可能会打开一个或一组端口.选择"端口范围"将为你提供开始和结束端口的范围.对于ICMP规则你需要指定ICMP类型和所提供的空间里面的代码.
远程: 你必须指定允许通过该规则的源.可以通过一下两种方式实现ip黑名单形式(CIDR)或者通过源地址组(安全组).作为源地址选择一个安全组允许该安全组中的任何云主机使用该规则访问任何云主机.
取消
添加

（a）ALL ICMP 规则

图 6-36　添加规则

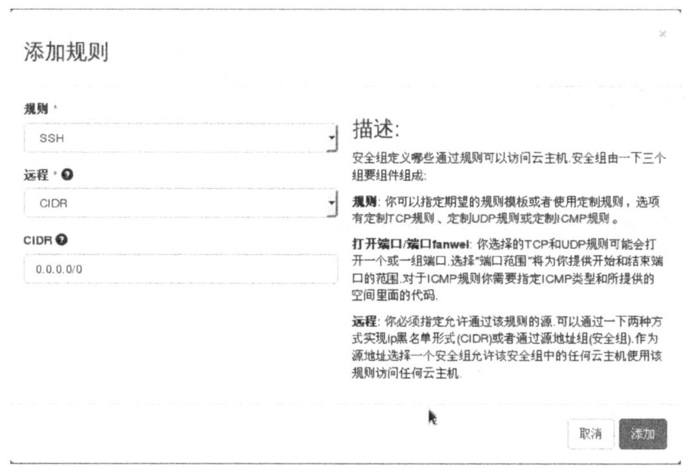

（b）SSH 规则

图 6-36　添加规则（续）

现在再做一次 ping 连通性测试，如图 6-37 所示。

```
[root@aw Desktop]# ping 172.16.0.2
PING 172.16.0.2 (172.16.0.2) 56(84) bytes of data.
64 bytes from 172.16.0.2: icmp_seq=1 ttl=64 time=0.656 ms
64 bytes from 172.16.0.2: icmp_seq=2 ttl=64 time=0.125 ms
64 bytes from 172.16.0.2: icmp_seq=3 ttl=64 time=0.175 ms
64 bytes from 172.16.0.2: icmp_seq=4 ttl=64 time=0.154 ms
^C
--- 172.16.0.2 ping statistics ---
4 packets transmitted, 4 received, 0% packet loss, time 3003ms
rtt min/avg/max/mdev = 0.125/0.277/0.656/0.219 ms
[root@aw Desktop]# ping 172.16.0.12
PING 172.16.0.12 (172.16.0.12) 56(84) bytes of data.
64 bytes from 172.16.0.12: icmp_seq=669 ttl=63 time=1.39 ms
64 bytes from 172.16.0.12: icmp_seq=670 ttl=63 time=0.723 ms
64 bytes from 172.16.0.12: icmp_seq=672 ttl=63 time=1.52 ms
64 bytes from 172.16.0.12: icmp_seq=673 ttl=63 time=0.708 ms
64 bytes from 172.16.0.12: icmp_seq=674 ttl=63 time=0.875 ms
```

图 6-37　ping 连通性测试

通过 ssh 工具登录实例，如图 6-38 所示。

```
[root@aw Desktop]# ssh root@172.16.0.12
root@172.16.0.12's password:
Last login: Mon Feb 29 15:04:28 2016
[root@host-192-168-111-14 ~]#
```

图 6-38　通过 ssh 工具登录实例

6.2 用户平台

普通用户没有管理员模块，登录界面如图 6-39 所示。

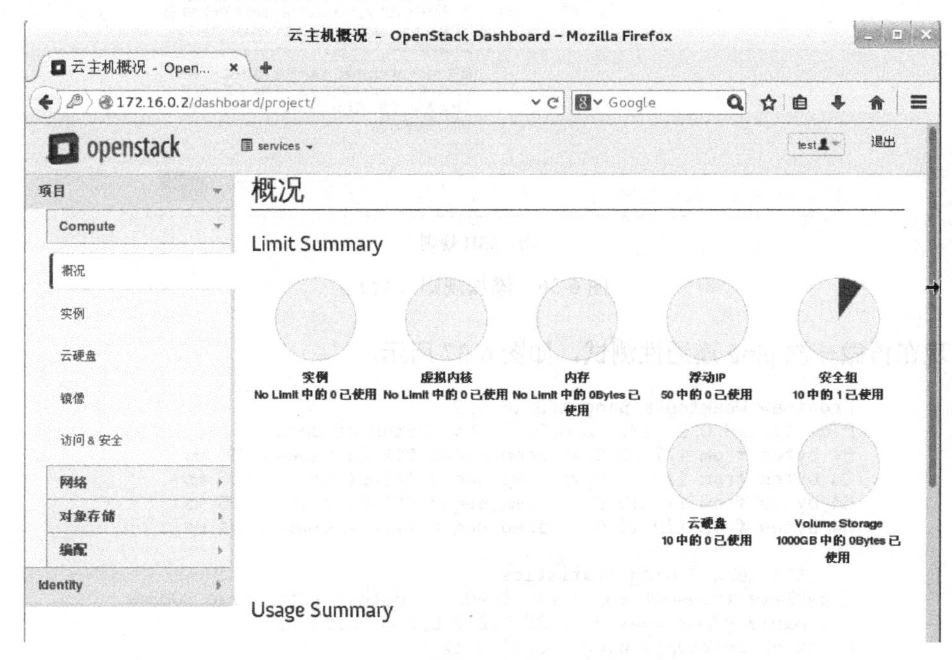

图 6-39 普通用户的登录界面

这里不做详述，需要说明的是普通用户有的功能，管理员基本都有。

第 7 章

探索 OpenStack 云平台的最佳实践

在前文中我们学习到了 OpenStack 云平台的安装部署及基本的使用，在这个过程里笔者相信大家的心中逐渐会产生一系列思考：在生产场景下，如此复杂的架构组件部署效率如何进一步提升？节点的资源如何进一步高效利用？运维工作如何开展？

伴随着一系列疑问和思考，笔者将带领各位读者探索 OpenStack 云平台的最佳实践——AWCloud 云计算管理平台。

AWWCloud 云计算管理平台（简称云管平台）基于开源 OpenStack 二次开发结合容器、分布式集群管理等技术为企业用户提供统一管理多种云资源的管理平台。通过超融合、软件定义网络、容器、自动化运维等技术的综合应用，使企业能够以最小的初始成本快速实现 IT 基础设施的“云化”；同时，产品可以随着企业规模的扩大、自身业务的增长，实现“积木堆叠式”的弹性扩容，按需升级，并以企业的视角，从数据中心、部门、项目等不同的维度对资源进行统一的规划、管理和计量统计。

云管平台的功能架构如图 7-1 所示。

图 7-1　云管平台的功能架构

7.1　云应用场景

云应用场景如图 7-2 所示。

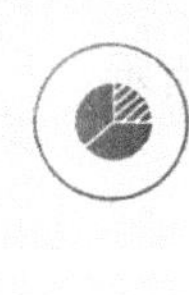

数据中心建设
• 大中小型弹性数据中心建设
• 虚拟机、裸机多资源交付，全业务场景支持
• IT资源池化，统一部署、运维、运营，全平台高可用，数据备份

设备利旧
• 服务器、存储设备利旧上云
• 业务应用无缝迁移上云
• 资源整合，避免闲置资源浪费，节约IT费用投入

混合云
• 与腾讯云、阿里云、AWS进行混合云管理
• 前后端业务应用灵活部署，合理资源配置，统一管理
• 业务快速发布上线，快速对外运营

IDC/运营商
• IT资源池化，统一部署、运维、运营，全平台高可用，数据备份
• 多级账号、权限管理，审批流程管理、工单管理
• 自定义云主机规格，资源计量、计费，自定义价格体系

分支机构管理
• 多数据中心、分支机构部署、管理
• 多数据中心统一运维管理
• 多级账号、权限管理，审批流程管理，工单管理

IT扩容
• IT资源快速扩容，云化
• 开放API，传统业务集成对接
• VMware平台一键纳管

图 7-2　云应用场景

7.2　云产品特点

云产品特点如图 7-3 所示。

AWCloud云管平台

★ 设备透传

★ 自定义流程与审批
★ 资源生命周期管理
智运维
★ 高可用
★ 数据保护
★ 日志管理
★ 多维度监控
★ 告警管理
★ 自动巡检
智运营
★ 资源计量
★ 资源计费
智部署
★ 多交付模式的灵活性
★ 容器化部署

图 7-3　云产品特点

7.2.1　云智使用

云管平台可以自定义组织结构，针对不同的角色分配不同的操作权限，灵活应对企

业多级组织架构，从用户、项目和部门不同粒度管理资源。云智使用如图 7-4 所示。

图 7-4　云智使用

系统管理员可以根据实际需求对审批级别和流程进行自定义，严格且高效地执行规范流程，如图 7-5 所示。

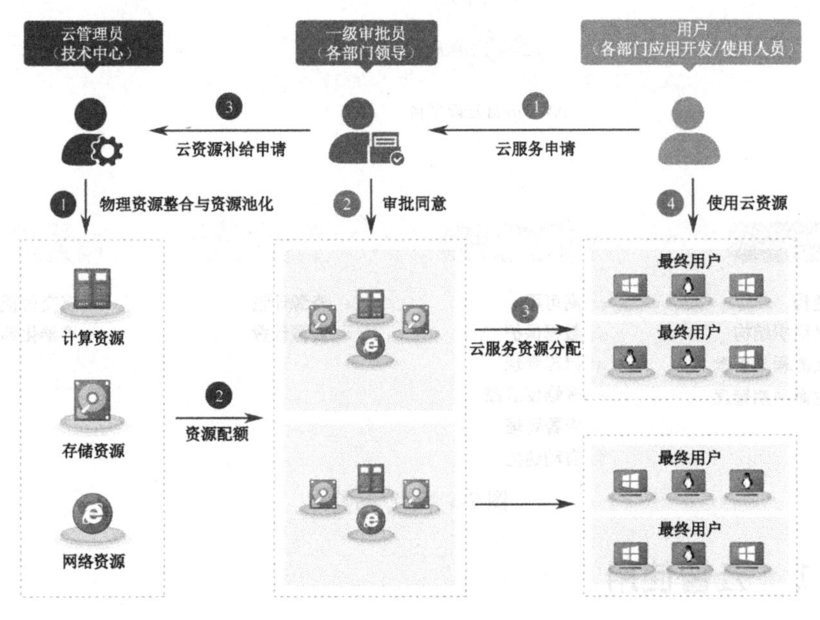

图 7-5　审批规范流程

云管平台支持将挂载在物理机上的 USB、GPU、FPGA 等设备透传给云主机，便于用户根据业务需求开发和部署相关业务，提供易用、经济、敏捷和安全的云服务，如图 7-6 所示。

加载信息

*云主机名称: zy-localVolume
设备类型: USB设备
设备描述:
Bus 002 Device 004: ID 0624:0249 Avocent Corp. Virtual Keyboard/Mouse
Bus 002 Device 003: ID 0624:0248 Avocent Corp. Virtual Hub
Bus 002 Device 002: ID 8087:0024 Intel Corp. Integrated Rate Matching Hub
Bus 001 Device 002: ID 8087:0024 Intel Corp. Integrated Rate Matching Hub
USB兼容性: USB2.0

取消

图 7-6　云管平台加载信息

云管平台提供完整的云主机生命周期管理，支持云主机的创建、修改、启动、重启、关机、迁移、快照等常用功能，同时支持通过管理界面的控制台远程连接云主机，如图 7-7 所示。

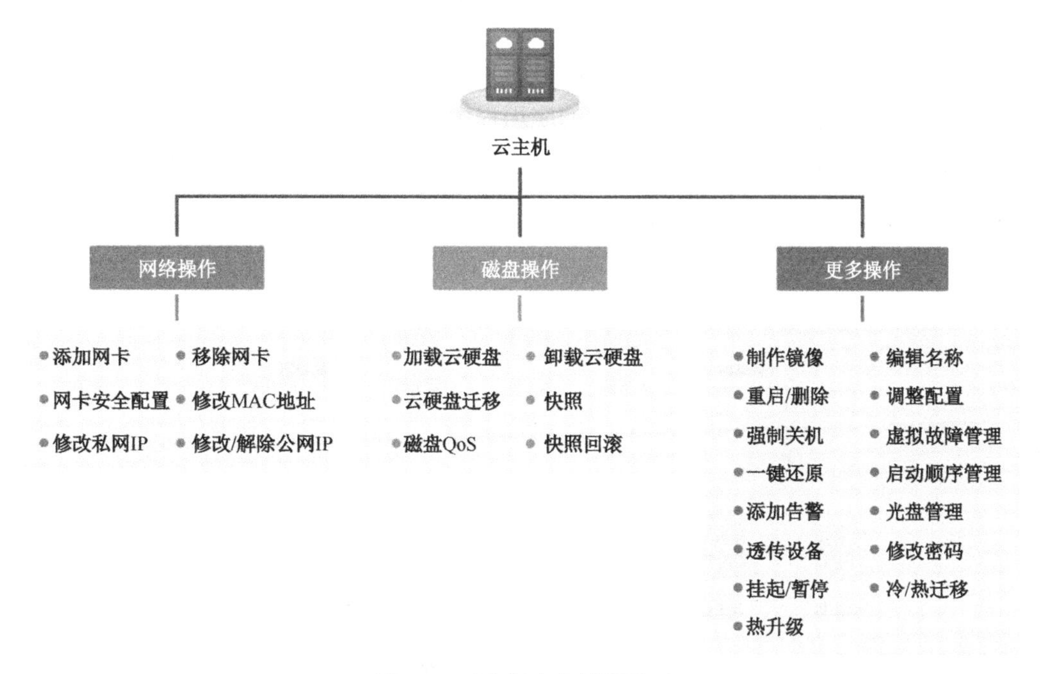

图 7-7　云主机生命周期管理

7.2.2 云智运维

云管平台采用去中心化、全对称的分布式架构，最大限度地利用物理资源，消除单点故障。当集群中某个物理服务器出现断电或断网故障时，系统自动触发高可用，将云主机驱散到功能正常的物理节点上，保障业务系统的持续可用性，如图 7-8 所示。

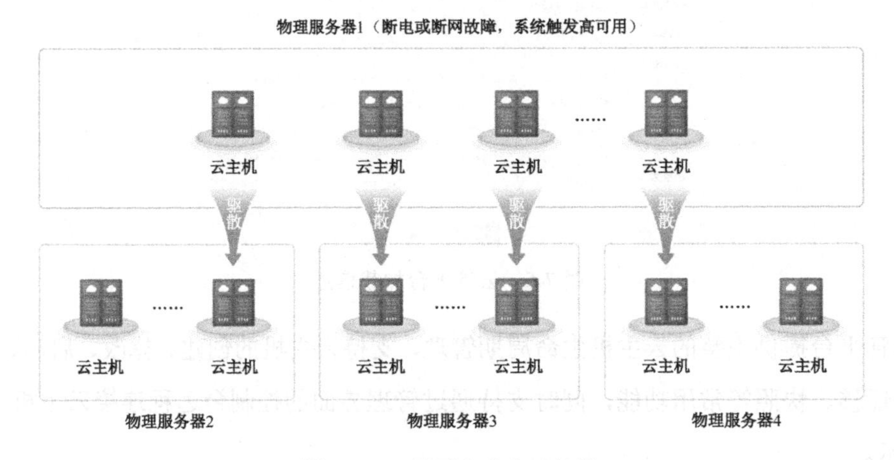

图 7-8　云管平台分布式架构

云管平台支持根据用户的业务需求和策略，经济地自动调整弹性计算资源的管理服务。弹性扩展不仅适合业务量不断波动的应用程序，同时也适合业务量稳定的应用程序。通过弹性扩展管理集群，在高峰期自动增加云主机，在业务回落时自动减少云主机，节省基础设施成本，如图 7-9 所示。

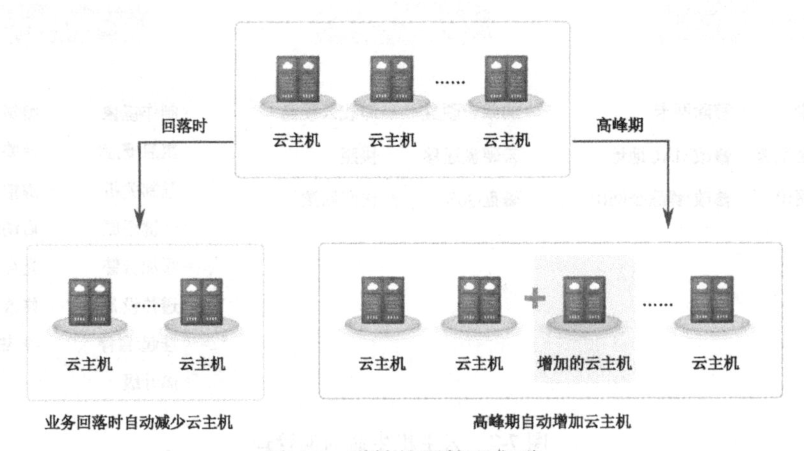

图 7-9　弹性扩展管理集群

针对当前平台量身定制巡检计划，快速检查并发现平台可能存在的安全隐患。支持巡检报告导出功能，为运维人员修复问题提供必要的数据依据，如图 7-10 所示。

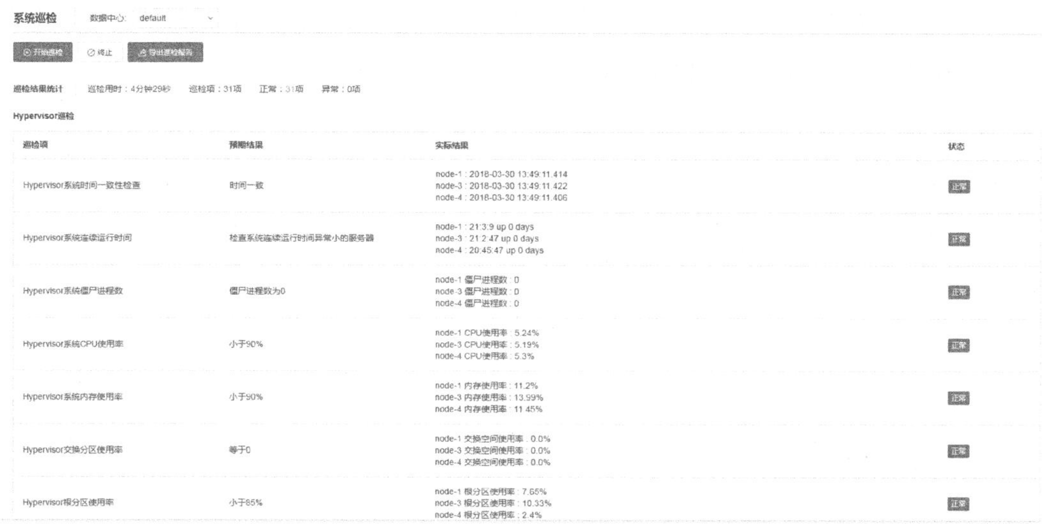

系统巡检　数据中心: default

开始巡检　终止　导出巡检报告

巡检结果统计　巡检用时：4分钟29秒　巡检项：31项　正常：31项　异常：0项

Hypervisor巡检

巡检项	预期结果	实际结果	状态
Hypervisor系统时间一致性检查	时间一致	node-1 : 2018-03-30 13:49:11.414 node-3 : 2018-03-30 13:49:11.422 node-4 : 2018-03-30 13:49:11.406	正常
Hypervisor系统连续运行时间	检查系统连续运行时间异常小的服务器	node-1 : 21:3:9 up 0 days node-3 : 21:2:47 up 0 days node-4 : 20:45:47 up 0 days	正常
Hypervisor系统僵尸进程数	僵尸进程数为0	node-1 僵尸进程数 : 0 node-3 僵尸进程数 : 0 node-4 僵尸进程数 : 0	正常
Hypervisor系统CPU使用率	小于90%	node-1 CPU使用率 : 5.24% node-3 CPU使用率 : 5.19% node-4 CPU使用率 : 5.3%	正常
Hypervisor系统内存使用率	小于90%	node-1 内存使用率 : 11.2% node-3 内存使用率 : 13.99% node-4 内存使用率 : 11.45%	正常
Hypervisor交换分区使用率	等于0	node-1 交换空间使用率 : 0.0% node-3 交换空间使用率 : 0.0% node-4 交换空间使用率 : 0.0%	正常
Hypervisor根分区使用率	小于85%	node-1 根分区使用率 : 7.65% node-3 根分区使用率 : 10.33% node-4 根分区使用率 : 2.4%	正常

图 7-10　系统巡检页面

云管平台支持不同资源类型的告警设置，包括物理主机、云主机、计划任务、高可用、硬件故障、Ceph、Ceph 健康检查、交换机 SNMP，并支持添加具体的告警阈值来实现资源告警触发。除了在平台展示当前告警外，还支持通过邮箱或微信方式发送告警信息至联系人。

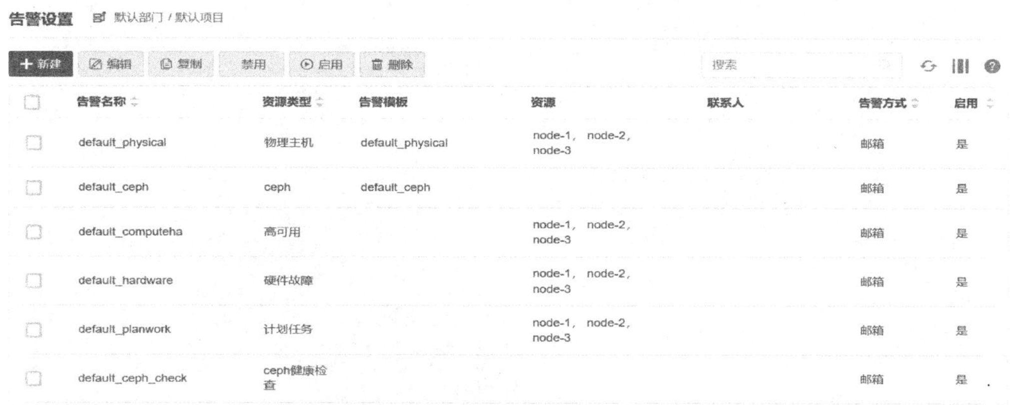

告警设置　默认部门 / 默认项目

+ 新建　编辑　复制　禁用　启用　删除　搜索

告警名称	资源类型	告警模板	资源	联系人	告警方式	启用
default_physical	物理主机	default_physical	node-1，node-2，node-3		邮箱	是
default_ceph	ceph	default_ceph			邮箱	是
default_computeha	高可用		node-1，node-2，node-3		邮箱	是
default_hardware	硬件故障		node-1，node-2，node-3		邮箱	是
default_planwork	计划任务		node-1，node-2，node-3		邮箱	是
default_ceph_check	ceph健康检查				邮箱	是

图 7-11　云告警设置

云管平台支持超融合 Ceph 存储管理，采用多数据副本保护机制，对 Ceph 进行智慧运维。支持 Ceph 硬盘故障自愈后，硬盘损坏或热插拔发生硬盘故障时。系统触发告警，识别故障硬盘并自动移除。当运维人员插入新磁盘或进行磁盘更换时，系统自动将新盘加入 Ceph 集群中进行管理，如图 7-12 所示。

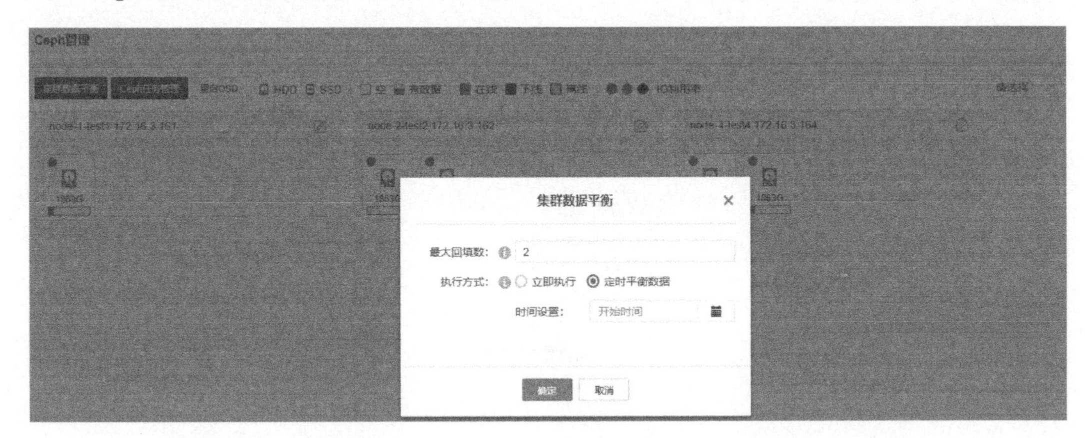

图 7-12　Ceph 管理界面

持大屏监控，在页面展示当前云管平台重要的资源状态，使得日常使用及系统运维变得更加得心应手，如图 7-13 所示。

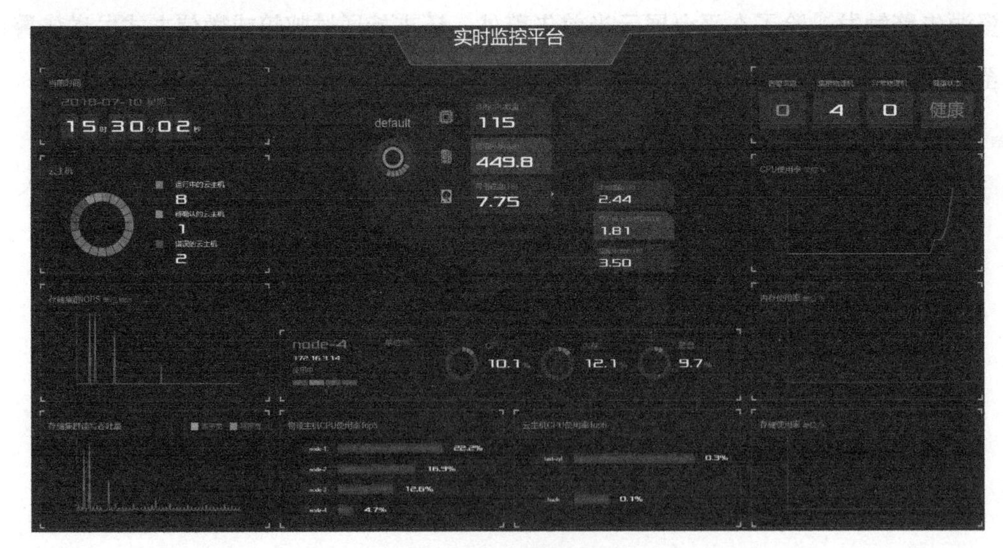

图 7-13　实时监控平台

7.2.3 云智运营

云管平台支持统计并展示各种类型资源的使用量（当前使用量和累计使用量）及其排行，有利于管理员进行资源整合分析，避免产生僵尸资源，从而达到资源利用最大化，系统管理界面如图 7-14 所示。

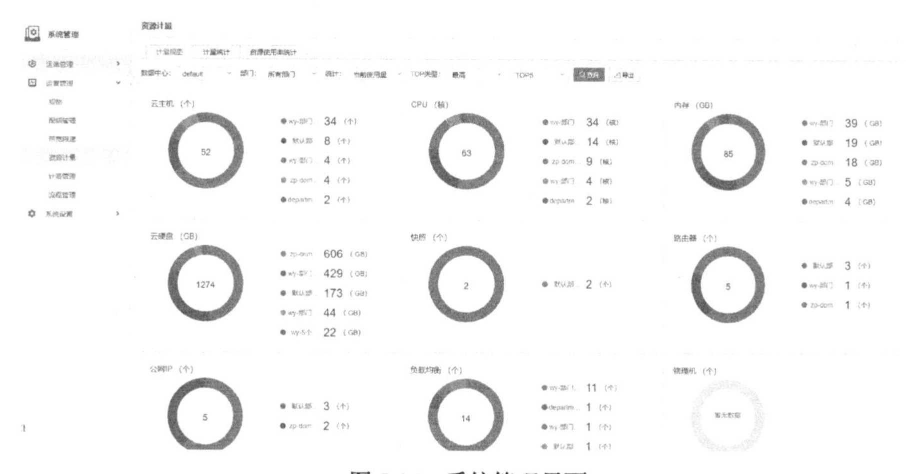

图 7-14 系统管理界面

在云管平台中设置计费开关。当打开计费开关时，云管平台的资源可以进行相应的计费。消费统计可以显示各数据中心的费用及占比、各类资源的费用及占比，并支持查看历史费用信息，如图 7-15 所示。

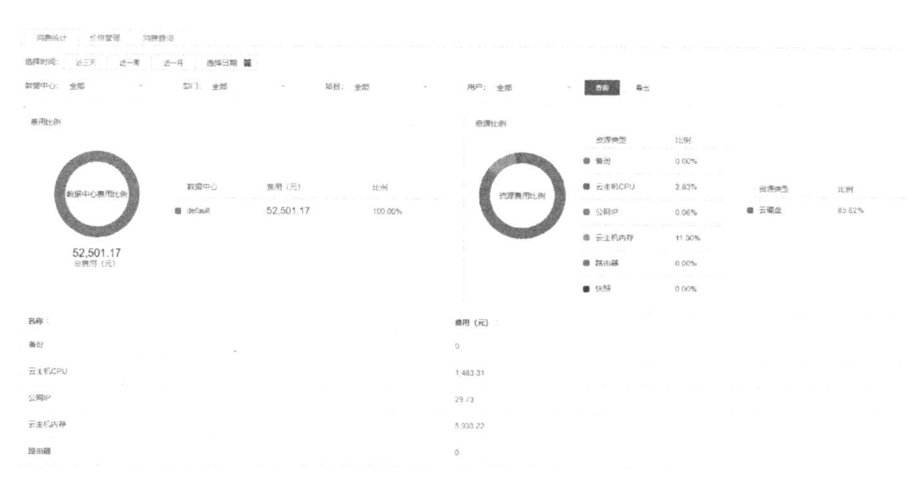

图 7-15 消费统计界面

支持按照详单或账单不同的类型查询消费信息，支持不同维度（数据中心、部门、项目、用户）展示信息，使管理员能够更清晰地掌握当前平台用户所使用的资源情况，如图 7-16 所示。

资源名称	资源类型	数据中心	部门	项目	单价(元/小时)	金额(元)	计费开始时间
nfs备份-调删	云主机CPU	default	产品一部	研发	1	4	2020-11-02 00:00:01
nfs备份-调删	云主机内存	default	产品一部	研发	2	16	2020-11-02 00:00:01
test2	云硬盘	default	默认部门	默认项目	0.5	0.5	2020-11-02 00:00:01
telegraf	云主机CPU	default	默认部门	默认项目	1	2	2020-11-02 00:00:01
telegraf	云主机内存	default	默认部门	默认项目	2	8	2020-11-02 00:00:01

资源类型	数据中心	部门	项目	金额(元)	计费开始时间
云主机CPU	default	默认部门	默认项目	16060.78	2020-10-01 00:00:02
云主机内存	default	默认部门	默认项目	63092.53	2020-10-01 00:00:02
带宽	default	默认部门	默认项目	0	2020-10-21 19:45:05
备份	default	默认部门	默认项目	0	2020-10-01 00:00:02
云硬盘	default	默认部门	默认项目	354948.68	2020-10-24 11:54:45

图 7-16　消费清单

统计报表提供资源维度的报表，可以直观地查看各个数据中心、部门、项目资源使用情况，以及同比环比的数据对比情况，实现可追溯历史数据，有效支撑运营分析，如图 7-17 所示。

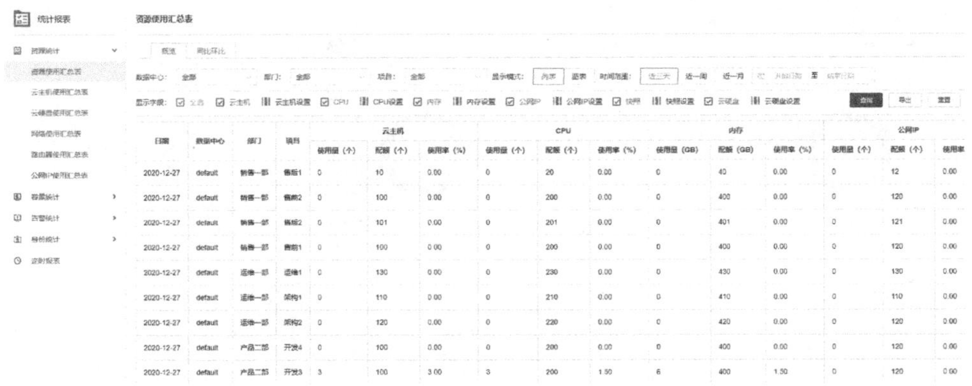

资源使用汇总表

日期	数据中心	部门	项目	云主机			CPU			内存			公网IP		
				使用量（个）	配额（个）	使用率（%）	使用量（个）	配额（个）	使用率（%）	使用量（GB）	配额（GB）	使用率（%）	使用量（个）	配额（个）	使用率
2020-12-27	default	销售一部	售后1	0	10	0.00	0	20	0.00	0	40	0.00	0	12	0.00
2020-12-27	default	销售一部	售前2	0	100	0.00	0	200	0.00	0	400	0.00	0	120	0.00
2020-12-27	default	销售一部	售后2	0	101	0.00	0	201	0.00	0	401	0.00	0	121	0.00
2020-12-27	default	销售一部	售前1	0	100	0.00	0	200	0.00	0	400	0.00	0	120	0.00
2020-12-27	default	运维一部	运维1	0	130	0.00	0	230	0.00	0	430	0.00	0	130	0.00
2020-12-27	default	运维一部	架构1	0	110	0.00	0	210	0.00	0	410	0.00	0	110	0.00
2020-12-27	default	运维一部	架构2	0	120	0.00	0	220	0.00	0	420	0.00	0	120	0.00
2020-12-27	default	产品二部	开发4	0	100	0.00	0	200	0.00	0	400	0.00	0	120	0.00
2020-12-27	default	产品二部	开发3	3	100	3.00	3	200	1.50	6	400	1.50	0	120	0.00

图 7-17　统计报表（资源使用汇总）

日期	资源类型	当前使用量	上年使用量	同比增长率	环比增长率
2020年12月	CPU	2	0	N/A	1%
2020年12月	内存	3121	0	N/A	7.13%
2020年12月	快照	1	0	N/A	N/A
2020年12月	云硬盘	2	0	N/A	1%
2020年11月	CPU	1	4	-0.75%	-0.75%
2020年11月	内存	384	6656	-0.94%	-0.95%
2020年11月	快照	0	1	-1%	N/A
2020年11月	云硬盘	1	4	-0.75%	-0.67%

图 7-17　统计报表（资源使用汇总）（续）

容量汇总对云主机存储资源池、备份资源池、虚拟化物理节点的总容量及数量等进行统计。通过图表方式展示物理机的容量已使用、剩余容量或总容量最高或最低的 TOP3、TOP5、TOP10，如图 7-18 所示。

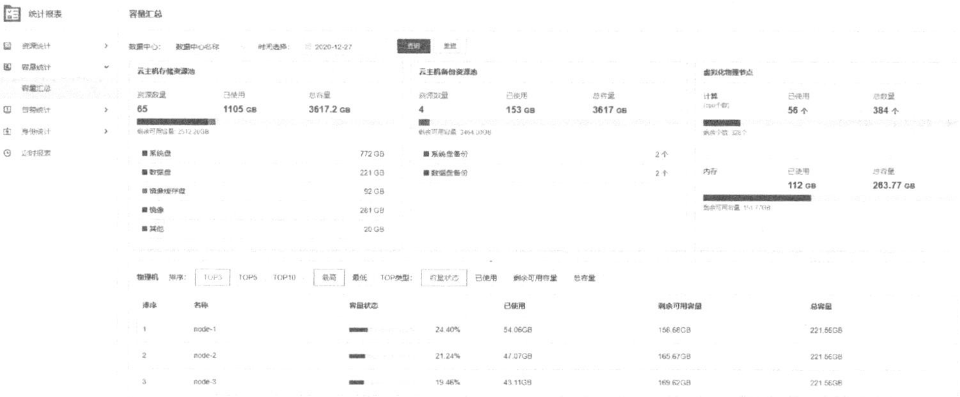

排序	名称	容量状态	已使用	剩余可用容量	总容量
1	node-1	24.40%	54.06GB	156.68GB	221.56GB
2	node-2	21.24%	47.07GB	165.67GB	221.56GB
3	node-3	19.46%	43.11GB	169.62GB	221.56GB

图 7-18　统计报表（容量汇总）

告警统计通过列表或图表的方式呈现告警类型或资源类型的告警数量统计、告警资源的同比环比信息（当前新增告警数量、上年新增告警数量、同比增长、环比增长）。

日期	告警级别	当前新增告警	上年新增告警	同比增长率	环比增长率
2020年12月	严重	1229	13	93.54%	16.07%
2020年12月	适中	96	11	7.73%	0.45%
2020年12月	低	114	13	7.77%	0.36%

图 7-19　统计报表（资源告警汇总表）

身份汇总表通过列表或图表的方式呈现部门、项目、用户的总数、新建和删除操作的数量，如图 7-20 所示。

图 7-20　统计报表（身份汇总表）

定时报表的功能是通过新建定时任务，将报表信息通过邮件定时发送给指定联系人，方便管理员能够及时获取统计信息。

7.2.4　云智部署

云管平台可根据安装部署的硬件设备及对接的存储设备，支持以下两种部署场景，如图 7-21 所示。

充分考虑标准X86硬件，包括利旧硬件

- ★ 客户现场灌装系统、配置网络、编排云计算环境
- ★ 用户可以在云管页面统一配置每台服务器的磁盘和网卡角色
- ★ 默认采用本地盘作为云主机存储，可在安装部署后对接共享存储系统
- ★ 支持FC、ISCSI、NFS、Ceph及拥有OpenStack驱动的存储

针对一体机或者明确硬件型号统一配置的交付场景

- ★ 可预先批量灌装系统，在客户现场配置网络、编排云计算环境
- ★ 不需手动配置网卡和磁盘角色，只需选择对应的硬件型号即可
- ★ 默认集成Ceph分布式存储

图 7-21　云管平台部署场景

云管平台底层 OpenStack 模块部署可以用容器化部署实现，平台可实现动态升级、更新，如图 7-22 所示。

用户仅需通过注册、选择主机、网络配置、配置下发等几步操作，实现分钟级资源池的部署和构建。让客户用最小投入实现 IT 资源云化，快速获取云计算资源，可随业务增长进行节点扩容。

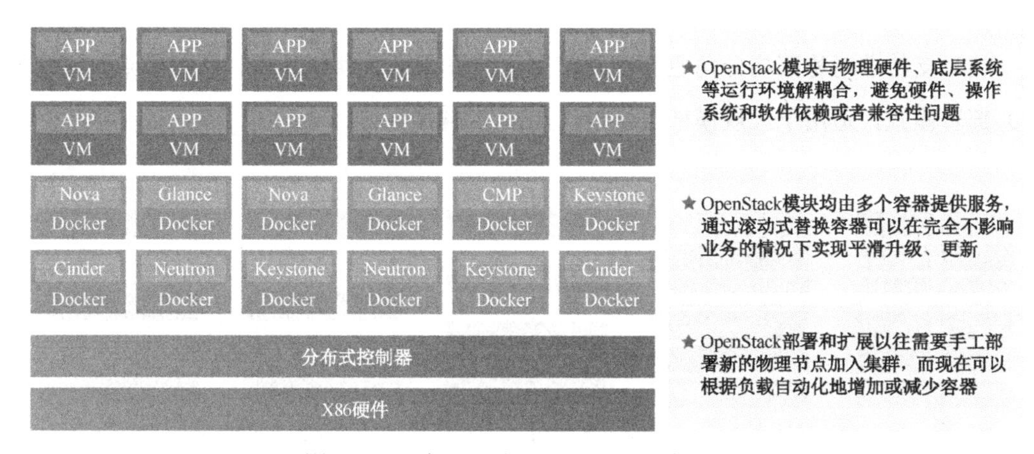

图 7-22　云管平台底层 OpenStack 模块部署

7.3　产品优势

（1）支持全对称分布式架构，无单独管理节点，可靠性高，并且可以节省成本，如图 7-23 所示。

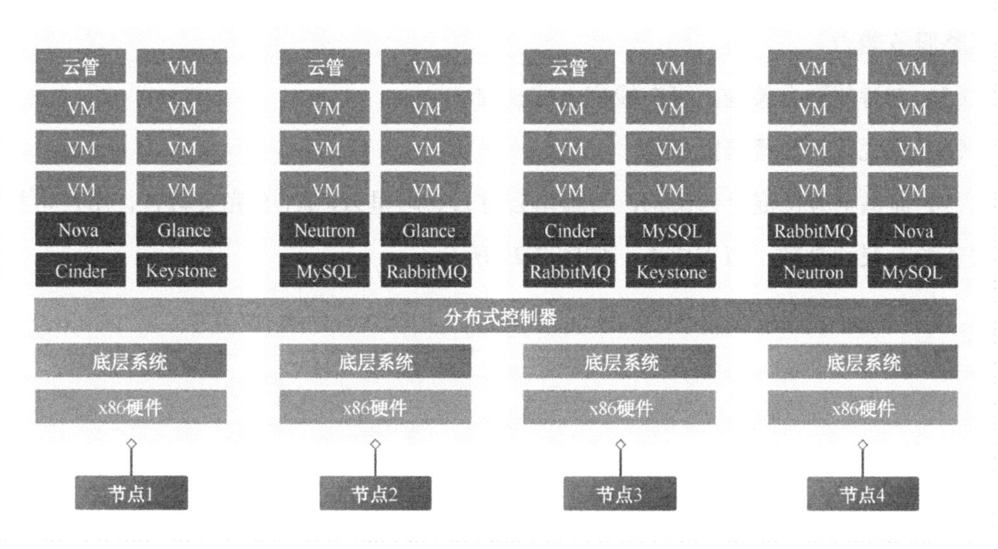

图 7-23　全对称分布式架构

（2）支持非对称架构分角色（控制节点、计算节点、存储节点、网络节点、消息队列）部署模式，适用于大规模部署场景，如图 7-24 所示。

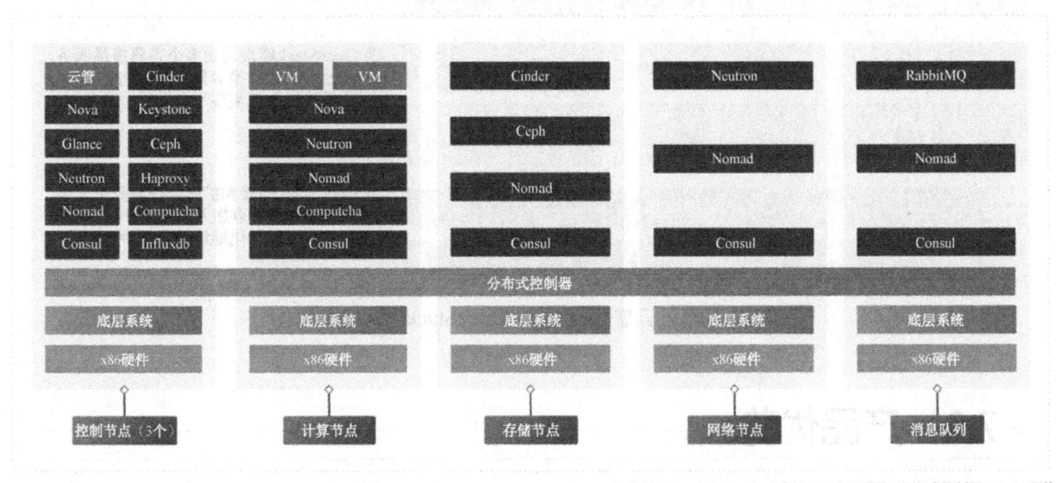

图 7-24　非对称架构分角色部署模式

（3）容器化部署，平台可实现动态升级、更新。

（4）内置自动化运维机器人，可以实现故障自动检测和恢复，并根据负载情况，动态调整服务能力。

（5）支持超融合架构，可在线积木式扩展。

（6）可视化存储管理能力。

（7）提供全方位混合云架构，与腾讯公有云、阿里云、AWS 完美融合，用户可按需配置资源，灵活高效，节省成本，如图 7-25 所示。

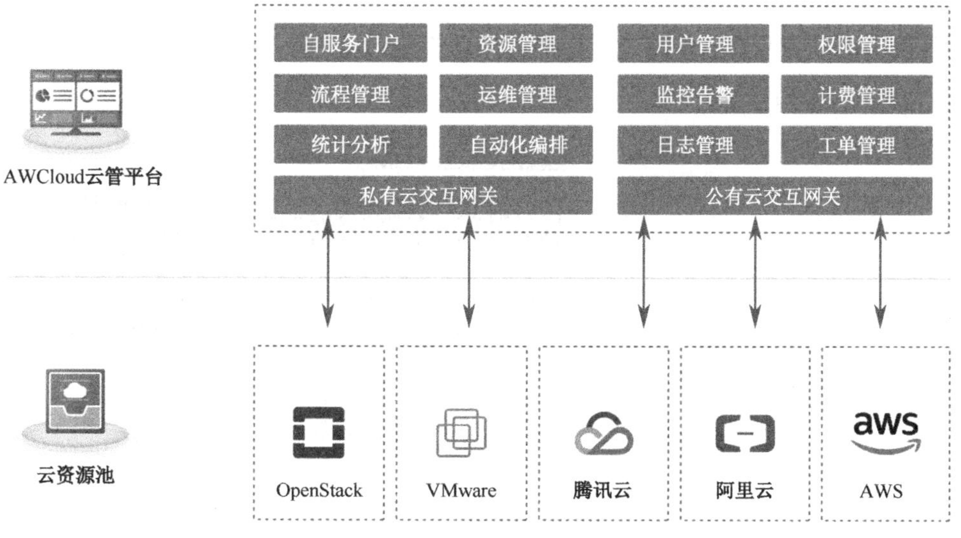

图 7-25　全方位混合云架构

7.4　产品功能

云管平台主要包括虚拟资源管理、监控管理、工单管理、日志管理、身份管理、系统管理等功能，集中了弹性可扩展计算、分布式块存储和软件定义网络等核心技术，通过对硬件设施进行虚拟化处理，形成云化资源池。该资源池可按需为每个用户提供基础 IT 资源，包括计算资源、存储资源和网络资源，快速适应动态变化的业务需求，实现弹性资源分配。云管平台支持通过页面安装高级扩展功能。

通过云管平台的智能化运维监控系统的实时监测，保障数据及服务安全。客户通过统一的云端界面，可实现对包括物理资源和虚拟资源在内的整个数据中心进行集中管理，从而为用户提供可靠、优质的计算服务。

7.4.1　虚拟资源管理

虚拟资源管理包括云主机、镜像、存储、网络、安全、弹性扩展及备份恢复，通过以上模块的相互协作，为客户提供了从创建一台云主机到正常对外提供服务所必需的资源和环境。虚拟资源管理是整个云管平台核心的部分，也是为客户直接创造价值的功能模块，如图 7-26 所示。

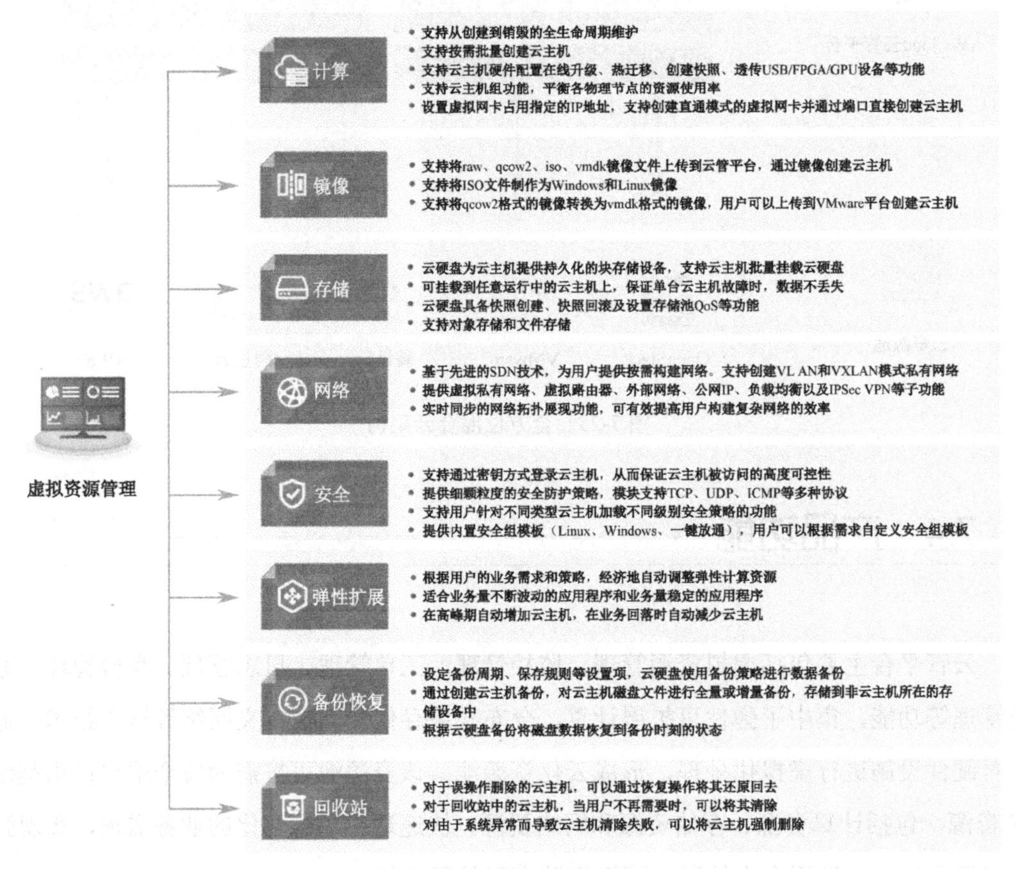

图 7-26　虚拟资源管理

7.4.2　监控管理

监控管理功能模块可以为整个云环境提供可靠的运行保障，提供物理服务器硬件监控透视图，运维人员或管理人员能够直观了解当前所有物理节点的各个硬件健康指标，无须频繁出入机房。当服务器任何一个硬件发生故障时，服务器健康状态显示为异常。同时对物理机、云主机、存储、数据库、中间件、业务系统、云服务等提供细粒度监控，支持实时监控、历史数据查询与趋势分析，如图 7-27 所示。

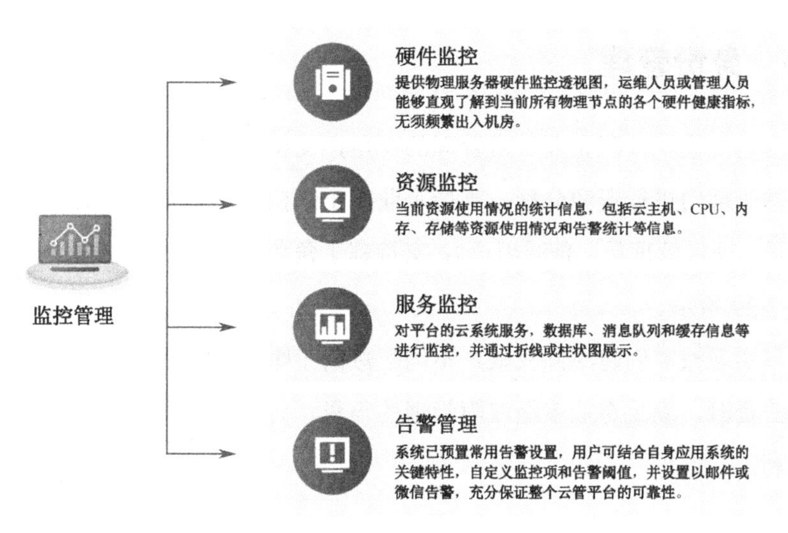

图 7-27　监控管理功能模块

7.4.3 工单管理

工单管理功能模块用于为云管平台的企业管理员和普通用户提供一个交互的通道，支持创建工单和工单流转，可通过此模块实现资源申请和信息咨询操作，如图 7-28 所示。

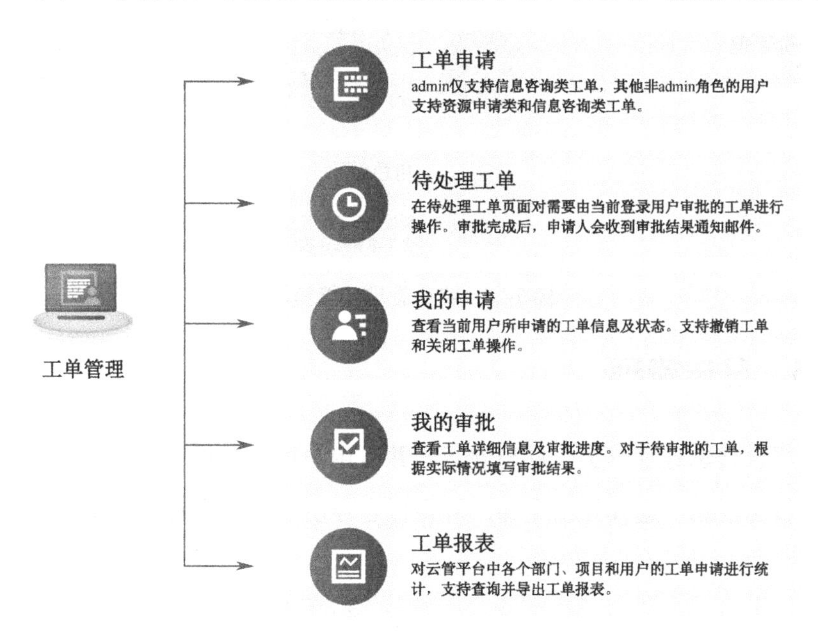

图 7-28　工单管理功能模块

7.4.4 身份管理

身份管理功能模块按照企业日常管理的视角，支持企业创建符合本企业组织结构的部门；支持基于部门进行资源分配；支持企业基于部门、项目及项目成员划分角色（包括部门管理员、项目管理员、普通用户）；支持基于角色进行云计算管理平台系统功能的授权，如图 7-29 所示。

企业可以实现按需创建不同权限、不同配额的子账号，并由各子账号独立管理本部门内的所有云资源，满足企业多级权限管理的需求，为企业不同部门、不同项目管理其资源提供便利。

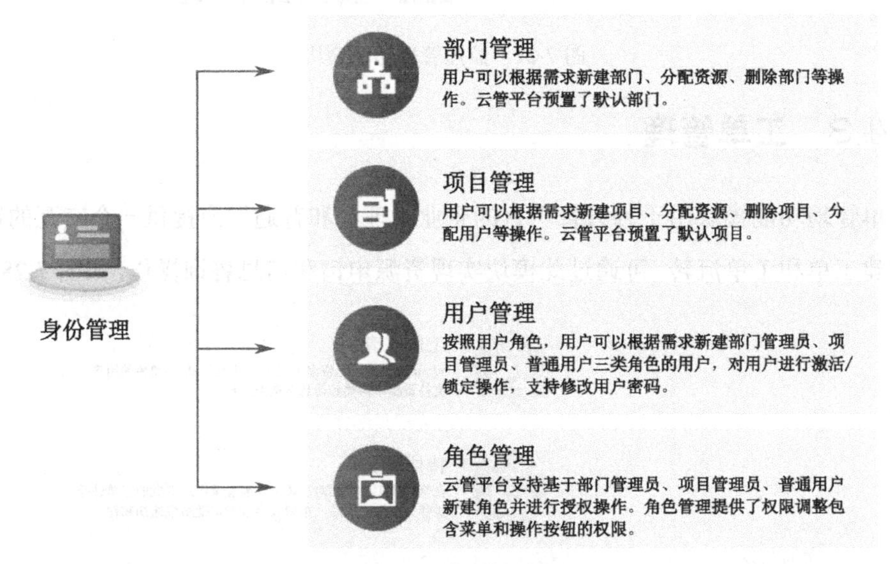

图 7-29 身份管理功能模块

7.4.5 日志管理

对云管平台日志进行分类管理与展示，并且用户可以根据需求设置过滤条件，查询符合条件的日志信息。选择导出全部，可将日志导出至本地查看，如图 7-30 所示。

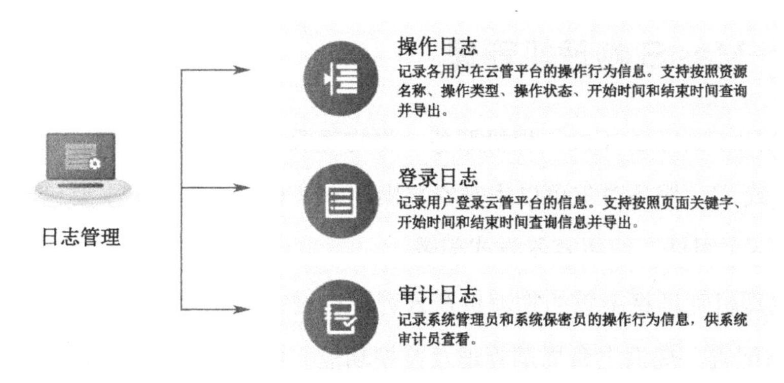

图 7-30　日志管理

7.4.6　系统管理

系统管理功能模块为管理员提供对整体云平台灵活配置与管理能力，提供运维管理、运营管理及系统设置相关配置，可以进行诸如数据中心一键关闭、在线管理节点、存储可视化管理、安全设置、系统巡检等多样式管理，如图 7-31 所示。

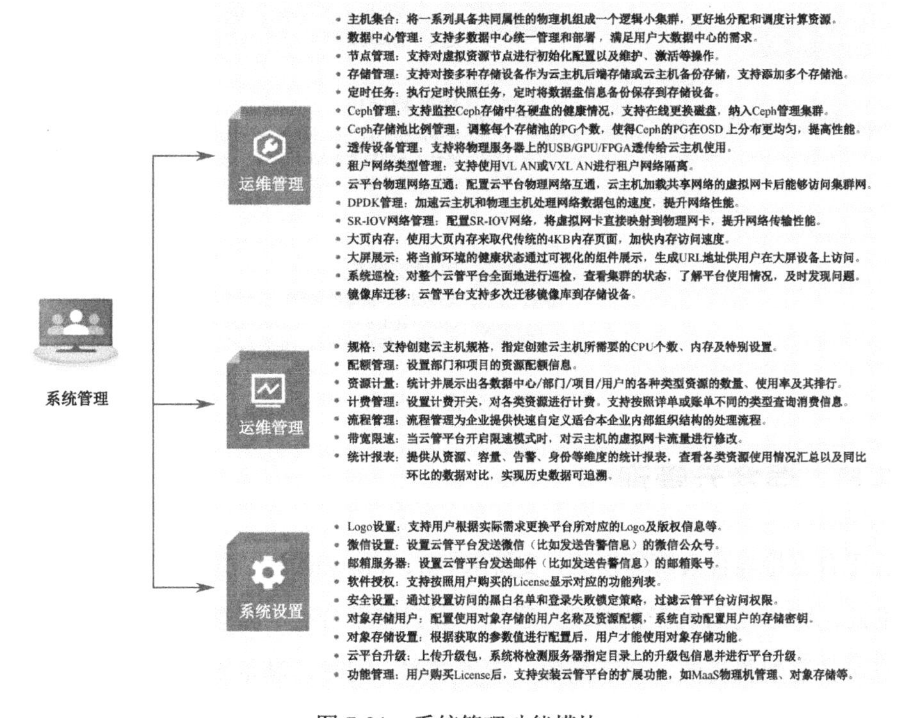

图 7-31　系统管理功能模块

7.4.7 MaaS 物理机管理

MaaS（Metal as a Service）裸机服务，将物理服务器视为云端虚拟机，为服务对象提供裸机（1 或 *n*），服务对象可以用来安装操作系统和其他功能。主要包含 maas-region 和 maas-rack 两个组件，使用容器方式部署。

MaaS 物理机管理将闲置的物理机在云管平台进行统一管理，可以按需对其进行系统安装与网络配置，提供生命周期管理及监控功能。同时，将用户已经在生产中的机器统一管理起来，方便用户管理物理机。对已纳管的服务器进行开机、关机、重启、控制等操作，以及查看服务器硬件配置信息等，如图 7-32 所示。

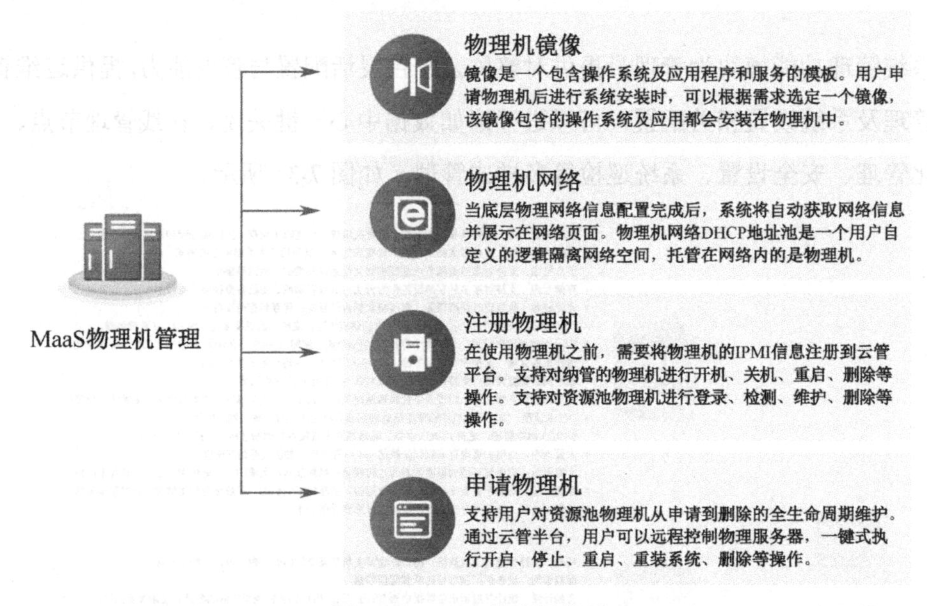

图 7-32 MaaS 物理机管理

7.4.8 混合云管理

云管平台支持混合云管理模式，支持 KVM、VMware 等虚拟化管理，同时支持腾讯云、阿里云、AWS 等公有云的管理。通过一套云管平台统一管理私有云资源和公有云资源。用户可按需配置资源，灵活高效，节省成本。同时，满足用户对于多云成本和费用的分析及预测等辅助运营的能力的需求，如图 7-33 所示。

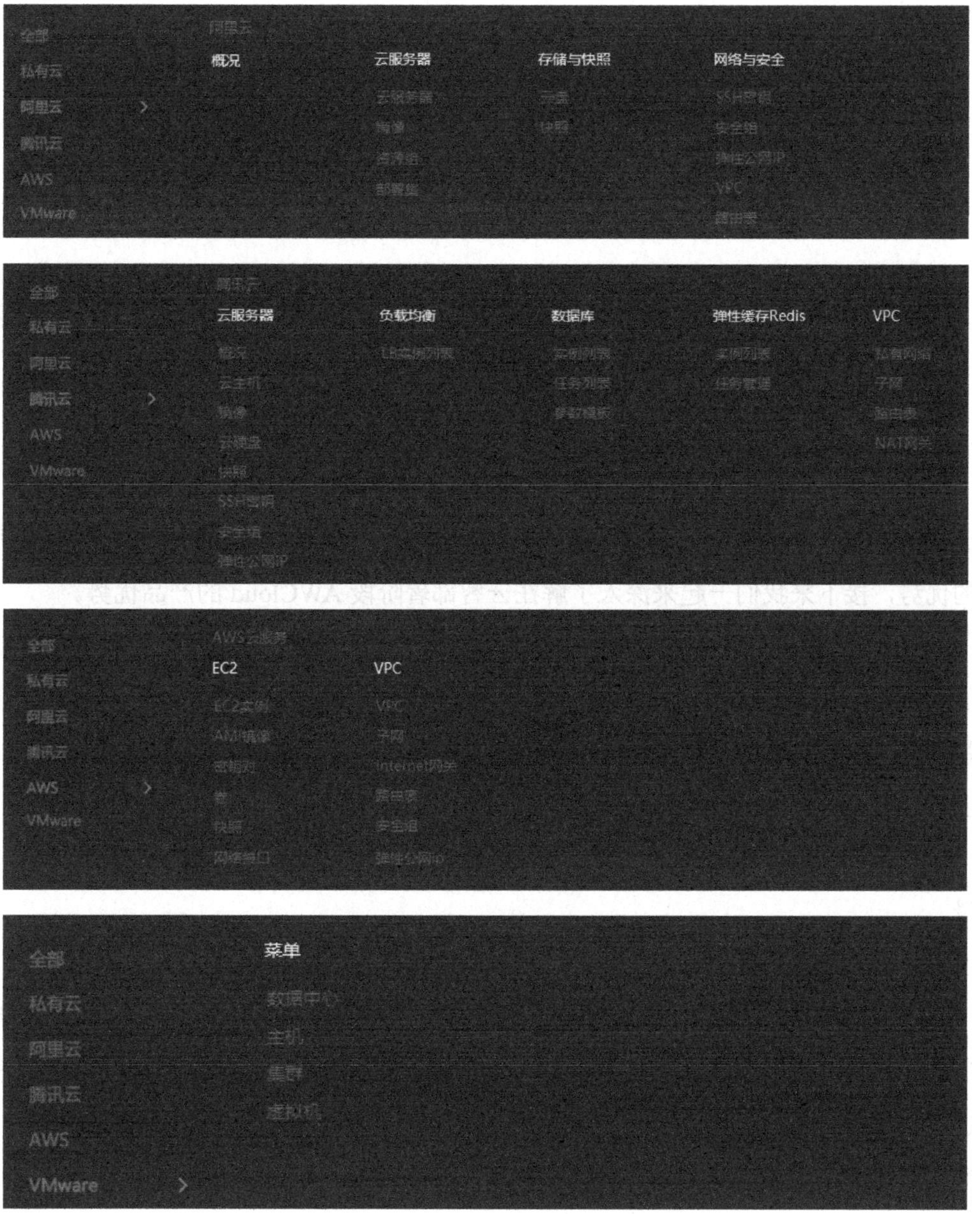

图 7-33　混合云管理模式

第8章

部署 OpenStack 云平台的最佳实践

前文中我们一起探索了 AWCloud 在云智使用、云智运维、云智运营、云智部署等方面的优势，接下来我们一起来深入了解在云智部署阶段 AWCloud 的产品优势。

AWCloud 是为企业用户提供的用于统一管理多种云资源的 SaaS 云计算管理平台。通过超融合、软件定义网络、容器、自动化运维等技术的综合应用，使企业能够以最低的初始成本快速实现 IT 基础设施的“云化”。同时，产品可以随着企业规模的扩大、自身业务的增长，实现“积木堆叠式”的弹性扩容，按需升级。

以企业的视角，从企业、部门、项目等不同的维度对资源进行统一的规划、管理和计量。

整个平台基于 OpenStack 开发，提供标准的 OpenStack API 接口。

AWCloud 产品目标是实现快速部署、零运维、系统主动监控、云端自动升级，实现多种虚拟化资源统一管理。通过提供自动化安装的方式解决安装烦琐部署困难的问题；通过平台的智能化运维解决企业运维难统一的问题；通过平台的自动化运维解决专业人员需求度问题；通过远程无缝升级的方式解决版本升级问题；使运维成本大幅度降低，让企业私有云管理变得更加简单、高效。

AWCloud 支持混合云管理模式，支持 KVM、VMware、Hyper-V 等虚拟化管理，同时支持腾讯云等公有云的管理，由云计算管理平台提供统一管理。针对不同的业务场景提供两种不同的解决方案，一种采用的是优化的超融合一体机和基于互联网的 SaaS 服务模式的 AWCloud 平台统一交付，充分利用 AWCloud 的快速部署、零运维的优势，满足企业业务快速云化的需求；另一种是单独的软件解决方案，将 AWCloud 软件部署于企业本地 IT 基础设施上，充分利用企业既有 IT 物理设备，在企业业务云化过程中为企业节省大量 IT 建设成本，满足大型企业业务需求。

AWCloud 平台主要包括资源管理、监控管理、流程管理、工单管理、日志管理、身份管理、系统管理、计费计量和趋势分析等功能，集中了弹性可扩展计算、分布式块存储和软件定义网络（SDN）等核心技术，通过对硬件设施进行虚拟化处理，形成虚拟层面的资源池系统。该资源池系统可按需为每一套应用系统提供基础 IT 资源——计算资源、存储资源和网络资源，快速适应动态变化的业务需求，实现弹性资源分配。通过 AWCloud 的智能化运维监控系统实时监测，保证数据及服务安全。客户通过统一的 SaaS 云端界面，可实现对包括物理资源和虚拟资源在内的整个数据中心的集中管理，从而为用户提供可靠、优质的计算服务。

8.1 安装流程

AWCloud 云计算管理平台（以下简称云管平台）安装流程如图 8-1 所示。

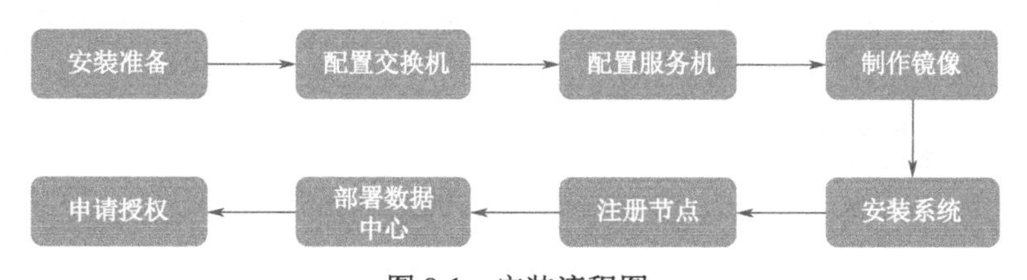

图 8-1　安装流程图

（1）准备服务器和交换机，进行网络规划。

（2）配置交换机端口模式及 VLAN ID。

（3）配置服务器启动方式，开启虚拟化。

（4）使用 U 盘制作镜像。

（5）使用镜像安装节点操作系统。

（6）注册节点信息到云管平台。

（7）部署数据中心。

（8）登录云管平台，导入授权 License 文件。

8.2 使用限制

安装部署使用限制见表 8-1。

表 8-1 安装部署使用限制

安装部署阶段	注意事项
环境准备	● 建议租户网、存储网使用万兆网络（租户网、存储网相关概念请参考“逻辑网络规划”章节） ● 建议租户网、存储网分别使用独立网卡。 ● 建议每台服务器至少有 4 块网卡。 ● 建议每种业务网络使用单独的交换机；如果共用交换机，建议使用不同的 VLAN 进行隔离。 ● 每节点除系统盘外，至少还需要 1 块硬盘做数据盘。
系统安装	● 建议系统盘配置 RAID1。 ● 系统盘必须为 RAID 配置中的第一个引导项。 ● 系统盘最少要求 240GB。
网卡配置	如果需要对物理网卡采用 LACP Bond 模式，需要对端物理交换机支持 LACP 协议。在安装部署云管平台之前，先确保物理交换机的端口聚合及 LACP 已配置完成。

8.3 安装准备

8.3.1 硬件清单

部署云管平台时，所需硬件设备数量及推荐配置如表 8-2 所示。服务器其他规格配置请参见《AWCloud 云计算管理平台 产品规格参数》。

表 8-2　硬件清单及配置

硬件类型	数量	说明
服务器	3+	至少 3 个节点，每个节点配置需满足如下条件。 ● CPU：至少 2 颗 6 核以上的 Intel xeon CPU，支持超线程，支持 VT-x，CPU 主频高于 2.0GHz。 ● 内存：最小 64GB 内存，推荐至少需要 128GB 内存。 ● 存储：推荐使用 600GB SAS 10K 硬盘*2；1TB SAS 10K 硬盘*4、128GB SSD*1(根据 Ceph 存储容量需求配置)。 ● 网口：至少 2 个千兆网口和 2 个万兆光网口。 ● 电源：双电源冗余。 ● 远程管理卡：支持标准 IPMI 网络。 ● 服务器兼容性：需要支持 Redhat 企业版 7 的兼容性认证。
交换机	1	● 网管交换机，可配置 VLAN。 ● 需要同时支持千兆网口和万兆网口，若不支持，则需要准备 1 台千兆交换机和 1 台万兆交换机。 ● 需要支持 VLAN Trunk 端口模式。 ● 至少同时支持 9 个千兆电网口(每个节点上连 2 个千兆电网口和 1 个 IPMI 千兆电网口）和 6 个万兆光网口（每个节点上连 2 个万兆光网口)。 ● 如果网卡采用 LACP 链路聚合模式，则交换机需要支持 LACP。

8.3.2　网络规划

8.3.2.1　逻辑网络规划

云管平台部署需要 5 个逻辑网，分别是：租户网、存储网、集群网、管理网、业务网。网络规划说明参见表 8-3。

表 8-3　网络规划说明

名称	说明
租户网	用于 OpenStack 中云主机之间的相互通信
存储网	云主机读写数据、分布式存储节点内部的数据冗余复制也需要使用该网络。推荐使用万兆网
集群网	OpenStack 组件(nova、cinder、glance 等组件)间的通信、云主机迁移
管理网	用于云管平台调用 OpenStack API
业务网	云主机对外提供业务能力使用的网络，整个云管平台共享该业务网络

8.3.2.2 网卡规划

云管平台部署时，规划存储网、租户网建议使用万兆网卡；管理网、集群网、业务网可以使用千兆网卡。推荐使用4个网口（非冗余方式）、2个千兆网口和2个万兆网口。4个网口（非冗余方式）规划示例图如图8-2所示。4个网口（非冗余方式）规划示例参见表8-4。

注意：当用户需要使用云管平台的对象存储功能时，为了满足存储性能要求，在网卡规划时建议管理网使用万兆网卡。

- 1块双口千兆网卡和1块双口万兆网卡：非冗余方式、2千兆网口和2万兆网口。

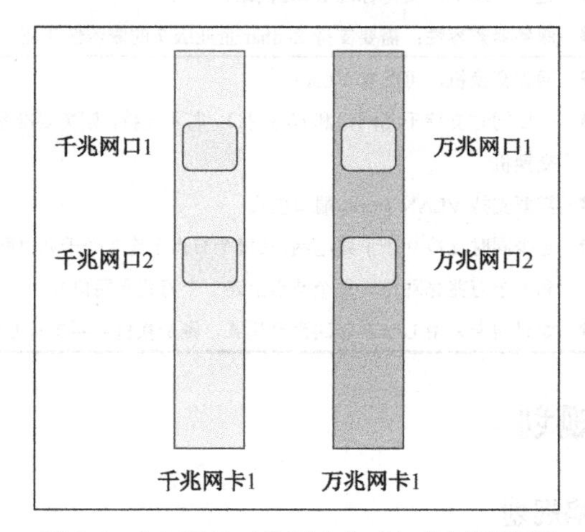

图8-2 4个网口（非冗余方式）规划示例图

表8–4 4个网口（非冗余方式）规划示例

物理网卡	逻辑网络
千兆网口1	管理网、业务网
千兆网口2	集群网
万兆网口1	存储网
万兆网口2	租户网

- 2块双口千兆网卡和2块双口万兆网卡：冗余方式，双千兆网卡和双万兆网卡的双网口之间做端口聚合，可得bond0、bond1、bond2、bond3四个聚合后的端口，详细参考图8-3、表8-4。

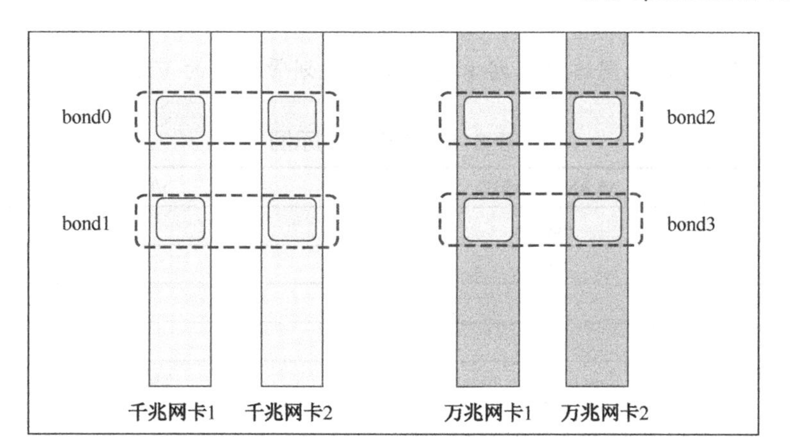

图 8-3　4 块双口网卡（冗余方式）规划示例图

表 8-5　4 块双口网卡（冗余方式）规划示例

聚合网卡	逻辑网络
bond0	管理网、业务网
bond1	集群网
bond2	存储网
bond3	租户网

8.3.2.3　VLAN 规划

VLAN 规划示例见表 8-6。

注意：

- VLAN ID 的范围为 2～4095。
- 租户网通过 VLAN 隔离租户间的流量，因此需要提前规划用户租户网分配的 VLAN 个数，一般按照项目规划，必须使用连续 VLAN ID。同时需要一个专门的 VLAN ID 给系统用于验证租户网间的可用性。
- 存储网、集群网也需要规划 VLAN，但仅作为内部通信使用，因此只需要分配可用 VLAN 即可，无须在物理交换机中为 VLAN 配置 IP 地址，可使用非连续 VLAN ID。
- 存储网络、集群网络和租户高可用网络由于都仅用于内部通信，为了节省 VLAN ID 资源，可共用一个 VLAN ID。

- 当管理网与其他网络复用网卡时，需要规划管理网的 VLAN ID。

表 8-6　VLAN 规划示例

网络类型	VLAN 端口模式	VLAN ID
集群网	Access	100
管理网	Trunk	50
业务网	Trunk	51
存储网	Access	101
租户网	Trunk	2101-2199 租户网高可用 VLAN：2100
IPMI	Access	50

8.3.2.4　网段规划

IP 地址规划示例见表 8-7。

注意：由于只有业务网、管理网与外部环境连通，因此一般只需要考虑业务网、管理网的网段规划。若无特殊网段冲突，集群网络与存储网络使用默认网段即可。

- 占用业务网络 IP 的组件包括云主机、虚拟路由器 IP。这些 IP 段需要能被云环境外的网络访问到。
- 云管平台会占用一个 IP 实现高可用。当存在节点宕机时，不影响云管平台的管理。
- 集群网 IP、存储网 IP、租户网高可用 IP，为纯内部网络 IP 地址。只要保证隔离的 VLAN ID 不与用户本身网络环境冲突，那么这 3 个 IP 段可以分配任意私有网络段。
- 管理网 IP 段，用于分配给服务器管理网卡和平台访问 IP，主要用于服务器维护和云环境访问，该网段一般要求可以被用户办公网络访问到即可。

表 8-7　IP 地址规划示例

网络类型	设置示例
集群网	10.198.1.0/24
管理网	192.168.130.0/24

续表

网络类型	设置示例
业务网	网段：192.168.128.0/20 IP 地址范围：192.168.130.31～192.168.130.130 网关：192.168.128.1
存储网	10.198.2.0/24
租户网	10.198.3.0/24
IPMI	10.131.198.0/24

8.3.3 配置交换机

交换机配置示例见图 8-4。

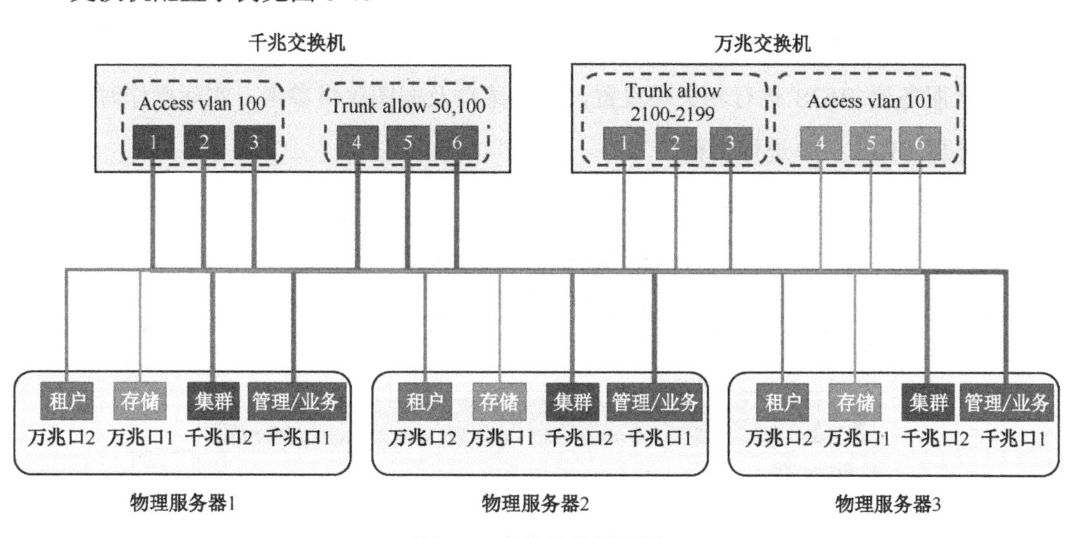

图 8-4　交换机配置示例

注意：

- 请确认各节点使用的管理网 IP 地址，确保能连通云管平台。
- 业务网和管理网对应的交换机端口配置应根据现场实际情况进行调整，否则可能导致配置业务网 IP 的云主机无法与外部环境连通。
- 服务器千兆口 1 是管理网络和业务网络，它对应连接的交换机的端口配置 Trunk 模式，配置允许通过规划的管理网和业务网的 VLAN ID（本示例中配置交换机端口为 Trunk allow 50,100）。

- 服务器千兆口 2 是集群网络。它对应连接的交换机的端口配置 Access 模式，配置规划的集群网的 VLAN ID（本示例中配置交换机端口为 Access VLAN 100）。
- 服务器万兆口 1 是存储网络。它对应连接的交换机的端口配置 Access 模式，配置规划的存储网的 VLAN ID（本示例中配置交换机端口为 Access VLAN 101）。
- 服务器万兆口 2 是租户网络。它对应连接的交换机的端口配置 Trunk 模式，配置允许规划的租户网络的 VLAN ID 可通过（本示例中配置交换机端口为 Trunk allow 2100-2199）。

8.3.4 配置服务器

进入服务器 BIOS 进行相关项设置，以下菜单及截图仅供参考，实际操作时请根据对应服务器 BIOS 菜单进行调整。

1. 开启 CPU 虚拟化支持。

在 BIOS 设置中，选择“System BIOS Settings > Processor Settings”进入设置。将 Virtualization Technology 设置为 Enabled，如图 8-5 所示。

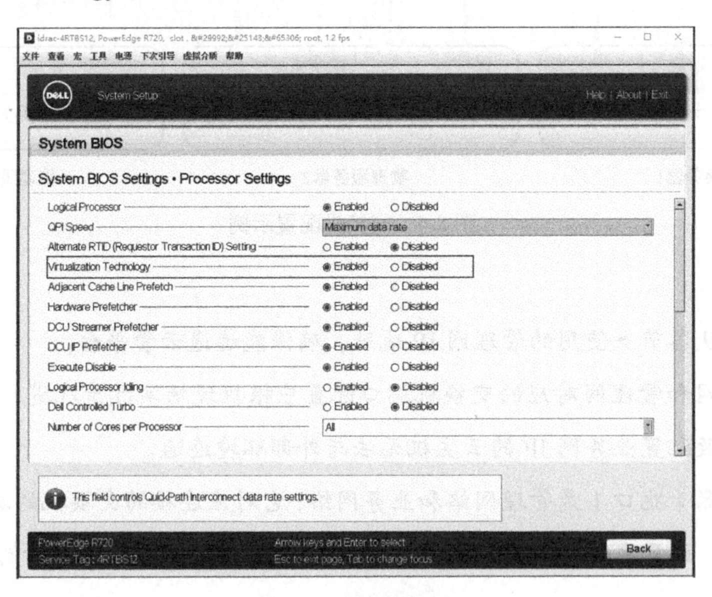

图 8-5 开启虚拟化

2. 将服务器启动方式设置为 BIOS 或 UEFI。

在 BIOS 设置中，选择“System BIOS Settings > Boot Settings”进入设置。将 Boot Mode 设置为 BIOS 或 UEFI。默认启动方式为 BIOS。当系统盘容量大于 2TB 时，需要使用 UEFI 安装操作系统，如图 8-6 所示。

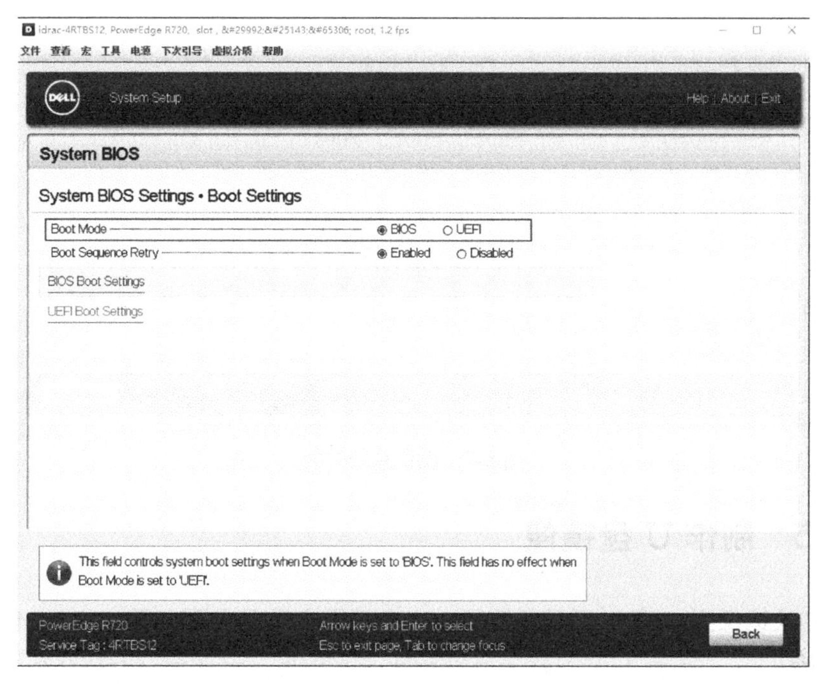

图 8-6　设置启动方式

3. 如果服务器长时间未使用，需要设置服务器时间与当前时间一致。

在 BIOS 设置中，选择“System BIOS Settings > Miscellaneous Settings”，设置服务器时间，如图 8-7 所示。

4. 按照实际需求进行 RAID 设置。

通常，将容量较小的两块磁盘设置为 RAID1，用作系统盘；其余磁盘设置为单盘 RAID0 或 RAID 透传，用作数据盘。

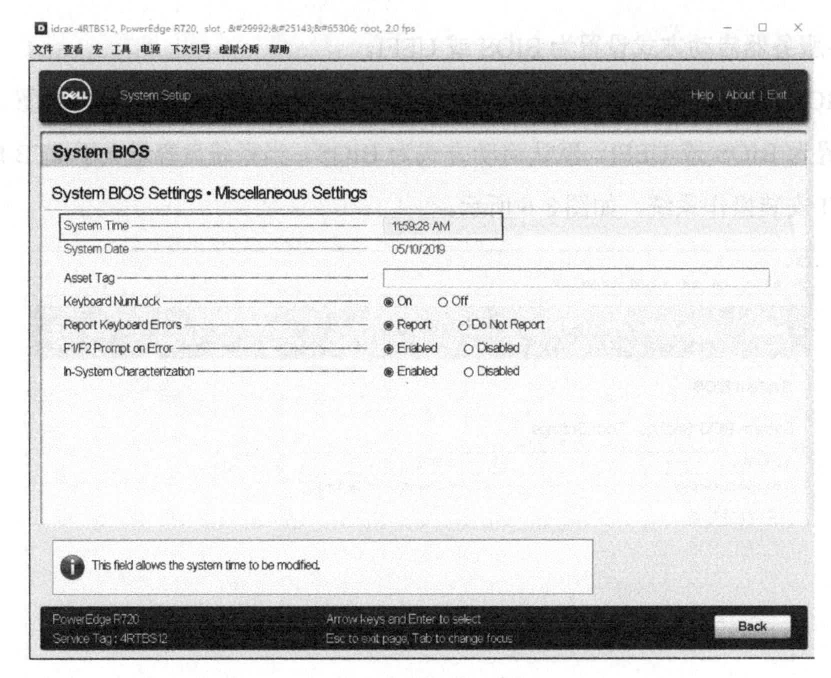

图 8-7　设置系统时间

8.3.5　制作 U 盘镜像

推荐刻录镜像到 U 盘（可反复擦写，U 盘可用容量要求不小于 4GB），也可刻录到 4.7GB 容量的 DVD 光盘中。该 U 盘只能用于刻录镜像，不能同时存放其他数据。在将镜像写入 U 盘前会抹除 U 盘所有数据。

8.3.5.1　在 Linux 环境下制作 U 盘镜像

前提条件

已获取云管平台 ISO 镜像文件。

操作步骤

（1）将镜像文件存放在当前 Linux 机器。

（2）插入 U 盘，执行 lsblk 命令，确认 U 盘对应的磁盘名称，如图 8-8 所示。

（3）通过 dd 命令写入到对应 U 盘。

```
dd if=tstack-vx.x-xxxxxxxx-xxxx.iso of=/dev/sdc bs=4M conv=sparse oflag=direct,sync
```

命令中“tstack-vx.x-xxxxxxxx-xxxx.iso”修改为对应下载的镜像文件名称，“sdc”为对应的U盘的磁盘名称，请根据实际情况进行修改。制作镜像如图 8-9 所示。

```
[root@node-5 wyl]# lsblk
NAME                                                                              MAJ:MIN RM   SIZE RO TYPE MOUNTPOINT
sda                                                                                 8:0    0 894.3G  0 disk
├─sda1                                                                              8:1    0    24M  0 part
├─sda2                                                                              8:2    0   200M  0 part /boot/efi
├─sda3                                                                              8:3    0   500M  0 part /boot
├─sda4                                                                              8:4    0    40G  0 part
│ ├─docker-thinpool_tmeta                                                         253:2    0   408M  0 lvm
│ │ └─docker-thinpool                                                             253:6    0    38G  0 lvm
│ │   └─docker-253:4-51118475-c2ab5f115229371d76d7fc69ed6005f7bdef038f62bcedb0c246965d37ff7e9d 253:7    0    10G  0 dm
│ └─docker-thinpool_tdata                                                         253:3    0    38G  0 lvm
│   └─docker-thinpool                                                             253:6    0    38G  0 lvm
│     └─docker-253:4-51118475-c2ab5f115229371d76d7fc69ed6005f7bdef038f62bcedb0c246965d37ff7e9d 253:7    0    10G  0 dm
└─sda5                                                                              8:5    0 853.6G  0 part
  ├─vg_system-lv_root                                                             253:0    0    30G  0 lvm  /
  ├─vg_system-lv_swap                                                             253:1    0     8G  0 lvm  [SWAP]
  ├─vg_system-lv_var                                                              253:4    0 810.6G  0 lvm  /var
  └─vg_system-lv_gfs                                                              253:5    0     5G  0 lvm  /var/glusterfs
sdb                                                                                 8:16   0 894.3G  0 disk
└─sdb1                                                                              8:17   0 894.3G  0 part /mnt/wy
sdc                                                                                 8:32   1  14.4G  0 disk
├─sdc1                                                                              8:33   1   2.6G  0 part
└─sdc2                                                                              8:34   1   8.5M  0 part
sdd                                                                                 8:48   0   7.3T  0 disk
sde                                                                                 8:64   0   7.3T  0 disk
sdf                                                                                 8:80   0   7.3T  0 disk
sdg                                                                                 8:96   0   7.3T  0 disk
```

图 8-8　确认 U 盘对应磁盘名称

```
[root@node-5 admin]# dd if=tstack-v3.0-20190418-2053.iso of=/dev/sdc bs=4M conv=sparse oflag=direct,sync
82+0 records in
82+0 records out
343932928 bytes (344 MB) copied, 44.7621 s, 7.7 MB/s
91+0 records in
91+0 records out
381681664 bytes (382 MB) copied, 49.4502 s, 7.7 MB/s
102+0 records in
101+0 records out
423624704 bytes (424 MB) copied, 54.3416 s, 7.8 MB/s
110+0 records in
110+0 records out
461373440 bytes (461 MB) copied, 59.8708 s, 7.7 MB/s
119+0 records in
119+0 records out
499122176 bytes (499 MB) copied, 64.5182 s, 7.7 MB/s
130+0 records in
130+0 records out
545259520 bytes (545 MB) copied, 70.4924 s, 7.7 MB/s
```

图 8-9　制作镜像

（4）写入镜像的过程中，若需查看对应的写入进度，可用 xshell 连接此物理机另开一个窗口，并输入命令：sudo watch -n 5 pkill -USR1 ^dd$。

（5）在写入磁盘的 dd 窗口查看制作镜像的进度，如图 8-10 所示。

```
2692743168 bytes (2.7 GB) copied, 345.849 s, 7.8 MB/s
653+0 records in
653+0 records out
2738880512 bytes (2.7 GB) copied, 351.818 s, 7.8 MB/s
661+0 records in
661+0 records out
2772434944 bytes (2.8 GB) copied, 356.254 s, 7.8 MB/s
671+0 records in
671+0 records out
2814377984 bytes (2.8 GB) copied, 361.118 s, 7.8 MB/s
672+1 records in
672+1 records out
2821718016 bytes (2.8 GB) copied, 362.404 s, 7.8 MB/s
[root@node-5 admin]#
```

图 8-10　镜像制作完成

8.3.5.2 在 Windows 环境下制作 U 盘镜像

前提条件

已获取云管平台 ISO 镜像文件。选择文件界面如图 8-11 所示。

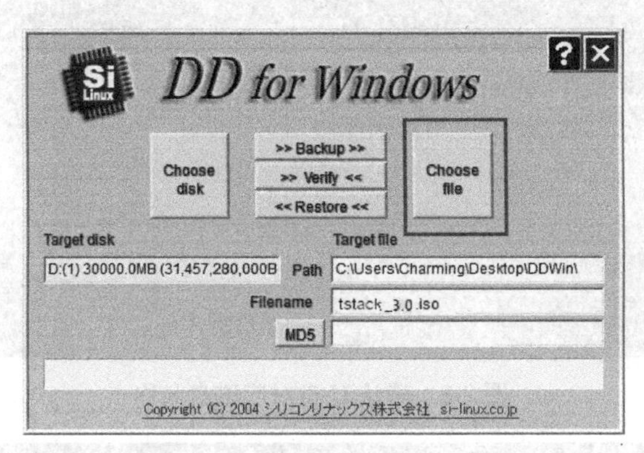

图 8-11 选择文件

操作步骤

（1）将镜像文件存放在当前 Windows 机器。

（2）打开软件“dd for windows”。

（3）选择写入的 U 盘设备。

（4）选择产品镜像及存放位置。

（5）选择 Restore 将镜像刻录至 U 盘，会抹除设备的所有数据，请确认选择的磁盘设备是 U 盘，进度条显示刻录进度，刻录镜像界面如图 8-12 所示。

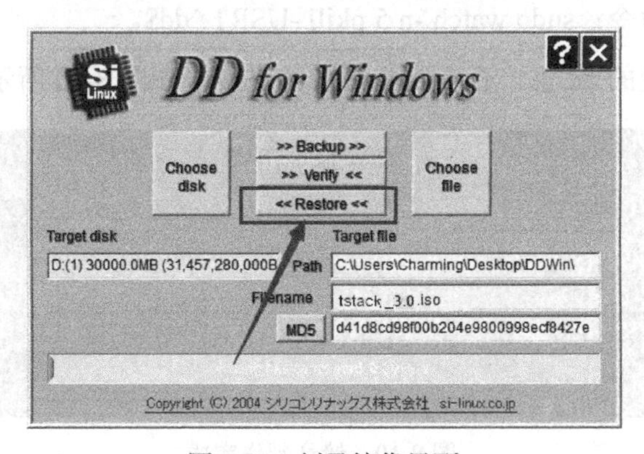

图 8-12 刻录镜像界面

8.3.5.3 在 MacOS 环境下制作 U 盘镜像

前提条件

已获取云管平台 ISO 镜像文件。

操作步骤

（1）插入 U 盘，在控制台中输入下面命令，查看 U 盘对应的设备号，如图 8-13 所示。

diskutil list

```
/dev/disk6 (external, physical):
   #:                       TYPE NAME                    SIZE       IDENTIFIER
   0:     FDisk_partition_scheme                        *8.0 GB     disk6
   1:                 DOS_FAT_32 ALICE                   8.0 GB     disk6s1
```

图 8-13　确认 U 盘对应磁盘名称

（2）卸载 U 盘（插入时已经自动挂载了），但是不要退出。在终端下，执行以下命令。

diskutil umountDisk /dev/disk6

Unmount of all volumes on disk1 was successful

（3）执行 dd 命令写入文件到对应的设备。

sudo dd if=tstack-vx.x-xxxxxxxx-xxxx.iso of=/dev/disk6 bs=4m conv=sparse,sync

命令中“tstack-vx.x-xxxxxxxx-xxxx.iso”修改为对应下载的镜像文件名称，“disk6”为对应的 U 盘的磁盘名称，请根据实际情况进行修改。制作镜像如图 8-14 所示。

```
sudo dd if=tstack-v3.0-20190418-2053.iso of=/dev/sdc bs=4M conv=sparse oflag=direct,sync
1+0 records in
1+0 records out
31681664 bytes (382 MB) copied, 49.4502 s, 7.7 MB/s
02+0 records in
01+0 records out
23624704 bytes (424 MB) copied, 54.3416 s, 7.8 MB/s
10+0 records in
10+0 records out
61373440 bytes (461 MB) copied, 59.8708 s, 7.7 MB/s
19+0 records in
19+0 records out
99122176 bytes (499 MB) copied, 64.5182 s, 7.7 MB/s
30+0 records in
30+0 records out
45259520 bytes (545 MB) copied, 70.4924 s, 7.7 MB/s
```

图 8-14　制作镜像

（4）退出 U 盘。复制之后，系统可能会报错，显示“此电脑不能读取能插入的磁盘”，不必理会，直接退出即可，也可以在终端下，执行以下命令退出：

```
diskutil eject /dev/disk6
```

8.4 安装过程

8.4.1 安装操作系统

注意：当物理服务器通过 FC 协议已对接共享存储时，需要拔掉光纤线断开服务器与存储的连接，否则会终止操作系统的安装。

前提条件

已获取存放镜像文件的 U 盘。感兴趣的读者可搜索并联系英特尔 FPGA 中国创新中心-海云捷迅科技有限公司，获取更多详情，更有机会与资深技术专家学习云原生架构在异构加速场景下的的实践经验。

操作步骤

1. 启动系统盘镜像。

选择 U 盘启动（如图 8-15 所示）。安装系统过程中不要拔出 U 盘，否则会安装失败。待安装结束后方可拔出 U 盘。

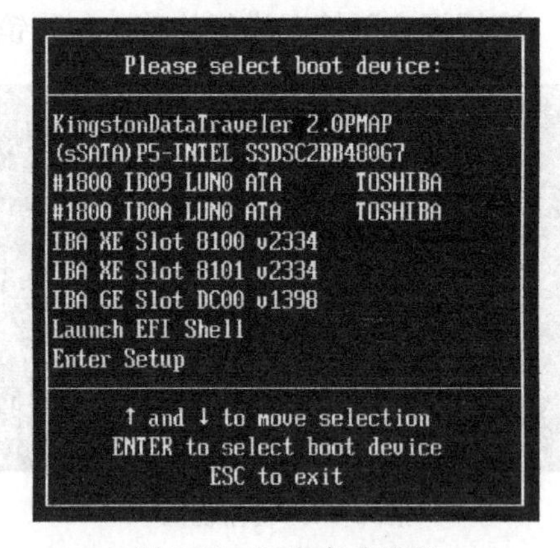

图 8-15　U 盘启动界面

2. 选择安装模式。

云管节点选择“Install And Bootstrap SaaS Container”（如图 8-16 所示），非云管节点选择“Install By Default”（如图 8-17 所示）。

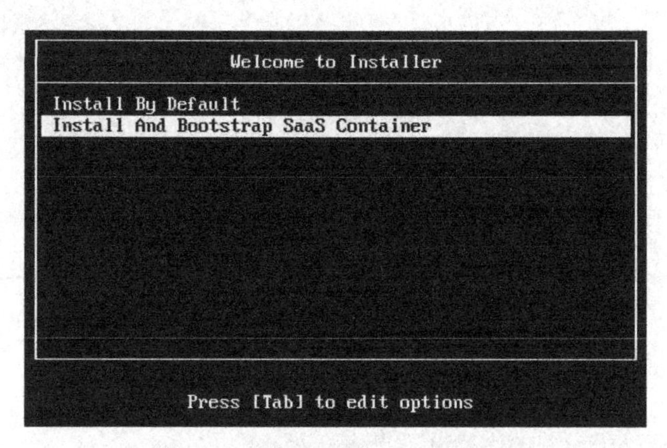

图 8-16　选择安装模式：云管节点

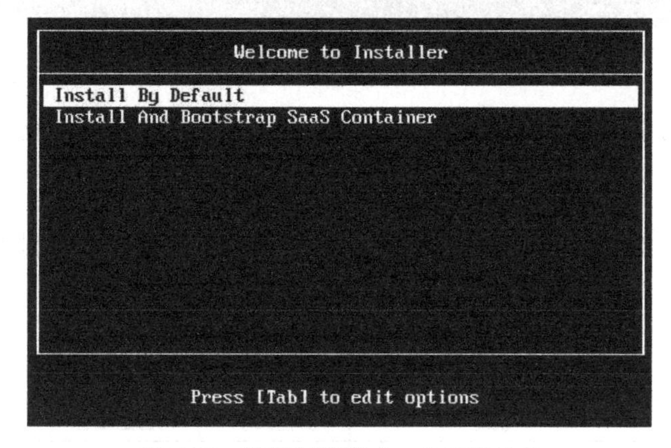

图 8-17　选择安装模式：非云管节点

3.　选择系统盘，并进行格式化。

在有“Choose hard drive(enter drive number)：”提示信息后，填写系统盘序号，按回车按钮，并在“Are you sure you want to erase ALL data on disk XXX?(y/N)”提示信息后，填写“y”，对系统盘进行格式化（如图 8-18 所示）。

注意：系统盘必须大于 240GB。

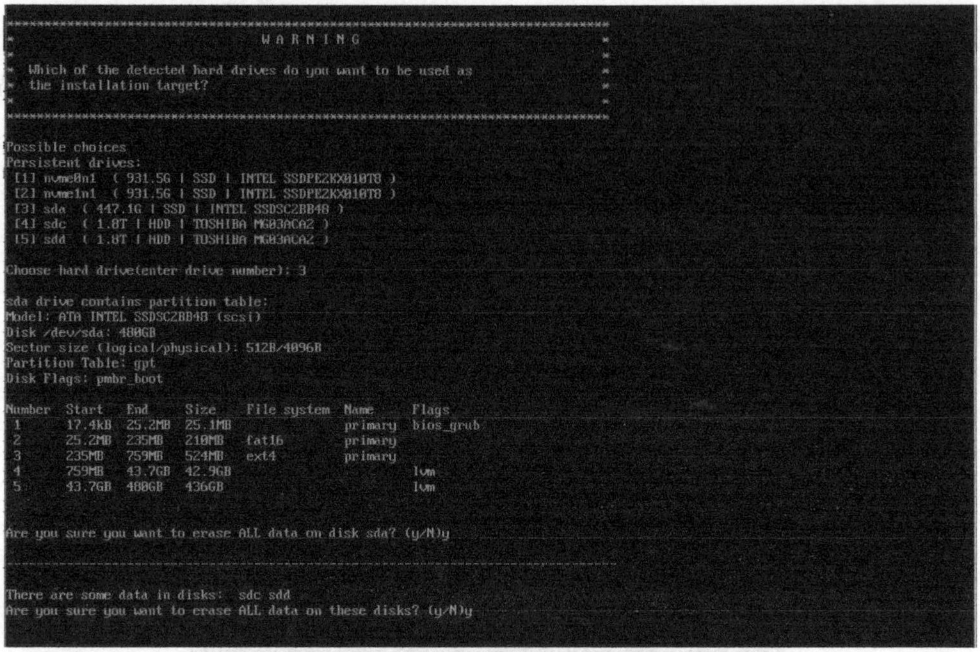

```
*****************************************************************************
*                              W A R N I N G                                *
*                                                                           *
*  Which of the detected hard drives do you want to be used as              *
*  the installation target?                                                 *
*                                                                           *
*****************************************************************************

Possible choices
Persistent drives:
 [1] nvme0n1  ( 931.5G | SSD | INTEL SSDPE2KX010T8 )
 [2] nvme1n1  ( 931.5G | SSD | INTEL SSDPE2KX010T8 )
 [3] sda  ( 447.1G | SSD | INTEL SSDSC2BB48 )
 [4] sdc  ( 1.8T | HDD | TOSHIBA MG03ACA2 )
 [5] sdd  ( 1.8T | HDD | TOSHIBA MG03ACA2 )

Choose hard drive(enter drive number): 3

sda drive contains partition table:
Model: ATA INTEL SSDSC2BB48 (scsi)
Disk /dev/sda: 480GB
Sector size (logical/physical): 512B/4096B
Partition Table: gpt
Disk Flags: pmbr_boot

Number  Start   End     Size    File system  Name     Flags
 1      17.4kB  25.2MB  25.1MB               primary  bios_grub
 2      25.2MB  235MB   210MB   fat16        primary
 3      235MB   759MB   524MB   ext4         primary
 4      759MB   43.7GB  42.9GB                        lvm
 5      43.7GB  480GB   436GB                         lvm


Are you sure you want to erase ALL data on disk sda? (y/N)y

--------------------------------------------------------------------------

There are some data in disks:  sdc sdd
Are you sure you want to erase ALL data on these disks? (y/N)y
```

图 8-18　选择系统盘及格式化

说明：当使用全新服务器安装系统时，则不需要进行系统盘和数据盘格式化，选择系统盘后直接进入注册节点界面。

磁盘分区信息如表 8-8 所示。当系统盘大于最低配置时，磁盘剩余容量分配给目录 /var。

表 8-8　磁盘分区信息

序号	挂载点	说明	分区大小	对应逻辑卷	对应卷组	文件系统
0	无	磁盘第一个分区，存放 BIOS GRUB	24MB	无	无	-
1	/boot/efi/	存放 EFI 引导文件	200MB	无	无	fat16
2	/boot/	启动分区	500MB	无	无	ext4
3	/	根分区	30GB	lv_root	vg_system	ext4
4	/swap	交换分区	8GB	lv_swap	vg_system	-
5	/var	存放大部分数据（自动扩展使用所有可用空间）	≥100GB	lv_var	vg_system	ext4
7	无	docker 镜像目录	40GB	无	docker	-
8	/var/glusterfs	仲裁节点	5GB	lv_gfs	vg_system	ext4

4. 系统自动检测，并显示非空白数据盘，然后根据需要选择是否要格式化数据盘，数据盘格式化如图 8-19 所示。

注意：为了安装部署顺利进行，采用除硬盘外其他方式安装系统时，建议填写 y 进行数据盘格式化；若不填写即直接进入，系统默认值是 N（不擦除）。空白数据盘不需要格式化。

5. 安装完成后，需要选择从硬盘启动（如图 8-20 所示）。选择操作系统，如图 8-21 所示。

```
There are some data in disks:  sdc
Are you sure you want to erase ALL data on these disks? (y/N)y
```

图 8-19　数据盘格式化

图 8-20　硬盘启动

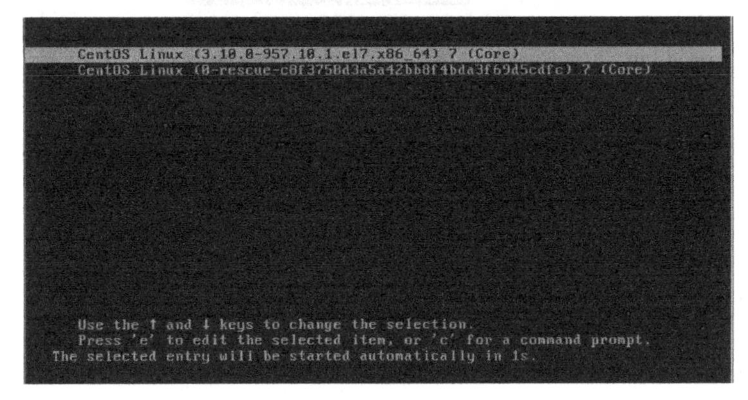

图 8-21　选择操作系统

6. 按照同样的方式对其余节点依次安装系统，待所有节点安装完毕后进行注册节点。

8.4.2 注册节点

注意： 安装部署过程中涉及多个节点，以下的注册节点步骤均需要按照同样方式逐一操作。以下仅以第一台节点的注册为例详细介绍。本文档中的所有界面填写信息仅为示例，具体信息应以部署现场实际情况为准。

操作步骤

（1）节点系统安装完成后进入注册节点界面，预配置界面如图 8-22 所示。

（2）配置管理网网卡信息。

云管地址和管理网 IP 必须是同一个网段。填写节点网络地址、子网掩码、默认网关、域名解析、企业编码和云管地址。

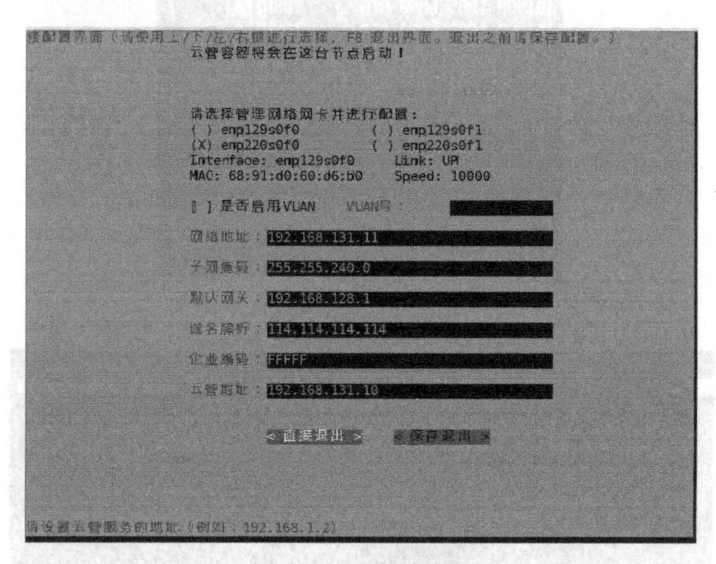

图 8-22　预配置界面

（3）配置完成后选择“保存退出”或“直接退出”。

保存退出：保存之前界面配置的数据，对节点进行初始化操作。

直接退出：不保存之前界面配置的数据，退出至 shell 界面。如需重新进入配置界面，在 shell 界面输入登录密码（初始登录用户及密码：root/Cl0ud!P@ssw0rd）后，输入“awmenu”命令进入注册节点配置界面。

（4）重复以上步骤，继续注册下一个节点，直至完成全部节点注册。

8.4.3 部署数据中心

节点全部注册完成后，登录云管平台开始部署。云管地址格式是“https://IP/register”。假设云管地址是 192.168.131.10，在浏览器中输入：https://192.168.131.10/register，即可进入云管平台的配置界面。

用户可以直接使用默认配置信息进行部署，也可根据磁盘及网络规划进行自定义配置部署，云管配置界面如图 8-23 所示。

图 8-23　云管配置界面

操作步骤

（1）单击“获取节点”，刷新节点信息。

（2）设置物理节点的别名。

可按照如下方式命名主机：国家-城市-地区-机房-机架-机柜-服务器编码，也可以按照自定义的方式给主机设置别名。设置物理节点的别名为了便于识别主机，并非修改物理节点的操作系统的主机名，这不会影响物理节点的正常使用。

如果物理节点被设置了别名，在云管平台上相关的物理节点将显示别名；如果没有被设置，则默认别名是物理节点名称。

（3）配置故障域。

根据需求选择是否勾选“启用故障域”。如果有需要，可为节点设置故障域编号。

（4）配置本地盘。

单击“本地盘配置”，选择节点，拖拽一块硬盘到云主机本地盘空间区域，作为存储云主机的本地盘。当各节点硬盘数量、大小、类型及状态信息完全相同时，可以批量配置硬盘。配置完成后单击“保存”。

注意：如果不选择任何硬盘作为云主机本地盘时，将自动在系统盘中划分一块区域供云主机存储资源。如果需要将多个硬盘作为云主机本地盘时，需要在 BIOS 将多块硬盘配置为 RAID5，然后作为一个聚合盘拖拽至云主机本地盘空间。

图 8-24　本地盘配置

（5）单击“网卡配置”，进行节点网卡配置，如图 8-25 所示。

图 8-25　网卡配置

按照“网卡规划”小节介绍的，通过鼠标拖拽网卡，给集群网、管理网、存储网、租户网和业务网依次配置正确的网卡。如果所有节点网卡信息相同，可批量统一配置网卡信息。配置完成后单击“保存”。

说明：支持网卡绑定和网卡复用模式（如图 8-26 所示），将同一服务器上相同速率的网卡拖拽到同一方框中，按照需求选择 bond 模式，支持主备、LACP 链路（工作模式为 active）和负载均衡 3 种模式。

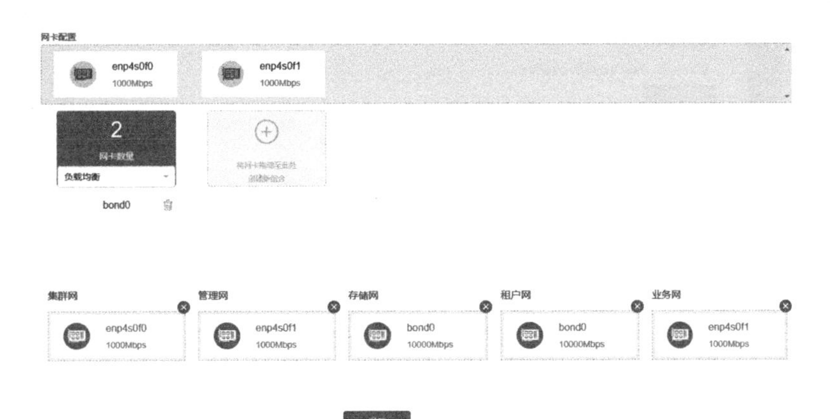

图 8-26　网卡配置—网卡复用

（6）网络配置。

单击“高级配置”，网络配置可保持默认设置，或根据实际情况填写集群网、存储网、租户网、业务网的相关网络配置信息，如图 8-27 所示。

网络配置

网络类型	CIDR	IP地址段	VLAN/VXLAN标签	高可用VLAN ID	网关
业务网	192.168.1.0/24	192.168.1.1-192.168.1.253	FLAT		192.168.1.254
集群网	10.0.1.0/24	10.0.1.2-10.0.1.254	FLAT		
存储网	10.0.2.0/24	10.0.2.2-10.0.2.254	FLAT		
租户网	10.0.3.0/24	10.0.3.2-10.0.3.254	VXLAN:1-5000		

图 8-27　网络配置信息

（7）网络检测（如图 8-28 所示）。

勾选所有节点，单击“网络检测”。建议执行网络检测步骤，避免底层网络配置问题导致部署失败。

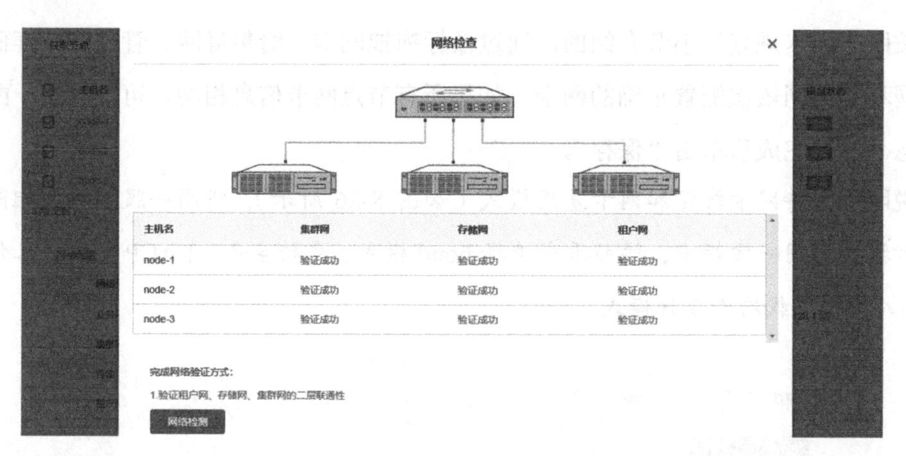

图 8-28　网络检测

（8）设置 NTP 服务器、数据中心名称、登录云管平台的账号和密码等账号信息，如图 8-29 所示。

NTP服务器　cn.pool.ntp.org

数据中心配置

数据中心:　default

企业管理员账号

账号:　admin　　密码:　········

图 8-29　设置账号信息

（9）部署云管。

勾选所有节点，单击“开始部署”。等待部署完成，部署完成界面如图 8-30 所示。单击“前往控制中心”即可登录云管平台进行操作。

图 8-30　部署完成界面

8.5　授权申请

云管平台部署成功后，使用 admin 登录，导入 License 文件后即可使用云管平台的相关功能。

（1）使用 admin 账号登录云管平台。

（2）在 Web 控制台上，选择“系统管理 > 系统设置”，进入系统设置导航菜单。

（3）在左侧导航菜单中单击“软件授权”，进入软件授权页面。

（4）在界面上单击“获取机器码”（如图 8-31 所示），在获取机器码的对话框中，单击右边的“复制”快捷键，将本环境授权参数快速复制。

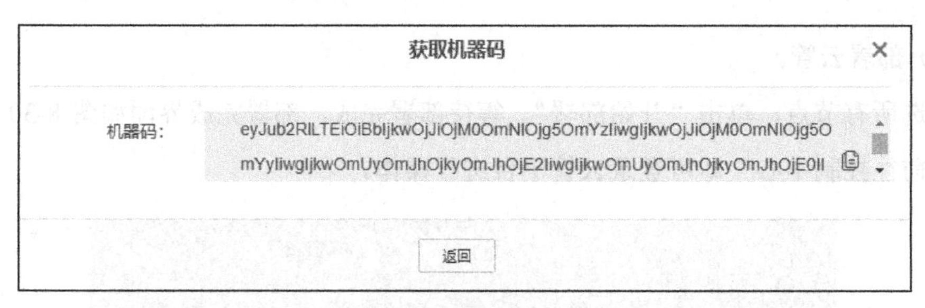

图 8-31　获取机器码界面

（5）按照以下邮件格式发送本集群环境相关信息至技术支持工程师，可收到一封带有授权文件的回复邮件，授权文件名通常为 license.pem。

最终用户：×××科技有限公司

云平台名称：×××科技有限公司开发云平台

软件版本号：vx.x-×××

节点数量：×个

授权参数：前一步骤中所获取的机器码

说明：软件版本号可以通过云管平台的“系统管理 > 系统设置 > 系统版本”查看。感兴趣的读者可搜索并联系英特尔 FPGA 中国创新中心-海云捷迅科技有限公司，获取更多详情，更有机会与资深技术专家学习云原生架构在异构加速场景下的的实践经验。

（6）在界面上单击“导入激活文件”（如图 8-32 所示）和“选择文件”，选择本地保存的授权文件，然后单击“确定”。

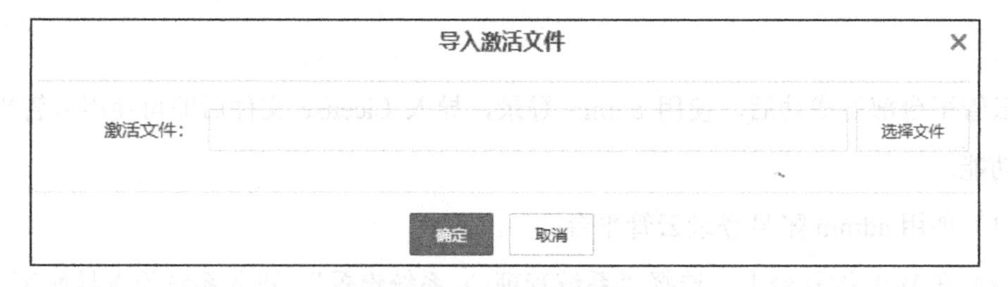

图 8-32　导入激活文件界面

（7）导入成功后，会查看当前的授权信息（如图 8-33 所示）。

软件激活

获取机器码　导入激活文件

版本类型	支持节点数	当前节点数	激活有效期限	服务有效期限	是否有效	SN号
企业版	N/A	4	2018-08-05	N/A	有效	详情

图 8-33　查看授权信息界面

- 激活有效期：指平台可用的期限，过期后将不能再创建资源。如果需要延长有效期，需要购买使用权以获取有效 License。
- 服务有效期：指对平台进行技术支持的期限，过期后将失去技术支持，但不影响云管平台正常使用。

（8）单击“SN 号”下的详情，可以查看到当前平台的 SN 号，寻求技术支持时需要提供 SN 号。重新登录系统后，功能菜单将重新显示 License 文件定义的功能列表。

8.6　常见问题处理

8.6.1　确认是否部署完成

1. 单击“开始部署”后，在任意一台物理机上运行命令 watch consul-cli kv read cluster/state。

2. 如果显示状态是 operational，表示已部署完成；如果显示状态是 deploy_failed，表示部署失败；如果显示状态是 deploying，表示还在部署中。

8.6.2　部署失败或环境不正常

（1）检查环境。在各个节点上逐一运行命令 systemctl status consul-cluster 和 systemctl status nomad，检查所有节点的 nomad 和 consul 服务是否正常。

（2）在任意节点，运行命令 consul members，查看是否发现所有节点。

（3）在任意节点，运行命令 nomad status，查看服务状态是否为 running。

（4）在任意节点，运行命令 nomad node-status，查看是否发现所有节点。

（5）检查所有服务网络是否连通，其中包括管理网、集群网、存储网和租户网的第一个 VLAN。

（6）在 consul server 节点上运行命令 systemctl status galera 和 clustercheck，查看每个节点的数据库服务是否正常。

（7）运行命令 nomad status haproxy，查看数据库和 OpenStack 的负载均衡器是否启动。

（8）收集日志，联系技术支持工程师。

收集所有节点的以下信息。

- /var/log/awstack-register.log*。
- /var/log/awbob.log*。
- /var/log/messages*。
- /var/log/consul.log*。
- /var/log/nomad.log*。
- /etc/awstack.conf。

说明：人工修复问题后，运行命令 nomad stop saas，等所有节点上都找不到 SaaS 容器后，所有节点重启 auto-register 服务。

8.6.3 云管无法访问

（1）检查是否已完成部署。

如果未完成，重新部署；如果已完成，转至步骤（2）。

（2）确认部署已完成后，检查 Ceph 状态。

如果有问题，先修复 Ceph；修复完成后，转至步骤（3）。

（3）运行 consul members、nomad node-status 等命令看分布式控制平面是否正常。

如果不正常则先恢复控制平面；恢复完成后，转至步骤（4）。

（4）运行命令 nomad status saas 看云管是否在分布式平面里启动。

如果提示没有 saas-container 这个 job，则任务被人为停止，或者表示部署没完成。

- 如果是因为任务被人为停止，执行命令 nomad run /etc/kolla/nomad/saas-container.hcl；
- 如果运行 nomad status saas 命令，显示 saas-container 运行不起来，那么尝试手动运行 saas-container（下沉版在第一个节点手动运行，企业版在任意节点运行）。相关命令在/etc/kolla/nomad/saas-container.hcl 中找到，并检查运行的输出。
- 如果运行 nomad status saas 命令，看到 saas-container 已经运行了，在 Node ID 一列中找到云管容器在哪个节点上启动。

（5）删除 saas 容器，运行 docker rm -f saas-xxxxx 命令，等待 nomad 服务高可用触发。如果长时间未重启，运行 nomad status saas 命令查看 saas 是否为 pending 状态，可以运行 nomad stop saas 命令，后执行 nomad run /etc/kolla/nomad/saas-container.hc 命令。

附录 A Cisco 模拟器 VLAN 配置

A.1 Cisco Packet Tracer 的使用

为了方便大家学习交换机的配置，这里使用 Cisco 的模拟器来进行讲解，使用的版本为 6.0.0.0045，软件的启动界面如图 A-1 所示。

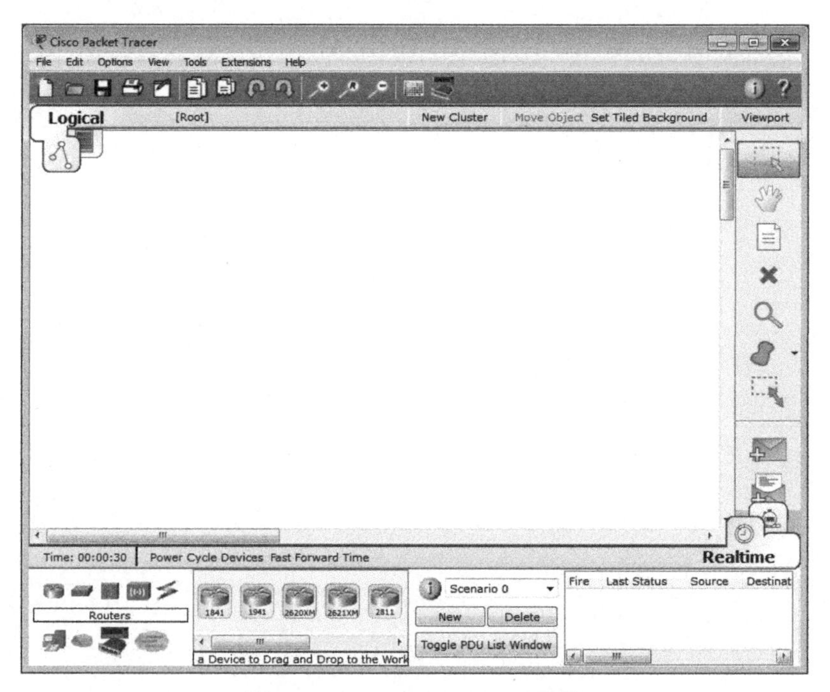

图 A-1 Cisco Packet Tracer 界面

单击图 A-1 左下角的小图标，分别是 Routers、Switches 等模拟图标，如图 A-2 所示。

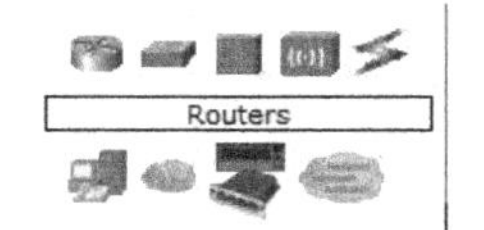

图 A-2　模拟的硬件类型

第 2 个图标是 Switches。单击这个图标，右边会列出模拟器所能模拟出的交换机的列表，这里使用的是 2950-24，如图 A-3 所示。

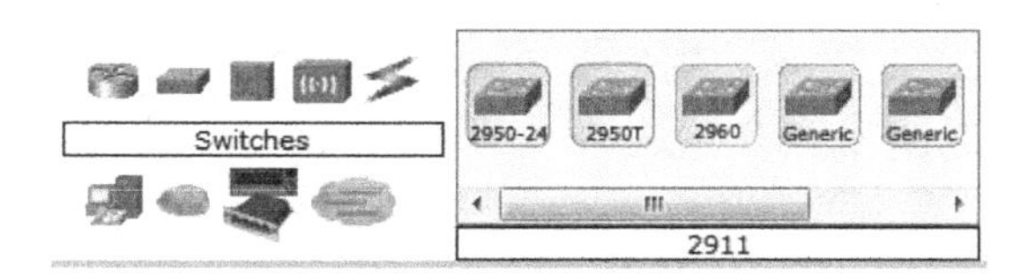

图 A-3　模拟的 Switches 列表

把图 A-3 2950-24 的图标拖到软件中部空白区域，然后再单击该图标，就可以看到如图 A-4 所示的终端端口。

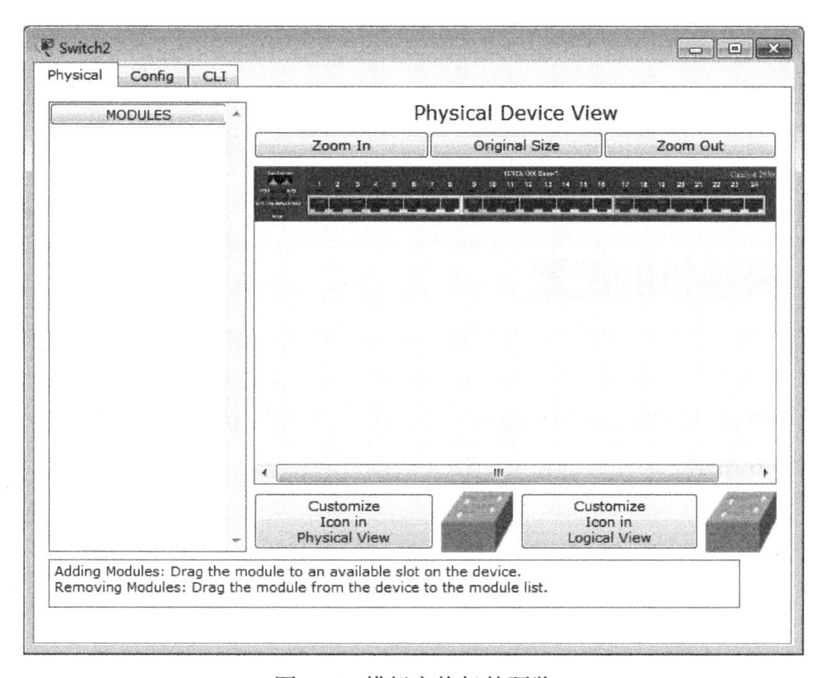

图 A-4　模拟交换机的预览

单击“CLI”选项卡，就能看到命令行的提示符了，如图 A-5 所示。

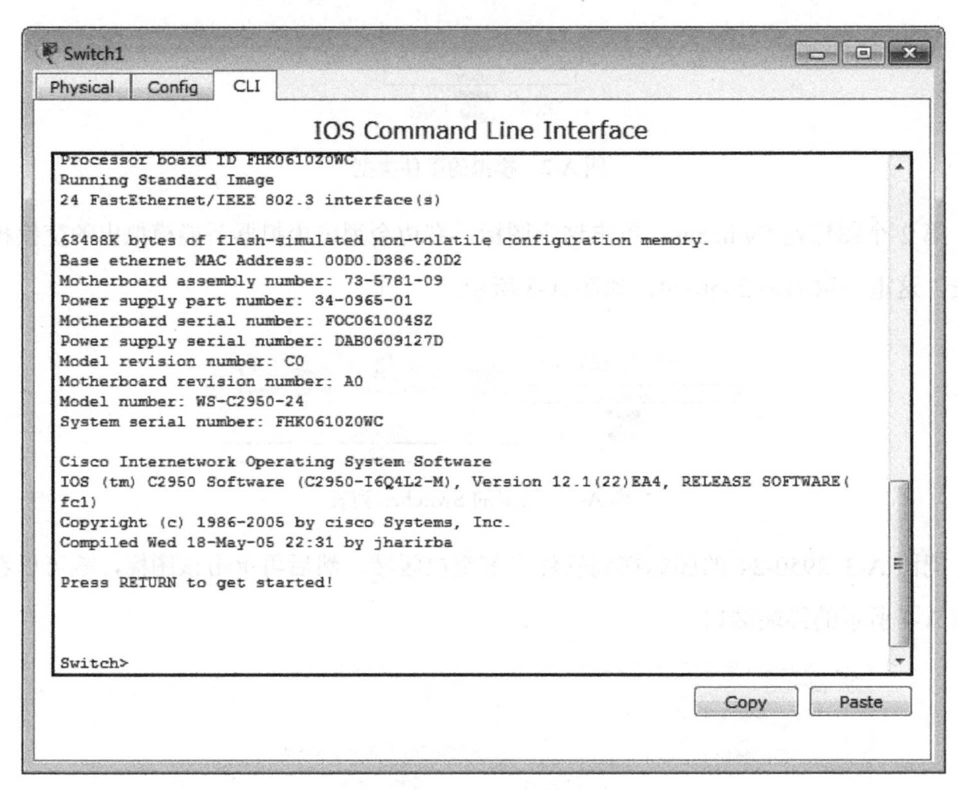

图 A-5　CLI 选项卡

A.2　交换机的配置

在交换机命令行的使用方面，当你不知道或者忘记相关命令时可以输入？显示帮助信息，如图 A-6 所示。

```
Switch>?
Exec commands:
  <1-99>      Session number to resume
  connect     Open a terminal connection
  disable     Turn off privileged commands
  disconnect  Disconnect an existing network connection
  enable      Turn on privileged commands
  exit        Exit from the EXEC
  logout      Exit from the EXEC
  ping        Send echo messages
  resume      Resume an active network connection
  show        Show running system information
  telnet      Open a telnet connection
  terminal    Set terminal line parameters
  traceroute  Trace route to destination
Switch>

Switch>show ?
  arp                 Arp table
  cdp                 CDP information
  clock               Display the system clock
  crypto              Encryption module
  dtp                 DTP information
  etherchannel        EtherChannel information
  flash:              display information about flash: file system
  history             Display the session command history
  interfaces          Interface status and configuration
  ip                  IP information
  ipv6                IPv6 information
  mac                 MAC configuration
  mac-address-table   MAC forwarding table
  mls                 Show MultiLayer Switching information
  privilege           Show current privilege level
  sessions            Information about Telnet connections
  ssh                 Status of SSH server connections
  tcp                 Status of TCP connections
  terminal            Display terminal configuration parameters
  users               Display information about terminal lines
  version             System hardware and software status
  vlan                VTP VLAN status
  vtp                 VTP information
```

图 A-6　命令帮助

查看系统的 VLAN 情况：当我们输入“show VLAN ?”，会显示 show VLAN 后可以继续跟随的参数，“<cr>”代表回车。输入 show VLAN 回车命令，界面如图 A-7 所示。

```
Switch>show vlan ?
  brief   VTP all VLAN status in brief
  id      VTP VLAN status by VLAN id
  name    VTP VLAN status by VLAN name
  <cr>
Switch>show vlan

VLAN Name                             Status    Ports
---- -------------------------------- --------- -------------------------------
1    default                          active    Fa0/1, Fa0/2, Fa0/3, Fa0/4
                                                Fa0/5, Fa0/6, Fa0/7, Fa0/8
                                                Fa0/9, Fa0/10, Fa0/11, Fa0/12
                                                Fa0/13, Fa0/14, Fa0/15, Fa0/16
                                                Fa0/17, Fa0/18, Fa0/19, Fa0/20
                                                Fa0/21, Fa0/22, Fa0/23, Fa0/24
1002 fddi-default                     act/unsup
1003 token-ring-default               act/unsup
1004 fddinet-default                  act/unsup
1005 trnet-default                    act/unsup

VLAN Type  SAID       MTU   Parent RingNo BridgeNo Stp  BrdgMode Trans1 Trans2
---- ----- ---------- ----- ------ ------ -------- ---- -------- ------ ------
1    enet  100001     1500  -      -      -        -    -        0      0
1002 fddi  101002     1500  -      -      -        -    -        0      0
1003 tr    101003     1500  -      -      -        -    -        0      0
1004 fdnet 101004     1500  -      -      -        ieee -        0      0
1005 trnet 101005     1500  -      -      -        ibm  -        0      0

 --More--
```

图 A-7　查看系统 VLAN

(1) 特权模式

在提示符下输入 en，按下 tab 键（不按也可以）会补全命令，然后回车，进入特权模式，如图 A-8 所示。

```
Switch>en
Switch>enable
Switch#
```

图 A-8　特权模式

在特权模式也可以查看 VLAN 信息等，输入“show running-config”，查看系统的配置信息，如图 A-9 所示。

这里看到接口没有配置，只有一个感叹号；接口后面是 VLAN 的配置，如图 A-10 所示。

```
Switch#show run
Switch#show running-config
Building configuration...

Current configuration : 971 bytes
!
version 12.1
no service timestamps log datetime msec
no service timestamps debug datetime msec
no service password-encryption
!
hostname Switch
!
!
spanning-tree mode pvst
!
interface FastEthernet0/1
!
interface FastEthernet0/2
!
interface FastEthernet0/3
!
interface FastEthernet0/4
!
 --More--
```

图 A-9　查看配置信息

```
interface FastEthernet0/24
!
interface Vlan1
 no ip address
 shutdown
!
!
line con 0
!
line vty 0 4
 login
line vty 5 15
 login
!
!
end


Switch#
```

图 A-10　VLAN 的配置

（2）全局配置模式

如果配置交换机要进入配置模式，配置模式的命令是“conf terminal”，如图 A-11 所示。

```
Switch#conf t
Switch#conf terminal
Enter configuration commands, one per line.  End with CNTL/Z.
Switch(config)#
```

图 A-11　特权模式

在终端输入“interface ?”会显示接口的配置帮助，如图 A-12 所示。

```
Switch(config)#interface ?
  Ethernet          IEEE 802.3
  FastEthernet      FastEthernet IEEE 802.3
  GigabitEthernet   GigabitEthernet IEEE 802.3z
  Port-channel      Ethernet Channel of interfaces
  Vlan              Catalyst Vlans
  range             interface range command
```

图 A-12　接口帮助查看界面

说明：Ethernet 为以太网，FastEthernet 为快速以太网（100M），GigabitEthernet 为千兆以太网（千兆）。

执行“show running-config”命令时会列出该交换机所有接口，接口的名字为“FastEthernet0/1”，输入“interface fastEthernet 0/1”配置接口 1，如图 A-13 所示。

```
Switch(config)#interface fastEthernet ?
  <0-9>  FastEthernet interface number
Switch(config)#interface fastEthernet 0/1
Switch(config-if)#
```

图 A-13　进入接口 1 的配置

交换机的接口 access 和 trunk 都需要进入接口配置模式。

A.3　配置 access 接口的 VLAN

在云平台中，最常见的配置就是划分 VLAN，对网络进行隔离，下面开始讲解 VLAN 的划分。

在全局配置模式下输入“VLAN 100”，创建 VLAN 100，如图 A-14 所示。

```
Switch#conf t
Enter configuration commands, one per line.  End with CNTL/Z.
Switch(config)#vlan 100
Switch(config-vlan)#exit
```

图 A-14　创建 VLAN

查看刚才配置的 VLAN 信息，如图 A-15 所示。

```
Switch#show vlan

VLAN Name                             Status    Ports
---- -------------------------------- --------- -------------------------------
1    default                          active    Fa0/1, Fa0/2, Fa0/3, Fa0/4
                                                Fa0/5, Fa0/6, Fa0/7, Fa0/8
                                                Fa0/9, Fa0/10, Fa0/11, Fa0/12
                                                Fa0/13, Fa0/14, Fa0/15, Fa0/16
                                                Fa0/17, Fa0/18, Fa0/19, Fa0/20
                                                Fa0/21, Fa0/22, Fa0/23, Fa0/24
100  VLAN0100                         active
1002 fddi-default                     act/unsup
1003 token-ring-default               act/unsup
1004 fddinet-default                  act/unsup
1005 trnet-default                    act/unsup

VLAN Type  SAID       MTU   Parent RingNo BridgeNo Stp  BrdgMode Trans1 Trans2
---- ----- ---------- ----- ------ ------ -------- ---- -------- ------ ------
1    enet  100001     1500  -      -      -        -    -        0      0
100  enet  100100     1500  -      -      -        -    -        0      0
1002 fddi  101002     1500  -      -      -        -    -        0      0
1003 tr    101003     1500  -      -      -        -    -        0      0
1004 fdnet 101004     1500  -      -      -        ieee -        0      0
1005 trnet 101005     1500  -      -      -        ibm  -        0      0

Remote SPAN VLANs
------------------------------------------------------------------------------


Primary Secondary Type              Ports
------- --------- ----------------- ------------------------------------------
```

图 A-15　显示 VLAN 信息

进入某个接口，设置接口模式，如图 A-16 所示。

```
Switch(config)#interface fastEthernet 0/2
Switch(config-if)#swi
Switch(config-if)#switchport mo
Switch(config-if)#switchport mode ?
  access   Set trunking mode to ACCESS unconditionally
  dynamic  Set trunking mode to dynamically negotiate access or trunk mode
  trunk    Set trunking mode to TRUNK unconditionally
Switch(config-if)#switchport mode access
```

图 A-16　设置接口模式为 access

配置 access 接口通过的 VLAN，如图 A-17 所示。

```
Switch(config-if)#switchport mode access
Switch(config-if)#switchport access vlan 100
```

图 A-17　配置通过 access 的 VLAN

注意：在添加通过的 VLAN 前必须要创建 VLAN。

A.4　配置 trunk 接口

由于物理服务器接口不够，需要在服务器的一个物理接口上配置不同的网段数据，需要配置交换机端的接口模式为 trunk。首先进入全局配置模式，再进入需要配置为 trunk 模式的接口，切换接口模式为 trunk，过程如图 A-18 所示。

```
Switch#conf t
Enter configuration commands, one per line.  End with CNTL/Z.
Switch(config)#in f
Switch(config)#in fastEthernet 0/3
Switch(config-if)#swi
Switch(config-if)#switchport ?
  access         Set access mode characteristics of the interface
  mode           Set trunking mode of the interface
  native         Set trunking native characteristics when interface is in
                 trunking mode
  nonegotiate    Device will not engage in negotiation protocol on this
                 interface
  port-security  Security related command
  priority       Set appliance 802.1p priority
  trunk          Set trunking characteristics of the interface
  voice          Voice appliance attributes
Switch(config-if)#switchport mo
Switch(config-if)#switchport mode ?
  access   Set trunking mode to ACCESS unconditionally
  dynamic  Set trunking mode to dynamically negotiate access or trunk mode
  trunk    Set trunking mode to TRUNK unconditionally
Switch(config-if)#switchport mode tr
Switch(config-if)#switchport mode trunk
```

图 A-18　接口模式配置为 trunk

说明：将交换机设置为 trunk 后，默认允许所有的 VLAN 通过；有些交换机默认的是禁止所有 VLAN 通过，需要配置允许通过的 VLAN。

不管默认情况是什么样的，都需要配置 trunk 接口允许通过的 VLAN，这样才不会出错，如图 A-19 所示。

```
Switch(config-if)#swi
Switch(config-if)#switchport tr
Switch(config-if)#switchport trunk al
Switch(config-if)#switchport trunk allowed vlan 100
Switch(config-if)#switchport trunk allowed vlan 1
```

图 A-19　配置 trunk 接口允许通过的 VLAN

退出配置模式，输入“show running-config”验证 VLAN 的配置，如图 A-20 所示。

```
interface FastEthernet0/2
 switchport access vlan 100
 switchport trunk allowed vlan 100
 switchport mode access
!
interface FastEthernet0/3
 switchport trunk allowed vlan 1
 switchport mode trunk
!
```

图 A-20　接口的配置验证

最后记得保存配置（wr：保存）。如果不断电重启，配置就会丢失。

A.5　远程连接交换机

第一步，配置 IP 地址。

在全局配置模式，进入 VLAN 1 的配置中，配置 IP 地址，如图 A-21 所示。

```
Switch(config)#int
Switch(config)#interface vlan 1
Switch(config-if)#ip address 10.10.64.200 255.255.255.0
Switch(config-if)#
```

图 A-21　IP 地址配置

打开该端口，命令如图 A-22 所示。

```
Switch(config-if)#
%LINK-5-CHANGED: Interface Vlan1, changed state to up

%LINEPROTO-5-UPDOWN: Line protocol on Interface Vlan1, changed state to up
```

图 A-22　打开接口

输入“end”，退出配置模式，然后输入“write”，保存配置，如图 A-23 所示。

```
Switch(config)#end
Switch#
%SYS-5-CONFIG_I: Configured from console by console

Switch#write
Building configuration...
[OK]
Switch#
```

图 A-23 保存配置

说明：保存配置需要退出配置模式才可以。

验证一下刚才 IP 地址的配置，输入“show running-config”，拖到最后就可以看到 IP 地址的配置信息，如图 A-24 所示。

```
interface Vlan1
 ip address 10.10.64.200 255.255.255.0
 shutdown
!
!
line con 0
!
line vty 0 4
 login
line vty 5 15
 login
!
!
end
```

图 A-24 验证配置信息

第二步，设置密码

进入全局配置模式，输入“enable password”来设置密码，如图 A-25 所示。

```
Switch#conf t
Enter configuration commands, one per line.  End with CNTL/Z.
Switch(config)#en
Switch(config)#ena
Switch(config)#enable pa
Switch(config)#enable password 123456
Switch(config)#
```

图 A-25 设置密码

第三步，开启 telnet。

在全局配置模式下，输入“line vty 0 4”，设置密码，然后输入“login”，并保存配置，过程如图 A-26 所示。

```
Switch(config)#lin
Switch(config)#line v
Switch(config)#line vty 0 4
Switch(config-line)#pas
Switch(config-line)#password 123456
Switch(config-line)#logi
Switch(config-line)#login
Switch(config-line)#end
Switch#
%SYS-5-CONFIG_I: Configured from console by console

Switch#write
Building configuration...
[OK]
Switch#
```

图 A-26 开启 telnet 过程

A.6 验证 telnet 登录

再从图 A-1 的左下角拖出一个 pc 的图标，然后连接图标，把 pc 和交换机连接起来，如图 A-27 所示。

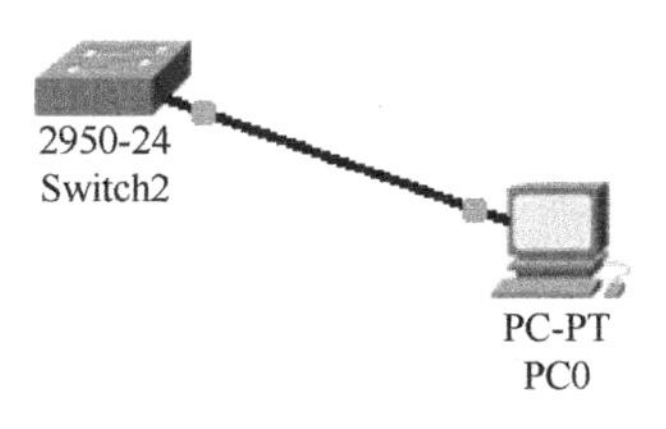

图 A-27 连接 pc 和交换机

当连线接到交换机上的第一个口时，交换机的终端会出现如图 A-28 所示的提示信息，代表连接正常。

```
Switch#
%LINK-5-CHANGED: Interface FastEthernet0/1, changed state to up

%LINEPROTO-5-UPDOWN: Line protocol on Interface FastEthernet0/1, changed state t
o up

%LINK-5-CHANGED: Interface FastEthernet0/1, changed state to down

%LINEPROTO-5-UPDOWN: Line protocol on Interface FastEthernet0/1, changed state t
o down

%LINK-5-CHANGED: Interface FastEthernet0/1, changed state to up

%LINEPROTO-5-UPDOWN: Line protocol on Interface FastEthernet0/1, changed state t
o up
```

图 A-28　终端提示信息

单击 pc 的图标，选择“Config”选项卡，手工配置一个 IP 地址，使其同交换机在同一网段，如图 A-29 所示。

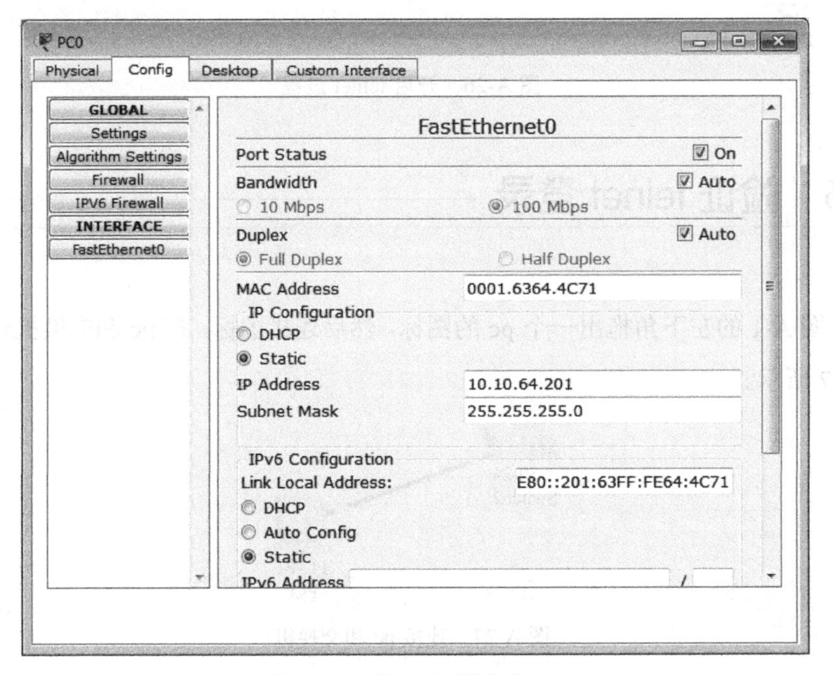

图 A-29　给 pc 配置静态 IP

打开“Desktop”选项卡，然后单击“command prompt”，出现如图 A-30 所示的连通性测试窗口。

```
PC>ping 10.10.64.200

Pinging 10.10.64.200 with 32 bytes of data:

Request timed out.
Reply from 10.10.64.200: bytes=32 time=0ms TTL=255
Reply from 10.10.64.200: bytes=32 time=0ms TTL=255
Reply from 10.10.64.200: bytes=32 time=0ms TTL=255

Ping statistics for 10.10.64.200:
    Packets: Sent = 4, Received = 3, Lost = 1 (25% loss),
Approximate round trip times in milli-seconds:
    Minimum = 0ms, Maximum = 0ms, Average = 0ms
```

图 A-30　连通性测试

在终端输入“telent”命令，远程连接到交换机，进入全局配置模式，保存配置，如图 A-31 所示。

```
PC>telnet 10.10.64.200
Trying 10.10.64.200 ...Open


User Access Verification

Password:
Switch>
Switch>en
Password:
Switch#write
Building configuration...
[OK]
Switch#
```

图 A-31　全局配置模式

附录 B

常用 Linux 命令及操作

Linux 发展至今已有 20 多年，其高度稳定性和功能丰富强大，为广大工程师和众多业界人士所赞许。鉴于今天 Linux 使用的广泛性和基础性，下面列出常用的 Linux 命令及操作供大家学习和参考。

B.1 系统信息

```
uname -m 显示机器的处理器架构
uname -r 显示正在使用的内核版本
cat /proc/cpuinfo 显示 CPU info 的信息
cat /proc/interrupts 显示中断
cat /proc/meminfo 校验内存使用
cat /proc/swaps 显示哪些 swap 被使用
cat /proc/version 显示内核的版本
cat /proc/net/dev 显示网络适配器及统计
cat /proc/mounts 显示已加载的文件系统
lspci -tv 罗列 PCI 设备
lsusb -tv 显示 USB 设备
date 显示系统日期
cal 2016 显示 2022年的日历表
date 041217002007.00 设置日期和时间：月日时分年.秒
```

```
clock -w 将时间修改保存到 BIOS

关机（系统关机、重启及注销）
shutdown -h now 关闭系统
init 0 关闭系统
shutdown -h hours:minutes &按预定时间关闭系统
shutdown -c 取消按预定时间关闭系统
shutdown -r now 重启
reboot 重启
logout 注销
```

B.2 文件和目录

```
cd /home 进入 '/ home' 目录'
cd .. 返回上一级目录
cd ../.. 返回上两级目录
cd 进入个人主目录
cd ~user1 进入个人主目录
cd - 返回上次所在的目录
pwd 显示工作路径
ls 查看目录中的文件
ls -F 查看目录中的文件
ls -l 显示文件和目录的详细资料
ls -a 显示隐藏文件
ls *[0-9]* 显示包含数字的文件名和目录名
tree 显示文件和目录由根目录开始的树形结构(1)
lstree 显示文件和目录由根目录开始的树形结构(2)
mkdir dir1 创建一个叫作 'dir1' 的目录'
mkdir dir1 dir2 同时创建两个目录
mkdir -p /tmp/dir1/dir2 创建一个目录树
rm -f file1 删除一个叫作 'file1' 的文件
rmdir dir1 删除一个叫作 'dir1' 的目录
rm -rf dir1 删除一个叫作 'dir1' 的目录，并同时删除其内容
mv dir1 new_dir 重命名/移动一个目录
cp file1 file2 复制一个文件
cp dir/* . 复制一个目录下的所有文件到当前工作目录
```

```
cp -a /tmp/dir1 . 复制一个目录到当前工作目录
cp -a dir1 dir2 复制一个目录
ln -s file1 lnk1 创建一个指向文件或目录的软链接
ln file1 lnk1 创建一个指向文件或目录的物理链接
touch -t 1612250000 file1 修改一个文件或目录的时间戳 - (YYMMDDhhmm)
file file1 显示文件的基本信息
```

B.3 文件搜索

```
find / -name file1 从 '/' 开始进入根文件系统搜索文件和目录
find / -user user1 搜索属于用户 'user1' 的文件和目录
find /home/user1 -name \*.bin 在目录 '/ home/user1' 中搜索带有'.bin' 结尾的文件
find /usr/bin -type f -atime +100 搜索在过去 100 天内未被使用过的执行文件
find /usr/bin -type f -mtime -10 搜索在 10 天内被创建或者修改过的文件
find / -name \*.rpm -exec chmod 755 '{}' \; 搜索以 '.rpm' 结尾的文件并定义其权限
find / -xdev -name \*.rpm 搜索以 '.rpm' 结尾的文件，忽略光驱、盘等可移动设备
locate \*.ps 寻找以 '.ps' 结尾的文件：先运行 'updatedb' 命令
whereis halt 显示一个二进制文件、源码或 man 的位置
which halt 显示一个二进制文件或可执行文件的完整路径
```

B.4 挂载一个文件系统

```
mount /dev/hda2 /mnt/hda2 挂载一个叫作 hda2 的盘：确定目录 '/ mnt/hda2' 已经存在
umount /dev/hda2 卸载一个叫作 hda2 的盘：先从挂载点 '/ mnt/hda2' 退出
fuser -km /mnt/hda2 当设备繁忙时，强制卸载
mount /dev/fd0 /mnt/floppy 挂载一个软盘
mount /dev/cdrom /mnt/cdrom 挂载一个 cdrom 或 dvdrom
mount -o loop file.iso /mnt/cdrom 挂载一个文件或 ISO 镜像文件
mount -t vfat /dev/hda5 /mnt/hda5 挂载一个 Windows FAT32 文件系统
mount /dev/sda1 /mnt/usbdisk 挂载一个 usb 盘或闪存设备
mount -t smbfs -o username=user,password=pass //WinClient/share
```

/mnt/share 挂载一个 windows 网络共享

B.5 磁盘空间

df -h 显示已经挂载的分区列表

ls -lSr |more 以尺寸大小排列文件和目录

du -sh dir1 估算目录 'dir1' 已经使用的磁盘空间

du -sk * | sort -rn 以容量大小为依据依次显示文件和目录的大小

rpm -q -a --qf '%10{SIZE}t%{NAME}n' | sort -k1,1n 以大小为依据依次显示已安装的rpm包所使用的空间（redhat及系统）

B.6 用户和群组

useradd -c "Name Surname " -g admin -d /home/user1 -s /bin/bash user1 创建一个属于 "admin" 用户组的用户

useradd user1 创建一个新用户

userdel -r user1 删除一个用户（'-r'：排除主目录）

usermod -c "User FTP" -g system -d /ftp/user1 -s /bin/nologin user1 修改用户属性

passwd 修改口令

passwd user1 修改一个用户的口令（只允许 root 执行）

B.7 文件的权限

ls -lh 显示权限

ls /tmp | pr -T5 -W$COLUMNS 将终端划分成 5 栏显示

chmod ugo+rwx directory1 设置目录的所有人(u)、群组(g)，以及其他人(o)以读(r)、写(w)和执行(x)的权限

chmod go-rwx directory1 删除群组(g)与其他人(o)对目录的读写执行权限

chown user1 file1 改变一个文件的所有人属性

chown -R user1 directory1 改变一个目录的所有人属性，并同时改变改目录下所有文件的属性

```
chgrp group1 file1 改变文件的群组
chown user1:group1 file1 改变一个文件的所有人和群组属性
```

B.8 打包和压缩文件

```
bunzip2 file1.bz2 解压一个叫作 'file1.bz2'的文件
bzip2 file1 压缩一个叫作 'file1' 的文件
gunzip file1.gz 解压一个叫作 'file1.gz'的文件
gzip file1 压缩一个叫作 'file1'的文件
tar -cvf archive.tar file1 创建一个非压缩的 tarball
tar -cvf archive.tar file1 file2 dir1 创建一个包含了 'file1', 'file2'
及'dir1'的档案文件
tar -tf archive.tar 显示一个包中的内容
tar -xvf archive.tar 释放一个包
tar -xvf archive.tar -C /tmp 将压缩包释放到 /tmp 目录下
tar -cvfj archive.tar.bz2 dir1 创建一个 bzip2 格式的压缩包
tar -xvfj archive.tar.bz2 解压一个 bzip2 格式的压缩包
tar -cvfz archive.tar.gz dir1 创建一个 gzip 格式的压缩包
tar -xvfz archive.tar.gz 解压一个 gzip 格式的压缩包
zip file1.zip file1 创建一个 zip 格式的压缩包
zip -r file1.zip file1 file2 dir1 将几个文件和目录同时压缩成一个zip格式的
压缩包
unzip file1.zip 解压一个 zip 格式压缩包
```

B.9 RPM 包（RedHat 及类似系统）

```
rpm -ivh package.rpm 安装一个rpm包
rpm -ivh --nodeeps package.rpm 安装一个rpm包而忽略依赖关系警告
rpm -U package.rpm 更新一个rpm包，但不改变其配置文件
rpm -F package.rpm 更新一个确定已经安装的rpm包
rpm -e package_name.rpm 删除一个rpm包
rpm -qa 显示系统中所有已经安装的rpm包
rpm -qa | grep httpd 显示所有名称中包含 "httpd" 字样的rpm 包
rpm -qi package_name 获取一个已安装包的特殊信息
```

```
rpm -qg "System Environment/Daemons" 显示一个组件的 rpm包
rpm -ql package_name 显示一个已经安装的rpm包提供的文件列表
rpm -qc package_name 显示一个已经安装的rpm包提供的配置文件列表
rpm -q package_name --whatrequires 显示与一个rpm包存在依赖关系的列表
rpm -q package_name --whatprovides 显示一个rpm包所占的体积
rpm -q package_name --scripts 显示在安装/删除期间所执行的脚本
rpm -q package_name --changelog 显示一个rpm包的修改历史
rpm -qf /etc/httpd/conf/httpd.conf 确认所给的文件由哪个rpm包所提供
rpm -qp package.rpm -l 显示由一个尚未安装的rpm包提供的文件列表
rpm --import /media/cdrom/RPM-GPG-KEY 导入公钥数字证书
rpm -Vp package.rpm 确认一个rpm包还未安装
rpm -ivh /usr/src/redhat/RPMS/`arch`/package.rpm从rpm源码安装一个构建好的包
```

B.10 软件包管理

B.10.1 YUM 软件包升级器（RedHat 及类似系统）

```
yum install package_name 下载并安装一个rpm包
yum localinstall package_name.rpm 将安装一个rpm包，使用你自己的软件仓库为你解决所有依赖关系
yum update package_name.rpm 更新当前系统中所有安装的rpm包
yum update package_name 更新一个rpm包
yum remove package_name 删除一个rpm包
yum list 列出当前系统中安装的所有包
yum search package_name 在rpm仓库中搜寻软件包
yum clean packages 清理rpm缓存，删除下载的包
yum clean headers 删除所有头文件
yum clean all 删除所有缓存的包和头文件
```

B.10.2 APT 软件工具（Debian, Ubuntu 及类似系统）

```
apt-get install package_name 安装/更新一个 deb 包
apt-cdrom install package_name 从光盘安装/更新一个 deb 包
apt-get update 升级列表中的软件包
apt-get upgrade 升级所有已安装的软件
```

```
apt-get remove package_name 从系统删除一个 deb 包
apt-get check 确认依赖的软件仓库是否正确
apt-get clean 从下载的软件包中清理缓存
apt-cache search searched-package 返回包含所要搜索字符串的软件包名称
```

B.11 查看文件内容

```
cat file1 从第一个字节开始正向查看文件的内容
tac file1 从最后一行开始反向查看一个文件的内容
more file1 查看一个长文件的内容
less file1 类似于 'more' 命令，但是它允许在文件中和正向操作一样的反向操作
head -2 file1 查看一个文件的前两行
tail -2 file1 查看一个文件的最后两行
tail -f /var/log/messages 实时查看被添加到一个文件中的内容
```

B.12 文本处理

```
cat file1 file2 ... | command <> file1_in.txt_or_file1_out.txt general syntax for text manipulation using PIPE, STDIN and STDOUT
cat file1 | command( sed, grep, awk, grep, etc...) > result.txt 合并一个文件的详细说明文本，并将简介写入一个新文件中
cat file1 | command( sed, grep, awk, grep, etc...) >> result.txt 合并一个文件的详细说明文本，并将简介写入一个已有的文件中
grep Aug /var/log/messages 在文件 '/var/log/messages'中查找关键词"Aug"
grep [0-9] /var/log/messages，选择 '/var/log/messages' 文件中所有包含数字的行
sed 's/stringa1/stringa2/g' example.txt 将 example.txt 文件中的 "string1" 替换成 "string2"
sed '/^$/d' example.txt 从 example.txt 文件中删除所有空白行
sed '/ *#/d; /^$/d' example.txt 从 example.txt 文件中删除所有注释和空白行
cat -n file1 标示文件的行数
```

B.13 字符设置和文件格式转换

```
dos2unix filedos.txt fileunix.txt 将一个文本文件的格式从 MSDOS转换成UNIX
unix2dos fileunix.txt filedos.txt 将一个文本文件的格式从 UNIX 转换成 MSDOS
```

B.14 文件系统分析

```
fsck /dev/hda1 修复/检查 hda1 磁盘上 Linux 文件系统的完整性
fsck.ext2 /dev/hda1 修复/检查 hda1 磁盘上 ext2 文件系统的完整性
e2fsck /dev/hda1 修复/检查 hda1 磁盘上 ext2 文件系统的完整性
e2fsck -j /dev/hda1 修复/检查 hda1 磁盘上 ext3 文件系统的完整性
fsck.ext3 /dev/hda1 修复/检查 hda1 磁盘上 ext3 文件系统的完整性
fsck.vfat /dev/hda1 修复/检查 hda1 磁盘上 fat 文件系统的完整性
fsck.msdos /dev/hda1 修复/检查 hda1 磁盘上 dos 文件系统的完整性
dosfsck /dev/hda1 修复/检查 hda1 磁盘上 dos 文件系统的完整性
```

B.15 初始化一个文件系统

```
mkfs /dev/hda1 在 hda1 分区创建一个文件系统
mke2fs /dev/hda1 在 hda1 分区创建一个 Linux ext2 的文件系统
mke2fs -j /dev/hda1 在 hda1 分区创建一个 Linux ext3（日志型）的文件系统
mkfs -t vfat 32 -F /dev/hda1 创建一个 FAT32 文件系统
mkswap /dev/hda3 创建一个 swap 文件系统
SWAP 文件系统
mkswap /dev/hda3 创建一个 swap 文件系统
swapon /dev/hda3 启用一个新的 swap 文件系统
swapon /dev/hda2 /dev/hdb3 启用两个 swap 分区
```

B.16 备份

```
rsync -az -e ssh --delete ip_addr:/home/public /home/local 通过ssh和压缩，将远程目录同步到本地目录
rsync -az -e ssh --delete /home/local ip_addr:/home/public 通过ssh和压缩将本地目录同步到远程目录
dd bs=1M if=/dev/hda | gzip | ssh user@ip_addr 'dd of=hda.gz' 通过ssh在远程主机上执行一次备份本地磁盘的操作
dd if=/dev/sda of=/tmp/file1 备份磁盘内容到一个文件
tar -Puf backup.tar /home/user 执行一次对 '/home/user' 目录的交互式备份操作
find /home/user1 -name '*.txt' | xargs cp -av--target-directory=/home/backup/ --parents 从一个目录查找并复制所有以 '.txt' 结尾的文件到另一个目录
find /var/log -name '*.log' | tar cv --files-from=- | bzip2 > log.tar.bz2 查找所有以 '.log' 结尾的文件并做成一个 bzip包
dd if=/dev/fd0 of=/dev/hda bs=512 count=1从已经保存到软盘的备份中恢复MBR内容
```

B.17 光盘

```
cdrecord -v gracetime=2 dev=/dev/cdrom -eject blank=fast -force 清空可复写光盘内容
mkisofs /dev/cdrom > cd.iso 在磁盘上创建一个光盘的iso镜像文件
mkisofs /dev/cdrom | gzip > cd_iso.gz 在磁盘上创建一个压缩了的光盘iso镜像文件
cdrecord -v dev=/dev/cdrom cd.iso 刻录一个iso镜像文件
gzip -dc cd_iso.gz | cdrecord dev=/dev/cdrom 刻录一个压缩了的iso镜像文件
mount -o loop cd.iso /mnt/iso 挂载一个iso镜像文件
dd if=/dev/hdc | md5sum 校验一个设备的 md5sum 编码，例如，一张CD
```

B.18 网络

```
ifconfig eth0 显示一个以太网卡的配置
ifup eth0 启用一个 'eth0' 网络设备
ifdown eth0 禁用一个 'eth0' 网络设备
ifconfig eth0 192.168.1.1 netmask 255.255.255.0 控制 IP 地址
dhclient eth0 以 dhcp 模式启用 'eth0'
route -n 显示路由表
route add -net 192.168.0.0 netmask 255.255.0.0 gw 192.168.1.1 配置默认网关
echo "1" > /proc/sys/net/ipv4/ip_forward 开启路由转发
nslookup www.example.com lookup 解析主机名
ip link show 显示所有接口的状态
ethtool eth0 show statistics of network card 'eth0'
netstat -tup 显示所有连接和进程的 PID
netstat -tupl 显示系统中所有网络服务和进程的 PID
tcpdump tcp port 80 抓取 80 端口的数据包
```

B.19 文字编辑

vi 是 Linux（UNIX）世界强大的文本编辑工具。我在前面提到过它，现在我把它的一些基本使用方法介绍给大家。

B.19.1 vi 的三种状态

命令模式：控制屏幕游标的移动，复制某区段及进入编辑模式等。

编辑模式：唯有在编辑模式下，才可做文字资料的输入。按 Esc 键可切换到命令模式。

底行模式：将档案写入编辑器，可设定编辑环境，如寻找字串、列出行号等。

B.19.2 vi 的基本操作

进入 vi。

在系统提示符号下，输入 vi 及文件名即可进入 vi 的编辑界面，并且在命令模式下，切换至编辑模式编辑文件。

在命令模式下，可按'i'或'a'或'o'三键进入编辑模式。离开 vi 及存档：在命令模式下可按':'键进入底行模式。

：wfilename（存入指定档案）

：wq（写入并离开 vi）

：q!（离开并放弃编辑的档案）

在命令模式下，有以下功能键。

（1）进入编辑模式。i:插入，从目前游标所在之处插入所输入之文字。a:增加，目前游标所在之处的下一个字开始输入文字。o:从新的一行行首开始输入文字。

（2）移动游标 h、j、k、l：分别控制游标左、下、上、右移一格。

^b:往后一页。

^f:往前一页。G:移到档案最后。0:移到档案开头。

（3）删除

x:删除一个字元。

#x:例如，3x 表删除 3 个字元。dd:删除游标所在之行。

#dd:例,3dd 表删除自游标算起之 3 行。

（4）更改 cw：更改游标处之字到字尾$处。c#w:例,c3w 表更改 3 个字。

（5）取代 r：取代游标处之字元。R:取代字元直到按键为止。

（6）复制 yw：拷贝游标处之字到字尾。

p:复制(put)到所要之处（指令'yw'与'p'必须搭配使用）。

（7）跳至指定之行。

^g:列出行号。

#G:例,44G 表移动游标至第 44 行行首。

底行模式下指令简介。

注意：使用前请先按键确定在命令模式下。按':'或'/'或'?'三键即可进入底行模式。

（1）列出行号:setnu（可用:setall 列出所有的选择项）。

（2）寻找字串/word（由首至尾寻找）?word（由尾至首寻找）。

附录 C

命令行镜像上传

完成平台部署之时，是没包含虚拟机镜像的，需要到官网云下载镜像或自己制作镜像。制作镜像的方法将在运维的教程中讲解，这里不详述了。

C.1 登录管理后台

可以在 FUEL 上执行一条命令，查看系统的基本情况，如图 C-1 所示。

```
[root@fuel ~]# fuel node
id | status | name               | cluster | ip          | mac                | roles                       | pending_roles | online | group_id
---|--------|--------------------|---------|-------------|--------------------|-----------------------------|---------------|--------|---------
39 | ready  | Untitled (72:3f)   | 3       | 10.20.0.6   | 74:d4:35:ca:72:3f  | base-os, ceph-osd, compute  |               | True   | 3
40 | ready  | Untitled (dd:e1)   | 3       | 10.20.0.8   | 94:de:80:8c:dd:e1  | base-os, ceph-osd, compute  |               | True   | 3
37 | ready  | Untitled (bb:0c)   | 3       | 10.20.0.7   | fc:aa:14:12:bb:0c  | ceph-osd, controller        |               | True   | 3
38 | ready  | Untitled (be:2a)   | 3       | 10.20.0.9   | fc:aa:14:12:be:2a  | base-os, ceph-osd, compute  |               | True   | 3
```

图 C-1　查看节点基本信息

可以从 FUEL 上登录到云平台的管理节点，本例的管理节点的 id 为 37，可以通过 node-37 登录管理节点，如图 C-2 所示。

```
[root@fuel ~]# ssh node-37
Warning: Permanently added 'node-37' (RSA) to the list of known hosts.
Last login: Mon Feb 29 07:13:58 2016 from 10.20.0.2
[root@node-37 ~]#
```

图 C-2　登录管理节点

我们可以通过查看 openrc 的文件，了解管理员环境变量。

C.2 获取镜像

C.3 镜像上传

云平台默认提供的 CirrOS 虚拟机镜像仅供测试系统使用。在生产系统中，要自己上传所需要的 Linux 和 Windows 的镜像。首先，将镜像拷贝到其中一台控制节点，然后运行下面的命令。其中的参数需要根据客户的镜像进行相应修改。

本次下载的镜像的版本为 CentOS-6-x86_64-GenericCloud-1602.qcow2，镜像版本如图 C-3 所示。

```
[root@aw content]# ls
CentOS-6-x86_64-GenericCloud-1602.qcow2
centos7_x86_64_24G.qcow2
```

图 C-3　镜像版本

说明：CentOS7 的镜像是线下制作的镜像，制作方法可以通过 FUEL 部署节点，登录到管理节点，并做验证，如图 C-4 所示。

```
[root@node-37 ~]# ls
anaconda-ks.cfg              ceph.bootstrap-osd.keyring  ceph.conf  ceph.mon.keyring  install.log         ks-post.log  openrc
ceph.bootstrap-mds.keyring   ceph.client.admin.keyring   ceph.log   cobbler.ks        install.log.syslog  ks-pre.log   post-partition.log
[root@node-37 ~]#
```

图 C-4　登录管理节点验证

说明：管理节点会有一个 openrc 的文件，管理节点的默认的用户名是 root，密码是 r00tme。

执行“source openrc”，管理 OpenStack，并做验证，如图 C-5 所示。

```
[root@node-37 ~]# glance image-list
/usr/lib/python2.6/site-packages/glanceclient/client.py:26: DeprecationWarning: `version` keyword is being deprecated. Please pass the vers
ion as part of the URL. http://$HOST:$PORT/v$VERSION_NUMBER
  DeprecationWarning)
+--------------------------------------+---------+-------------+------------------+-----------+--------+
| ID                                   | Name    | Disk Format | Container Format | Size      | Status |
+--------------------------------------+---------+-------------+------------------+-----------+--------+
| d2b30973-415d-4253-8db1-df1226d7c40b | centos7 | qcow2       | bare             | 513736704 | active |
| f059f57b-09da-4561-93ec-6b4b029a489e | TestVM  | qcow2       | bare             | 13167616  | active |
+--------------------------------------+---------+-------------+------------------+-----------+--------+
```

图 C-5　OpenStack 管理员验证

通过“scp”命令，从跳板机把镜像拷贝到管理节点，如图 C-6 所示。

```
[root@node-37 ~]# scp root@10.20.0.250:/var/www/html/content/CentOS-6-x86_64-GenericCloud-1602.qcow2 .
Warning: Permanently added '10.20.0.250' (RSA) to the list of known hosts.
root@10.20.0.250's password:
CentOS-6-x86_64-GenericCloud-1602.qcow2                                        100%  701MB  70.1MB/s   00:10
[root@node-37 ~]# ls
CentOS-6-x86_64-GenericCloud-1602.qcow2  ceph.bootstrap-osd.keyring  ceph.log           install.log         ks-pre.log
anaconda-ks.cfg                          ceph.client.admin.keyring   ceph.mon.keyring   install.log.syslog  openrc
ceph.bootstrap-mds.keyring               ceph.conf                   cobbler.ks         ks-post.log         post-partition.log
[root@node-37 ~]#
```

图 C-6　管理节点获取镜像

还需要获取一下镜像的基本信息，如图 C-7 所示。

```
[root@node-37 ~]# qemu-img info CentOS-6-x86_64-GenericCloud-1602.qcow2
image: CentOS-6-x86_64-GenericCloud-1602.qcow2
file format: qcow2
virtual size: 8.0G (8589934592 bytes)
disk size: 701M
cluster_size: 65536
Format specific information:
    compat: 0.10
[root@node-37 ~]#
```

图 C-7　镜像的基本信息

获取到镜像后，就可以上传镜像了。使用 glance 命令上传镜像，上传成功后的界面如图 C-8 所示。

```
[root@node-37 ~]# glance image-create --name "CentOS-6-x86_64" --file CentOS-6-x86_64-GenericCloud-1602.qcow2  --disk-format qcow2 --container-format bare  --progress
/usr/lib/python2.6/site-packages/glanceclient/client.py:26: DeprecationWarning: `version` keyword is being deprecated. Please pass the version as part of the URL. http://$HOST:$PORT/v$VERSION_NUMBER
  DeprecationWarning)
[=============================>] 100%
+------------------+--------------------------------------+
| Property         | Value                                |
+------------------+--------------------------------------+
| checksum         | 868b7ac0bcdc14e40110ac18b25eb824     |
| container_format | bare                                 |
| created_at       | 2016-03-02T07:20:21                  |
| deleted          | False                                |
| deleted_at       | None                                 |
| disk_format      | qcow2                                |
| id               | dfe94241-9868-4c01-a25b-69daefc81426 |
| is_public        | False                                |
| min_disk         | 0                                    |
| min_ram          | 0                                    |
| name             | CentOS-6-x86_64                      |
| owner            | 2cfdf69c766c4f2486f164261a843802     |
| protected        | False                                |
| size             | 735248384                            |
| status           | active                               |
| updated_at       | 2016-03-02T07:20:34                  |
| virtual_size     | None                                 |
+------------------+--------------------------------------+
[root@node-37 ~]#
```

图 C-8　镜像的上传成功界面

说明：name 后是云平台界面显示的名称，file 后跟上镜像文件的路径，disk-format 后指定磁盘格式，container-format 后是指定容器格式，progress 是显示进度。

C.4 镜像平台验证

登录到云平台，查看一下命令行上传镜像是否被显示出来了。在项目中查看镜像，如图 C-9 所示，发现上传镜像并没有被列出来。

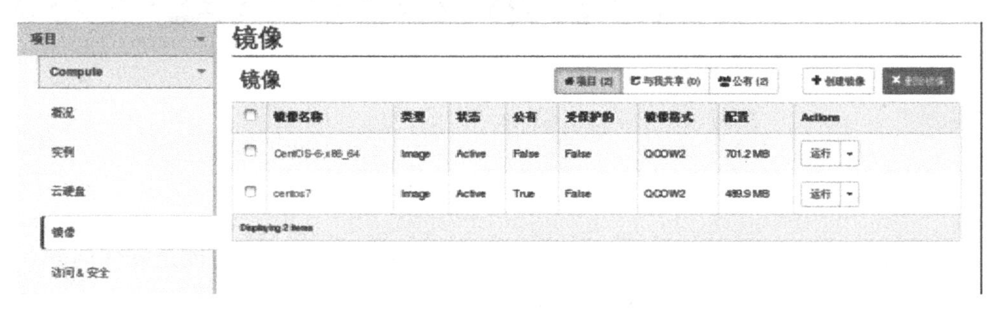

图 C-9　项目中没有显示上传镜像

切换到管理员视图单击镜像菜单，在这里，发现我们上传的镜像被列出，如图 C-10 所示。

图 C-10　管理员视图中有显示上传镜像

说明：注意命令行上传的镜像“公有”的列表项为“False”，这也是导致管理员的镜像没有被显示的原因。

附录 D

部署常见错误及处理方式

FUEL 部署经常会出错，出错之后需要查看相关错误信息，有可能是硬件问题、 硬盘问题、网络问题等，需要具体情况具体分析。

D.1 FUEL 的部署问题

D.1.1 FUEL 连接不了外网

如果 FUEL 连接不了外网，云平台是部署不起来的，所以尽量要保持 FUEL 部署节点能连网。如果不能连网，需要设置时把 YUM 选项删除，如图 D-1 所示。

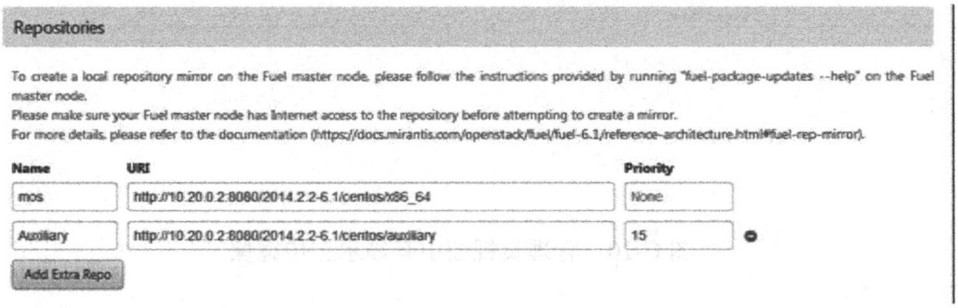

图 D-1 Repositories 的配置

还需要配置一下 NTP Servers，如图 D-2 所示。

Host OS NTP Servers

NTP server list　fuel.domain.tld　List of upstream NTP servers, separated by comma

图 D-2　NTP Servers 配置

D.1.2　虚拟网关不通

在部署时，我们配置的网关可能不是真实存在的。这个时候，会发生如图 D-3 所示的错误，需要修改 Puppet 代码才能跳过错误。

```
2016-02-23 12:35:50 ERR  (/Stage[main]/Main/Cluster::Virtual_ip_ping[vip__public]/Service[vip__public]/ensure) change
                         from stopped to running failed: Execution timeout after 600 seconds!
2016-02-23 12:35:50 ERR  /usr/bin/puppet:4
2016-02-23 12:35:50 ERR  /usr/lib/ruby/site_ruby/1.8/puppet/util/command_line.rb:91:in `execute'
2016-02-23 12:35:50 ERR  /usr/lib/ruby/site_ruby/1.8/puppet/util/command_line.rb:137:in `run'
2016-02-23 12:35:50 ERR  /usr/lib/ruby/site_ruby/1.8/puppet/application.rb:364:in `run'
2016-02-23 12:35:50 ERR  /usr/lib/ruby/site_ruby/1.8/puppet/util.rb:478:in `exit_on_fail'
2016-02-23 12:35:50 ERR  /usr/lib/ruby/site_ruby/1.8/puppet/application.rb:364:in `run'
2016-02-23 12:35:50 ERR  /usr/lib/ruby/site_ruby/1.8/puppet/application.rb:470:in `plugin_hook'
2016-02-23 12:35:50 ERR  /usr/lib/ruby/site_ruby/1.8/puppet/application.rb:364:in `run'
2016-02-23 12:35:50 ERR  /usr/lib/ruby/site_ruby/1.8/puppet/application/apply.rb:146:in `run_command'
2016-02-23 12:35:50 ERR  /usr/lib/ruby/site_ruby/1.8/puppet/application/apply.rb:218:in `main'
2016-02-23 12:35:50 ERR  /usr/lib/ruby/site_ruby/1.8/puppet/application/apply.rb:268:in `apply_catalog'
2016-02-23 12:35:50 ERR  /usr/lib/ruby/site_ruby/1.8/puppet/configurer.rb:192:in `run'
2016-02-23 12:35:50 ERR  /usr/lib/ruby/site_ruby/1.8/puppet/configurer.rb:124:in `apply_catalog'
2016-02-23 12:35:50 ERR  /usr/lib/ruby/site_ruby/1.8/puppet/util.rb:160:in `benchmark'
2016-02-23 12:35:50 ERR  /usr/lib/ruby/1.8/benchmark.rb:308:in `realtime'
2016-02-23 12:35:50 ERR  /usr/lib/ruby/site_ruby/1.8/puppet/util.rb:161:in `benchmark'
2016-02-23 12:35:50 ERR  /usr/lib/ruby/site_ruby/1.8/puppet/configurer.rb:125:in `apply_catalog'
2016-02-23 12:35:50 ERR  /usr/lib/ruby/site_ruby/1.8/puppet/resource/catalog.rb:163:in `apply'
2016-02-23 12:35:50 ERR  /usr/lib/ruby/site_ruby/1.8/puppet/transaction/report.rb:108:in `as_logging_destination'
2016-02-23 12:35:50 ERR  /usr/lib/ruby/site_ruby/1.8/puppet/util/log.rb:149:in `with_destination'
2016-02-23 12:35:50 ERR  /usr/lib/ruby/site_ruby/1.8/puppet/resource/catalog.rb:164:in `apply'
```

图 D-3　vip 不通的错误

在部署节点时，编辑下面的文件：

/etc/puppet/modules/osnailyfacter/modular/virtual_ips/public_vip_pin g.pp 文件

把“true”修改为“false”，修改后代码如图 D-4 所示。

```
notice('MODULAR: public_vip_ping.pp')

$run_ping_checker = hiera('run_ping_checker', false)
$network_scheme = hiera('network_scheme')
$ping_host_list = $network_scheme['endpoints']['br-ex']['gateway']

if $run_ping_checker {
  $vip = 'vip__public'

  cluster::virtual_ip_ping { $vip :
    host_list => $ping_host_list,
  }

}
```

图 D-4　修改后代码

D.2 RDO 部署问题

RDO 部署也不是一帆风顺的，可能会出如下问题，需要多查看系统 log。下面出现的问题及解决办法供参考。

D.2.1 网络问题

RDO 部署使用了 epel 和 rdo 的 yum，需要连网安装软件。如果网络不稳定，可能会导致软件安装异常，出现如图 D-5 所示的错误。

```
Pre installing Puppet and discovering hosts' details[ ERROR ]

ERROR : Failed to run remote script, stdout: Loaded plugins: fastestmirror

stderr: + trap t ERR
+ yum install -y puppet hiera openssh-clients tar nc rubygem-json

 One of the configured repositories failed (Unknown),
 and yum doesn't have enough cached data to continue. At this point the only
 safe thing yum can do is fail. There are a few ways to work "fix" this:

     1. Contact the upstream for the repository and get them to fix the problem.

     2. Reconfigure the baseurl/etc. for the repository, to point to a working
        upstream. This is most often useful if you are using a newer
        distribution release than is supported by the repository (and the
        packages for the previous distribution release still work).

     3. Disable the repository, so yum won't use it by default. Yum will then
        just ignore the repository until you permanently enable it again or use
        --enablerepo for temporary usage:

            yum-config-manager --disable <repoid>

     4. Configure the failing repository to be skipped, if it is unavailable.
        Note that yum will try to contact the repo. when it runs most commands,
        so will have to try and fail each time (and thus. yum will be be much
        slower). If it is a very temporary problem though, this is often a nice
        compromise:

            yum-config-manager --save --setopt=<repoid>.skip_if_unavailable=true

Cannot retrieve metalink for repository: epel/x86_64. Please verify its path and try again
++ t
++ exit 1

Applying 192.168.8.154_neutron.pp
192.168.8.154_neutron.pp:                          [ ERROR ]
Applying Puppet manifests                          [ ERROR ]

ERROR : Error appeared during Puppet run: 192.168.8.154_neutron.pp
Error: Execution of '/usr/bin/yum -d 0 -e 0 -y install openstack-neutron' returned 1: Error downloading packages:
You will find full trace in log /var/tmp/packstack/20160302-180702-fWvQrG/manifests/192.168.8.154_neutron.pp.log
Please check log file /var/tmp/packstack/20160302-180702-fWvQrG/openstack-setup.log for more information
Additional information:
 * Time synchronization installation was skipped. Please note that unsynchronized time on server instances might be problem for some OpenStack components.
 * Warning: NetworkManager is active on 192.168.8.154. OpenStack networking currently does not work on systems that have the Network Manager service enabled.
 * File /root/keystonerc_admin has been created on OpenStack client host 192.168.8.154. To use the command line tools you need to source the file.
 * To access the OpenStack Dashboard browse to http://192.168.8.154/dashboard .
Please, find your login credentials stored in the keystonerc_admin in your home directory.
 * To use Nagios, browse to http://192.168.8.154/nagios username: nagiosadmin, password: 5e9c2a7f64324e6d
```

图 D-5 网络问题导致退出界面

通常，这种情况只需要重新执行一下部署过程就可以了。

D.2.2 RDO 软件包安装问题

安装过程中需要某些软件包，我们可能没有配置 yum，需要手工下载并安装软件包。在部署过程中，可能出现如图 D-6 所示的错误。

```
ERROR : Error appeared during Puppet run: 192.168.8.154_cinder.pp
Error: Execution of '/usr/bin/yum -d 0 -e 0 -y install openstack-cinder' returned 1: Error: Package: python-cinder-2015.1.1-1.el7.noarch (openstack-kilo)
You will find full trace in log /var/tmp/packstack/20160302-174414-YiDU6i/manifests/192.168.8.154_cinder.pp.log
Please check log file /var/tmp/packstack/20160302-174414-YiDU6i/openstack-setup.log for more information
Additional information:
 * Time synchronization installation was skipped. Please note that unsynchronized time on server instances might be problem for some OpenStack components.
 * Warning: NetworkManager is active on 192.168.8.154. OpenStack networking currently does not work on systems that have the Network Manager service enabled.
 * File /root/keystonerc_admin has been created on OpenStack client host 192.168.8.154. To use the command line tools you need to source the file.
 * To access the OpenStack Dashboard browse to http://192.168.8.154/dashboard .
Please, find your login credentials stored in the keystonerc_admin in your home directory.
 * To use Nagios, browse to http://192.168.8.154/nagios username: nagiosadmin, password: 5e9c2a7f64324e6d
[root@localhost ~]# yum -d 0 -e 0 -y install openstack-cinder
Error: Package: python-cinder-2015.1.1-1.el7.noarch (openstack-kilo)
          Requires: python-cheetah
 You could try using --skip-broken to work around the problem
 You could try running: rpm -Va --nofiles --nodigest
```

图 D-6 软件包安装错误

可以把软件包 python-Cheetah 的名字提出来，然后在后面加一个 rpm，放在搜索引擎中查找一下。搜索软件包名如图 D-7 所示。

图 D-7 搜索软件包名

打开图 D-7 的第一个页面，就可以把软件下载下来，如图 D-8 所示。

python-markdown-2.1.1-1 RPM for noarch

From Mandriva devel cooker for x86_64 / media / contrib / release

Name: python-markdown	Distribution: Mandriva Linux
Version: 2.1.1	Vendor: Mandriva
Release: 1	Build date: Mon Feb 20 15:45:01 2012
Group: Development/Python	Build host: n9.mandriva.com
Size: 455226	Source RPM: python-markdown-2.1.1-1.src.rpm
Packager: Alexander Khrukin <akhrukin@mandriva.org>	
Url: http://www.freewisdom.org/projects/python-markdown/	
Summary: Python implementation of the markdown text-to-HTML conversion tool	

图 D-8 下载软件包

把下载的软件上传到 RDO 的虚拟机中，然后使用“yum localinstall”来安装软件，如图 D-9 所示。

```
[root@localhost ~]# yum localinstall python-cheetah-2.4.4-4.el7.x86_64.rpm
Loaded plugins: fastestmirror
Examining python-cheetah-2.4.4-4.el7.x86_64.rpm: python-cheetah-2.4.4-4.el7.x86_64
Marking python-cheetah-2.4.4-4.el7.x86_64.rpm to be installed
Resolving Dependencies
--> Running transaction check
---> Package python-cheetah.x86_64 0:2.4.4-4.el7 will be installed
--> Processing Dependency: python-pygments for package: python-cheetah-2.4.4-4.el7.x86_64
Loading mirror speeds from cached hostfile
--> Running transaction check
---> Package python-pygments.noarch 0:1.4-9.el7 will be installed
--> Finished Dependency Resolution

Dependencies Resolved

================================================================================
 Package            Arch       Version          Repository                            Size
================================================================================
Installing:
 python-cheetah     x86_64     2.4.4-4.el7      /python-cheetah-2.4.4-4.el7.x86_64    1.9 M
Installing for dependencies:
 python-pygments    noarch     1.4-9.el7        local                                 599 k

Transaction Summary
================================================================================
Install  1 Package (+1 Dependent package)
```

图 D-9　本地安装软件包

D.2.3　Mongodb 连接问题

在部署过程会出现“Error: Unable to connect to mongodb server!”的错误，如图 D-10 所示。

```
ERROR : Error appeared during Puppet run: 192.168.8.154_mongodb.pp
Error: Unable to connect to mongodb server! (192.168.8.154:27017)
You will find full trace in log /var/tmp/packstack/20160302-225130-qGBazr/manifests/192.168.8.154_mongodb.pp.log
Please check log file /var/tmp/packstack/20160302-225130-qGBazr/openstack-setup.log for more information
Additional information:
 * Time synchronization installation was skipped. Please note that unsynchronized time on server instances might be problem for some OpenStack components.
 * Warning: NetworkManager is active on 192.168.8.154. OpenStack networking currently does not work on systems that have the Network Manager service enabled.
 * File /root/keystonerc_admin has been created on OpenStack client host 192.168.8.154. To use the command line tools you need to source the file.
 * To access the OpenStack Dashboard browse to http://192.168.8.154/dashboard .
Please, find your login credentials stored in the keystonerc_admin in your home directory.
 * To use Nagios, browse to http://192.168.8.154/nagios username: nagiosadmin, password: fdde737c2c2b4df3
```

图 D-10　mongodb 连接错误

对于 EPEL 包，采用的是 mongodb.conf，但在 EPEL7 提供的 mongodb-server-2.6.6-2.el7.x86_64 版本中，是使用 mongod.conf 作为配置文件的。

解决方法：用 mongod.conf 覆盖 mongodb.conf 文件即可，如图 D-11 所示。

```
[root@localhost ~]# cp /etc/mongod.conf /etc/mongodb.conf
cp: overwrite 鈥etc/mongodb.conf鈥 y
[root@localhost ~]#
```

图 D-11　mongod.conf 文件覆盖

附录 E

课后练习

E.1 Cisco Packet Tracer 练习

E.1.1 默认情况

默认情况下，所有连接到同一台交换机的计算机都是属于同一个 VLAN（即 VLAN1）的。因此，连接到该交换机的同一网段的所有主机都可以进行通信，如图 E-1 所示。

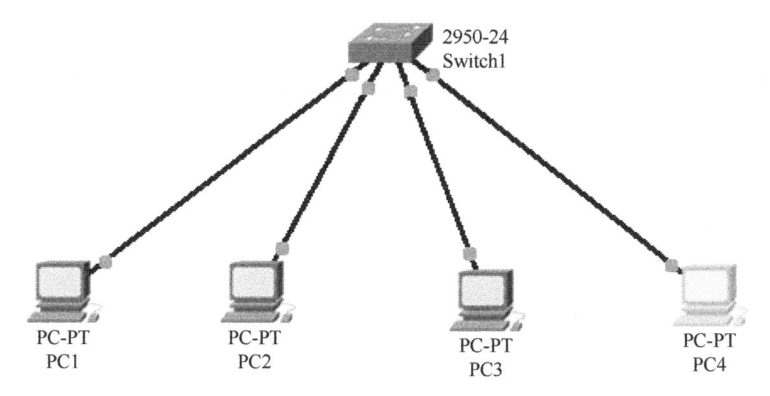

图 E-1　默认情况

在交换机的命令行中的特权模式下，运行 show VLAN 命令，显示默认情况下交换机的所有端口都在 VLAN1 中，即所有的主机都是在同一个 VLAN（虚拟局域网）中。

E.2 创建两个 VLAN，把主机加入不同的 VLAN 中

在以上基础上，进行如下操作。

（1）在交换机的命令行中写如下命令。

```
Switch>enable
Switch#config t
Switch(config)#VLAN 2
Switch(config-VLAN)#exit
Switch(config)#interface f0/2
Switch(config-if)#switchport access VLAN 2
Switch(config-if)#interface f0/4
Switch(config-if)#switchport access VLAN 2
```

（2）主机之间互相 ping。

主机之间互相 ping 得到的结果是：主机 1 和主机 3 可以互相 ping 通，主机 2 和主机 4 不能互相 ping 通，其他的主机之间不能 ping 通。

E.3 两个交换机的同一个 VLAN 中的主机通信

拓扑图如图 E-2 所示，配置两个交换机，并做通信实验。

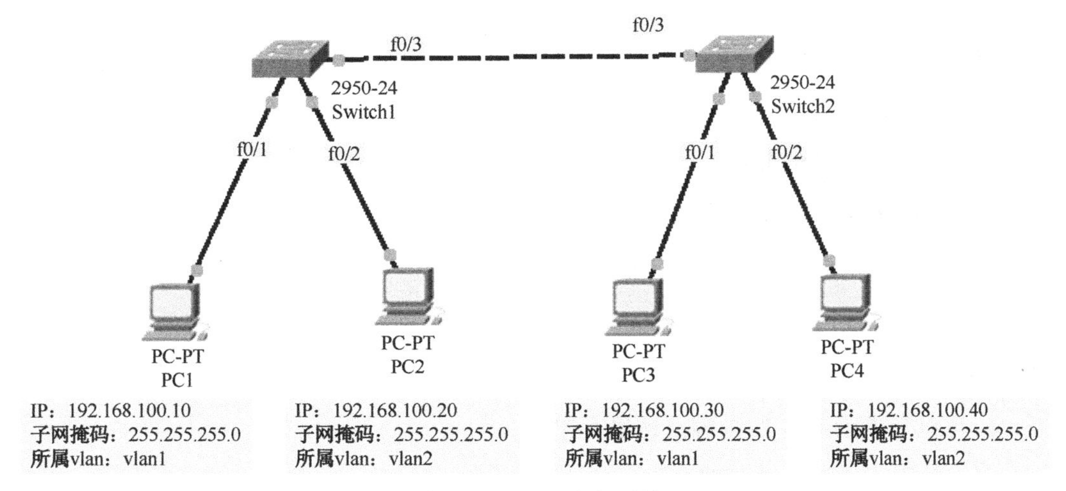

图 E-2　VLAN 主机通信

（1）分别在交换机 1 和交换机 2 的命令行下运行如下命令。

```
Switch>en
Switch#config t
Switch(config)#VLAN 2
Switch(config-VLAN)#exit
Switch(config-if)#interface f0/2
Switch(config-if)#switchport access VLAN 2
Switch(config-if)#interf f0/3
Switch(config-if)#switchport mode trunk
```

（2）各个主机之间进行互 ping。

正确的结果是：主机 1 和主机 3 可以互相 ping 通；主机 2 和主机 4 不能互相 ping 通；其他的主机之间不能 ping 通。

E.4　虚拟机部署 OpenStack 云平台练习

1. 可以参考附录 B 的内容，这里不详述。

（1）规划网络画出拓扑。

（2）创建虚拟硬件环境。

（3）安装部署节点。

（4）构建云环境。

（5）PXE 启动其他节点。

（6）根据拓扑配置云环境。

（7）部署云平台。

（8）登录并使用云平台。

2. DO 部署 OpenStack 云平台练习

3. 可以参考附录 C 的内容，这里不详述。

（1）安装 centos7.1 的系统。

（2）配置 Yum。

（3）安装 packstack。

（4）生成配置文件。

（5）部署云平台。

（6）修改网络。

（7）登录并使用云平台。

后　记

开始这篇序的时候，想起了自己的上一本书，也是疫情期间在家中写的。时隔两年，同样的封闭在家，生活就是这么偶然和不确定。有些事别人没有经历过，很难讲的清楚。曾经被失眠深深困扰，曾经一度不知所措，曾经也以为不会再写书。在低谷，或者说新的起点，我开始了长跑，并重新回到了学校，有缘，有幸，结识了一群给我极大精神力量的朋友们。在最希望看到一些光亮的时候，我看到了一抹无比绚烂的光。我想，没有他们，我应该没有勇气写这本书。所以，既然是这本书的序，我想要在此特别感谢@Anne @Dingding @Eason @Miaomiao @Michael @Tina @Yadong @Zhaohui @中欧 212，感谢有你们！

不确定这是不是我最后一本书，希望将来有机会能写点东西回忆和记录一些事情。现在还没有做好回顾过去的准备，更重要的是，我相信未来的生活会更加值得回忆。自律，坚持，追求美好，希望我的人生像此刻窗外盛开的木香花一样，虽平凡，亦精彩！

张　瑞

2022 年春

反侵权盗版声明

举报电话：（010）88254396；（010）88258888

传　　真：（010）88254397

E-mail：　dbqq@phei.com.cn

通信地址：北京市万寿路 173 信箱

　　　　　电子工业出版社总编办公室

邮　　编：100036